SERVICE MANAGEMENT
FOR FOOD SERVICE INDUSTRY

외식사업 성공학 시리즈 2

과학적 서비스를 위한
외식서비스경영론

SERVICE MANAGEMENT
FOR FOOD SERVICE INDUSTRY

외식사업 성공학 시리즈 2

과학적 서비스를 위한

외식서비스경영론

김영갑 · 전혜진 지음

(주)교 문 사

Preface 머리말

외식업체를 경영하는 사람이라면 누구나 '서비스'라는 용어를 자주 사용한다. 최고의 서비스를 제공해야만 고객이 만족하고 재방문하게 된다는 사실을 많은 책과 강연, 그리고 교육을 통해 습득하였기 때문이다. 그래서 직원들에게도 "서비스 좀 제대로 하세요."라고 당부한다. 그런데 한 가지 문제가 있다. 그렇게 서비스가 중요함을 강조하는 사람들에게 "서비스가 뭔가요?"라고 질문하면 즉각 대답하는 사람이 거의 없다. 그저 곰곰이 생각하다가 작은 목소리로 겨우 답하는 말은 "글쎄요. 친절이라고 해야 하나요?"라고 반문한다.

개념을 알아야 제공도 할 수 있다

내가 제공하려는 것이 무엇인지 모르는데 어떻게 그것을 고객에게 제공할 수 있을까? 이 책을 쓰며, 제자에게 전화를 했다. "자네 서비스가 뭔지 아나?" 잠시 고민하던 그는 "예, 무슨 서비스요?"라는 질문을 반복한다. 생각할 여유를 갖는 모양이다. 잠시후, "무형의 상품입니다"라는 답변이 돌아왔다. 그래도 그는 전공자답다. 꼭 서비스의 정의가 학문적이어야 할 필요는 없다. 학자들만이 서비스를 정확히 안다고 누가 장담할 수 있는가.

서비스(service)의 어원은 'servu(노예)'라는 단어에서 유래되었다고 한다. 즉, '노예가 주인에게 충성한다'는 의미로 시작된 것이다. 현대에 와서 미국의 마케팅학회는 서비스를 "판매를 목적으로 제공하거나 상품판매와 연계하여 제공하는 활동, 편익, 만족"으로 정의하고 있다. 이유재 교수는 "고객의 문제를 해결해 주는 일련의 활동"을 서비스라고 정의하였다.

저자는 서비스경영을 강의하면서 가장 먼저 매우 짧지만 감동적인 이야기를 소개한다. 《우동 한 그릇》이란 소설이다. 이 소설에서 서비스는 '사람을 헤아리는 큰 사랑'으로 정의된다. 다음으로 최고의 서비스 기업으로 널리 알려진 미국의 '노드스트롬 백화점'의 일화를 소개한다. 자신들이 판매하지도 않은 타이어를 들고 와서 환불을 요구하는 고객이 있다면 독자들은 어떻게 하겠는가? 노드스트롬 백화점의 직원은 자신의 판단에 따라 환불을 해주었다는 말도 안되는 실화는 모든 서비스경영 교과서에서 인용되고 있다. 여기서 서비스는 '고객의 요구는 무엇이든 들어주는 정신'이라고 할 수 있을 것이며, 다른 한편으로는 '직원에게 주어진 무한한 권한'으로도 해석할 수 있다.

서비스의 특징을 알면 서비스 방법도 보인다

우리가 서비스를 어떻게 정의하든 서비스가 가지는 고유의 특성은 변하지 않는다. 서비스를 정의하기 힘들다면 그 특징을 알고 해결책을 찾는 방법으로 서비스를 이해할 수 있다. 또한 내가 서비스를 어떻게 제공해야 하는지도 알 수 있다. 서비스는 크게 네 가지의 특징을 갖는데, 그것은 '무형성, 비분리성, 이질성, 소멸성'이다. 무형성이란 서비스가 눈에 보이지 않는 것이라는 의미이다. 따라서 독점적 권리 확보가 어렵고 설명도 어렵다. 아마 내가 서비스가 무엇인가라고 질문했을 때 답변이 어려웠던 이유도 무형성 때문일 것이다. 비분리성이란 생산과 소비가 동시에 이루어진다는 것이다. 즉 고객이 생산과정에 함께 참여하는 것이 특징적이다. 이질성이란 같은 사람이 서비스를 해도 시간과 장소에 따라 달라진다는 것이다. 소멸성은 지금 판매하지 않으면 곧 사라진다는 의미이다.

이상의 서비스 특징을 알면 우리는 서비스가 눈에 보이게 유형화해야 한다는 것과 생산과정을 지켜보는 고객의 불만을 줄이기 위해 직원교육을 철저히 해야 함을 알 수 있다. 서비스를 표준화함으로써 직원의 기분에 좌우되지 않고 동일한 활동을 하도록 독려하고 수요와 공급이 일치하도록 수급 조절에 만전을 기해야겠다는 생각도 하게 될 것이다. 다양한 서비스의 특징 중에서도 무형성은 우리가 극복해야 할 큰 산과 같은 존재이다. 그래서 외식업체들은 서비스가 눈에 보이도록 유형화하려는 노력을 한다. 예를 들면, 인테리어에 많은 투자를 한다거나 멋진 유니폼에 관심을 가지고 브랜드 이미지를 더욱 고급화하려고 노력한다. 경우에 따라서는 스토리텔링을 통해 서비스 품질을 높이는 시도를 하고 음료와 쿠키를 제공할 때는 받침대에 간단한 제품설명을 붙여서 타 제품과의 차별성을 알리기도 한다.

서비스는 '눈에 보이지 않는 고객에 대한 한없는 애정과 관심이며 큰 사랑'이다. 그 무한한 사랑을 고객이 느낄 수 있도록 오늘도 우리는 열심히 방법을 찾고 노력하고 있다. 다만 무작정 찾을 것이 아니라 서비스가 무엇인지 명확히 정의를 내리는 절차부터 가져보기를 권한다. 그래야 올바로 서비스를 제공할 것이 아니겠는가.

이 책은 외식업체 경영자와 외식경영을 전공하는 학생들이 지금까지 설명한 서비스의 개념을 정확히 이해하고 좀 더 과학적인 방법으로 서비스를 제공할 수 있도록 돕기 위한 목적으로 쓰여졌다. 특히 글로벌 기업으로 성장을 꿈꾸는 외식기업이라면 제품보다 서비스에 더 강력한 경쟁력을 키워야 한다는 측면에서 이 책의 필요성이 더욱 커질 것이라 믿는다.

이 책을 집필하는 데 많은 분의 도움을 받았다. 먼저 저자가 학문적으로 성장할 수 있게 지도해 주신 은사님들께 감사를 드린다. 원고 정리와 교정을 위해 많은 수고를 해 준 한양사이버대학교 대학원 호텔관광외식MBA 백은경, 박영석, 곽혜경, 김혁 군을 비롯하여 상권분석전문가 과정 1기 김영일, 오세호, 본아이에프(주) 현성운 교육팀장에게 진심으로 고마움을 전한다. 또한 바쁜 일정 속에서도 많은 관심과 노력을 기울여 주신 (주)교문사 류제동 사장님을 비롯한 임직원 여러분께도 진심으로 감사드린다.

2014년 3월

저자 일동

Contents 차례

PART 02 서비스 디자인

CHAPTER 4 서비스 품질

CHAPTER 5 서비스 프로세스

CHAPTER 6 서비스스케이프

PART 03 서비스 전략

CHAPTER 7 서비스 마케팅

SERVICE
MANAGEMENT
FOR FOOD SERVICE INDUSTRY

PART 1

서비스의 이해

1_ 서비스의 개념 및 특성

2_ 서비스와 고객만족경영

3_ 서비스 전략

CHAPTER 1

서비스의 개념 및 특성

학습 목표

1_ 서비스의 여러 정의를 이해하고 다양한 측면으로 구분하여 살펴봄으로써 서비스의 개념을 설명할 수 있다.
2_ 경제가 발전함에 따라 변화된 서비스의 속성을 이해하고 경제발전과 서비스와의 관계를 설명할 수 있다.
3_ 서비스 경제화의 개념과 원인을 설명하고 향후 서비스의 경제화 수준을 예측할 수 있다.
4_ 국가별 서비스산업의 분류기준을 이해하고 어떤 특징이 있는지 설명할 수 있다.
5_ 서비스의 특성과 중요성을 이해함으로써 서비스의 문제점을 극복하는 방법을 설명할 수 있다.
6_ 서비스 제공자와 수요자 간 경험의 묶음으로 정의되는 서비스 패키지에 대해서 설명할 수 있다.

우동 한 그릇 속의 서비스

12월 31일.

지난 해 이상으로 바쁜 하루를 끝내고 10시가 넘어 가게를 닫으려는 순간 문이 열리며 두 사내아이를 데리고 한 여자가 들어왔다.

여주인은 여자가 입고 있는 체크무늬 반코트를 보고, 세 모자가 1년 전 오늘 마지막 손님이었음을 알아차렸다.

"저…… 우동…… 일 인분만 주문해도 괜찮을까요?"

"네…… 네. 자, 이쪽으로."

난로 곁의 2번 테이블로 안내하면서 여주인은 주방 쪽을 향해, "우동, 일 인분!" 하고 외친다.

"저, 여보, 서비스로 3인분을 줍시다."

조용히 귓속말을 하는 여주인에게

"안 돼요, 그러면 오히려 저 분들의 마음을 상하게 할지도 몰라요."라며 일 인분의 우동 한 덩어리와 거기에 반 덩어리를 더 넣어 삶는다.

우동 한 그릇을 가운데 두고, 이마를 맞대고 먹고 있는 세 사람의 이야기 소리가 카운터 있는 곳까지 희미하게 들린다.

"엄마도 잡수세요." 하며 한 가닥의 국수를 집어 어머니의 입 안에 넣어주는 막내아들.

이윽고 다 먹고 나서 우동 한 그릇의 값을 지불하며, "맛있게 먹었습니다."라고 머리를 숙이고 나가는 세 모자에게, "고맙습니다. 새해엔 복 많이 받으세요!" 하고 주인 내외는 목청을 돋워 인사했다.

이 이야기는 일본의 작가 구리 료헤이의 '우동 한 그릇'의 내용 중 일부로서 사람을 생각하는 큰 마음과 사랑이 담긴 내용입니다. 우동 한 그릇에서는 진정으로 고객의 마음을 배려하고 존중하는 고객중심의 서비스를 보여주고 있습니다. 진정한 서비스란 어쩌면 고객에 대한 무한한 배려와 큰 사랑이 아닐까요.

자료 : 구리 료헤이(1991), 우동 한 그릇.

현재, 그리고 미래를 서비스산업의 시대라고 한다. 하버드 대학의 레빗 교수는 "이제 별도의 서비스산업이란 없다. 모든 산업은 서비스 부문이 많은가 적은가의 차이만 있을 뿐이다. 우리는 모두 서비스 세상에 살고 있다"라고 서비스의 비중과 중요성을 강조한 바 있다. 모든 산업이 서비스 부문이 없이는 생존과 발전이 불가능한 시대를 우리는 살고 있으며, 그 비중은 갈수록 커질 것이 확실하다. 외식업체도 결코 예외일 수 없다. 따라서 외식업체의 서비스경영은 이제 선택이 아닌 필수이다. 그런 측면에서 독자 여러분과 함께 미래를 준비하기 위한 외식서비스경영의 세계로 들어가 즐겁고 유익한 여행을 시작하려고 한다. 혹시 아직도 '서비스는 친절이다'라고 생각하는 외식업체가 있다면, '서비스는 과학이다'라는 진정한 서비스의 개념을 이해하고 실행할 수 있는 지식의 토대를 만드는 여행이 될 것이다.

1. 서비스의 개념

외식업체에서 서비스는 '무료', '할인', '덤'으로 생각되어 '서비스로 깎아주세요' 또는 '서비스로 ○○를 드리겠습니다'라는 표현이 자주 쓰이는 것을 목격할 수 있다. 그러나 서비스는 더 이상 '무료', '할인', '덤'을 의미하는 단어가 아니다. 모든 사회경제 활동에서 중심을 차지하는 개념으로 발전하였다. 서비스는 외식업체와 최종소비자인 고객을 연결해 주는 연결고리로서 없어서는 안 되는 핵심요소이며, 국가와 산업이 발전할수록 그 중요성은 더욱더 커지는 핵심가치이다.

서비스의 개념을 명확히 이해하기 위해 서비스라는 단어의 어원을 살펴보자. 이 단어는 'servitium', 즉 '노예의 상태'라는 의미의 라틴어와 '노예'라는 의미의 불어(servus)에서 유래하였다고 한다. 최초에 서비스는 노예가 주인이나 권력자의 이익을 위해 자기 자신을 희생하였다는 자기희생의 의미에서 시작되었음을 알 수 있다. 하지만 시대가 발전하면서 서비스는 봉사적 의미로 발전하였음을 알 수 있다. 이와 같이 서비스는 노동력을 중시하는 과거 중상주의나 농상주의 사회의 시대에 희생의 의미에서 출발하였기에 경시된 것이 사실이다. 그러나 현대로 오면서 사회가 복잡해지고 다양화되면서 의식적으로든 무의식적으로든 높은 수준의 서비스를 경험하고, 눈에 보이지는 않지만 마음으로 느껴지는 무형의 가치에 대한 중요성을 인식하게 되었다. 그러면서 서비스는 전 산업영역에서 중심 역할을 수행하는 핵심개념으로 그 의미가 변화되었다. 이제 서비스는 상품판매를 위해서 부수적으로 제공되는 용역이 아닌 상품판매를 위해 꼭 필요한 핵심상품이 된 것이다.

서비스에 대한 정의는 이렇게 시대가 변화되면서 같이 변하였다. 그러나 그 정의는 시기, 상황, 학자에 따라서 상이한 의미로 사용되었다. 따라서 그에 대한 개념을 하나로 정의하기가 힘든 것이 사실이다. 하지만 서비스의 명확한 개념이 없다면 서비스의 제공에 문제가 생길 것이 확실하다. 어떤 것이 서비스인지 정확하게 알지 못하면서 어떻게 제대로 된 서비스를 제공할 수 있겠는가. 서비스를 정의하지 못한다면 서비스에 대한 목적이나 목표도 정립할 수 없다. 외식업체는 자신만의 서비스를 정확하게 정의하고, 서비스를 수행해야 하는 목적과 목표를 정하는 노력을 해야 한다.

그런 차원에서 많은 전문가의 서비스에 대한 다양한 정의를 살펴보고자 한다.

1) 서비스 속성을 중심으로 한 정의

▮ W. J. Regan 생산과 소비의 불가분성은 대부분의 서비스에서 나타나는 동시발생적 생산과 소비를 지칭하는 것으로 재화는 먼저 생산되고 후에 소비되는 반면, 서비스는

먼저 판매되고 후에 생산과 동시에 소비된다(생산과 소비의 동시성).

ㅣR. C. Judd 서비스란 교환의 대상이 유형의 재화 이외의 거래로서 소유권 이전이 불가능한 것이다(무형성).

2) 서비스 활동성 및 실용성을 중심으로 한 정의

ㅣAmerican Marketing Association(AMA, 미국마케팅학회) 서비스란 판매를 위하여 제공되거나 혹은 상품판매에 수반되는 제반활동으로서 통신, 수송, 이용객서비스, 수선 및 정비서비스, 신용평가업 등을 말한다.

ㅣK. J. Blois 서비스란 현재의 형태에 물리적 변화를 가하지 않으면서 편익과 만족을 산출하는 판매를 위해 제공되는 행위이다.

ㅣW. J. Stanton 소비자인 고객에게 판매될 경우 고객의 욕구충족을 수반하는 무형의 활동이며, 유형재나 타 서비스 판매와 결부하지 않고 독립적으로 인식되는 것을 의미한다.

3) 유형재와의 복합적인 효용과 편익을 중심으로 한 정의

ㅣG. L. Shostak 시장 실체는 유형적 재화와 무형적 서비스로 구성되어 있으며, 어떤 기회에 의해 그 실체가 변화될 수 있다.

ㅣP. Kotler 서비스란 한쪽이 상대편에게 제공하는 효용이나 그에 따른 행위로서 본질적으로 무형성을 갖고 소유권 이전 행위를 수반하지 않는다. 서비스의 생산은 유형의 제품에 연결될 수도 있고 그렇지 않을 수도 있다.

4) 기타 정의

ㅣT. Levitt 인간이 인간에 대한 봉사

ㅣ이유재 고객과 기업과의 상호작용을 통해 고객의 문제를 해결하는 일련의 활동

이와 같은 정의들을 종합해 보면 서비스란 '고객만족 경험과 부가가치를 높이기 위한 유·무형의 활동으로 생산과 소비가 동시에 이루어지며, 고객만족과 고객경험 등의 요

소가 포함되는 일련의 행동'으로 서술할 수 있다. 물론 앞서 언급한 바와 같이 이 책의 독자는 자신만의 서비스를 정의해야 한다.

2. 경제발전과 서비스

사회가 어떻게 발전했는지를 살펴보면, 과거를 통해서 현재를 직시하고 현재를 기초로 미래를 예측하는 것이 가능함을 알 수 있다. 이 책에서는 농경사회에서 산업사회를 거쳐서 서비스사회에 이르기까지 경제발전이 어떻게 이루어졌는지를 살펴보고 그것을 기초로 서비스가 어떻게 발전하였는지를 검토한다.

1) 농경사회

농경사회에서 인간은 기후, 토양, 물과 같은 자연환경과의 투쟁 속에서 삶을 영위하였다. 사람들은 농업, 광업, 어업에 종사하며 자급자족을 통하여 삶을 유지하였다. 그러나 농경사회는 생산성이 낮고 기술과는 관련 없는 활동을 주로 하여 높은 실업률을 초래하였다. 주로 가정의 테두리에서 생활하였으며 전통적이고 권위를 바탕으로 한 사회구조였다. 따라서 농경사회에서는 서비스란 개념 자체가 존재하지 않았다고 할 수 있다.

2) 산업사회

산업사회가 농경사회와 가장 크게 다른 점은 재화의 생산이라고 할 수 있다. 자연환경을 바탕으로 자급자족하는 형태가 아니라 에너지와 기계를 이용해서 재화를 생산함으로써 비용의 최소화와 생산의 최대화를 목표로 하게 되었다.

이때부터 재화의 생산과 유통의 개념이 생겨났고 사회구조 안에서 생활 수준이 재화의 양에 따라서 측정되기 시작하였다. 이에 따라서 관료적이며 계층적인 거대한 조직이 생겨나고 개개인은 사회 속에서 삶의 단위체가 되어 하나의 사물로 보게 되었다. 조직이 만들어지고 유통의 개념이 만들어지면서 서비스에 대한 인식이 무의식적으로나마 생겨나기 시작했다고 볼 수 있는 시기이다.

3) 서비스사회

산업사회는 재화의 양에 따라 삶의 수준을 평가하였으나 산업의 발전이 지속되면서 서비스의 중요성이 증대되기 시작한 서비스사회에서는 삶의 질에 관심을 가지게 되었다. 이때부터는 에너지나 육체적인 힘을 가진 사람이 중시되던 과거와 달리, 정보와 전문적 기술을 가진 사람이 전문가로 평가받음으로써 높은 수준의 교육이 필요해졌다. 사람들이 삶의 질에 관심을 많이 가지게 되면서 교육, 의료, 레크리에이션과 같은 서비스산업이 발달하게 되었는데 이는 매슬로(Maslow)의 욕구단계설에서 음식과 주거의 욕구가 충족되면 물질적 욕구를 찾고 결국은 개인의 발전을 원하게 된다고 한 이론과도 같은 맥락이라고 할 수 있다. 통계학자인 엥겔(Engel)도 소득의 증대로 음식과 내구재 소비는 감소하고 상대적으로 삶을 풍족하게 만드는 서비스재의 소비가 증대한다고 하였다.

이와 같이 서비스사회에서는 전문적인 기술을 요구하고 삶의 질에 관심이 많아지면서 개인의 욕구뿐 아니라 커뮤니티 전체를 생각하게 되었으며, 정부의 개입을 통해서 사회의 정의를 실현하고자 하였다. 결국 사회생활은 정치적 이념과 사회적 권익의 충돌이 잦아졌으며, 개인보다는 커뮤니티 단위의 사회가 중요하게 인식되었다.

표 1-1 경제발전 단계와 서비스의 관계

구분	농경사회	산업사회	서비스사회
대상	자연	조직화된 자연	사람
지배적 활동	농업, 광업, 어업	상품 생산	서비스
노동력과 기술	육체의 힘, 수작업	기계	예술적·창조적·지적 능력, 정보
사회생활 단위	대가족	소가족, 개인	커뮤니티
생활 수준 측정	생존	상품의 양	건강, 교육, 여가, 삶의 질
구조	일상적, 전통적, 권위적	관료적, 계급적	상호의존적, 국제적
기술	수작업	기계	정보

자료: Fitzsimmons et al.(2009), 글로벌 시대의 서비스 경영.

3. 서비스 경제화

전반적으로 산업이 발전하면서 서비스산업이 경제적 리더십의 원천으로 자리를 확고히 하게 된 이유는 경제가 서비스화되고 있기 때문이다. 서비스 경제화란 국가경제에서 국민총생산(GDP)의 절반 이상이 서비스분야에서 일어나는 경제현상을 의미한다. 서비스가 점차 중요해지는 원인은 바로 경제가 서비스화되고 있기 때문으로 세계 주요 국가의 서비스산업 비중은 매우 높으며, 이런 추세는 국가의 선진화가 진전될수록 가속화된다.

세계 경제(GDP 기준)에서 서비스산업이 차지하는 비중(부가가치 기준)은 53.4%(1970년)에서 70.9%(2010년)로 40년간 17.5% 포인트 증가하였다. OECD를 비롯한 대부분의 선진국은 서비스산업의 비중이 GDP의 60~80%를 차지할 정도로 산업의 구조가 변하고 있다. OECD 주요 국가의 서비스 경제화 수준(2010년 기준)은 프랑스(79.2%), 미국(78.8%), 영국(77.7%), 일본(71.5%), 독일(71.2%)의 순이며, 우리나라도 1990년에 49.5%였으나 2010년 58.8%로 서비스산업의 비중이 증가하였다. 내수 중심이었던 서비스산업의 글로벌화로 시장범위가 전 세계로 확대되면서 서비스산업의 경쟁력이 경제성장의 중

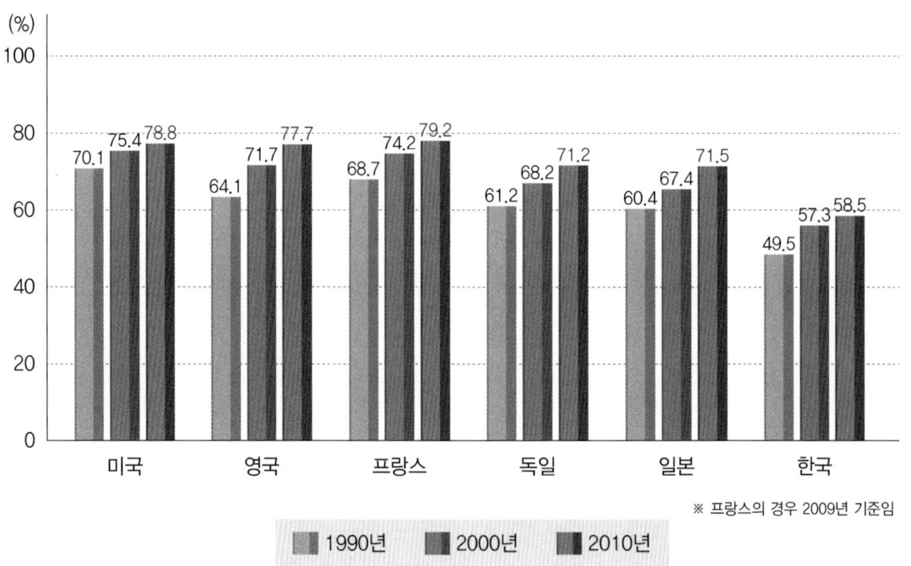

그림 1-1 주요국 서비스산업 비중의 변화(GDP 기준)

자료: 주영민(2013), SERI 경제포커스 재인용.

요한 요인으로 등장하게 되었다. 다국적 기업들이 자국이 아닌 인도와 같은 국가에 콜센터를 설치하여 운영하는 것도 서비스 경제화의 좋은 사례로 볼 수 있다.

1) 우리나라의 서비스 경제화

표 1-2를 보면 우리나라의 2012년 부가가치 규모가 2002년에 비해 1.3배 늘어난 570조 7,600억 원으로 국가 총부가가치의 57.4%에 해당하고 있다. 이런 현상을 통해 우리나라도 서비스업 수요의 지속적인 증대로 인한 서비스 경제화가 진행됨을 알 수 있다. 기업은 설비투자를 통해 수익성을 높이려는 노력도 하고 있지만, 대부분의 기업은 지식기반의 창의력이나 혁신활동으로 부가가치를 높이고 있어서 서비스의 중요성이 더 부각되고 있는 현실이다.

서비스산업은 고용파급의 효과도 높은 산업으로 알려져 있다. 그래서 서비스산업의 발전이 고용문제를 해결할 수 있는 가장 효과적인 대안으로 부각되고 있다. 제조업체도 생산과 판매에만 그치지 않고 고객이 구매한 제품의 성능 유지, 업그레이드, 문제해결을 위해서 애프터서비스(A/S)를 제공함으로써 제품과 서비스가 결합된 형태로 전환하고 있다.

표 1-2 산업별 부가가치율 변화 추이

(단위: 십억 원, %)

산업 구분 \ 연도	2002	2007	2012	부가가치 비중 변화			연평균 증가율	
				2002	2007	2012	07:12	02:12
농림, 어업 및 광업	26,657	29,204	29,367	3.9	3.4	3.0	0.1	1.0
제조업	173,607	247,408	315,205	25.1	28.8	31.7	5.0	6.1
전기, 가스, 수도사업	14,761	19,026	23,219	2.1	2.2	2.3	4.1	4.6
건설업	53,526	62,135	56,558	7.7	7.2	5.7	-1.9	0.6
서비스산업	**424,366**	**502,054**	**570,760**	**61.3**	**58.4**	**57.4**	**2.6**	**3.0**
총부가가치 (기초가격)	692,289	859,518	994,082	100.0	100.0	100.0	3.0	3.7

자료: 한국은행 경제통계 시스템.

표 1-3 서비스산업 내 업종별 산업구조 변화 추이

(단위: 십억 원, %)

연도 업종 구분	2002	2007	2012	부가가치 비중 변화			연평균 증가율	
				2002	2007	2012	07:12	02:12
유통서비스	96,817	109,794	128,947	22.81	21.87	22.59	3.3	2.9
도소매업	64,800	70,657	84,057	15.27	14.07	14.73	3.5	2.6
운수 및 보관업	32,018	39,137	44,890	7.54	7.80	7.86	2.8	3.4
생산자서비스	139,816	166,805	188,750	32.95	33.22	33.07	2.5	3.0
금융보험업	50,277	61,614	72,689	11.85	12.27	12.74	3.4	3.8
부동산 및 임대업	59,000	65,525	67,985	13.90	13.05	11.91	0.7	1.4
통신업	15,501	20,081	24,684	3.65	4.00	4.32	4.2	4.8
출판, 방송, 영화 정보서비스	15,039	19,582	23,392	3.54	3.90	4.10	3.6	4.5
사업서비스	34,001	41,800	46,150	8.01	8.33	8.09	2.0	3.1
사회서비스	110,698	135,061	154,850	26.09	26.90	27.13	2.8	3.4
공공행정 및 국방	44,787	52,184	58,510	10.55	10.39	10.25	2.3	2.7
교육서비스	42,107	49,971	52,826	9.92	9.95	9.26	1.1	2.3
보건 및 사회복지	23,804	32,906	43,515	5.61	6.55	7.62	5.7	6.2
개인서비스	43,033	48,594	52,062	10.14	9.68	9.12	1.4	1.9
음식점 및 숙박업	**18,649**	**19,637**	**20,242**	**4.39**	**3.91**	**3.55**	**0.6**	**0.8**
문화 및 오락서비스	9,954	11,781	13,308	2.35	2.35	2.33	2.5	2.9
기타 서비스	14,430	17,176	18,512	3.40	3.42	3.24	1.5	2.5
서비스산업	424,366	502,054	570,760	100.00	100.00	100.00	2.6	3.0

자료: 한국은행 경제통계 시스템.

표 1-3을 보면 소비자 수요변화에 따른 사업서비스나 사회서비스의 매출이 급성장하는 것을 볼 수 있으나 아직은 전통서비스의 비중이 높은 것을 알 수 있다. 또한 음식점 및 숙박업도 부가가치가 꾸준히 증가되고 있으나 전체 서비스산업에서의 비중은 줄어들고 있는 것도 알 수 있다.

2) 서비스 경제화의 원인

미래는 서비스 경쟁의 시대이다. 제조기업은 컴퓨터나 자동차와 같은 제품의 A/S를 확대하는 등 부가서비스를 늘리고 있으며, 이런 서비스는 기업화의 형태를 이루고 있음과

동시에 블로그를 이용한 개인상점 등 새로운 서비스업 역시 등장하고 있다. 이와 같이 사회의 변화와 함께 서비스 경제화도 심화되고 있는데 그 원인은 다음과 같다.

첫째, 기술과 엔지니어링을 바탕으로 한 제품개발 모형의 혁신이다. 그 예로는 애플사의 아이팟(iPod)과 아이튠즈(iTunes) 서비스가 있다.

둘째, 인구의 노령화와 맞벌이가정의 증가, 독신자 증가와 같은 사회의 변화이다. 이와 같은 변화로 인하여 의료서비스, 배달 등의 외식서비스, 레저 및 여행서비스가 발전하고 있다.

셋째, 소비자 욕구가 저차원에서 고차원으로 개념이 변하고 있음을 들 수 있다. 예를 들면, 외식이 생리적 욕구 충족에서 감성적 욕구의 충족으로 발전하는 것을 말한다.

넷째, 정보기술의 발전으로 고객관계관리가 가능하게 되었는데 휴대폰을 이용한 문자 쿠폰, 이벤트 안내 등이 그 예라고 할 수 있다.

다섯째, 기업들이 경쟁력 강화 및 소비자 보호를 위한 항공, 금융, 통신 등의 규제 완화에 노력하고 있다. 예를 들면, 항공 규제 완화로 저가 항공사가 많이 출현하는 것에서 알 수 있다.

여섯째, 경쟁 심화로 인한 다차원적 서비스의 수요 증대를 들 수 있다. 예를 들면, 교육컨설팅 시장의 등장으로 사설학원의 경쟁이 심화되는 현상을 볼 수 있다.

서비스는 생산과 소비가 동시에 진행되어 재고가 없을뿐더러 저장 역시 불가능하므로 공급과 수요가 안정적이어야 한다. 또한 외식산업은 의료서비스와 같이 필수적인 성격이 강하기 때문에 불경기가 도래하여 투자와 전반적인 소비가 위축되더라도 유지와 보수를 위한 서비스가 증가하는 장점을 가지고 있다. 이와 같은 이유로 미루어볼 때 미래는 서비스 경쟁시대라고 해도 과언이 아닐 것이다.

4. 서비스산업의 분류

인간에게 필요한 제품이나 서비스를 조직적으로 생산하는 활동을 산업이라고 한다. 과거에는 이러한 산업을 1차, 2차, 3차 산업으로 분류하였다. 다만 최근에는 산업구조가 다변화되고 사회의 발전이 고도화되면서 4차, 5차, 6차 산업으로까지 확대하여 구분하

표 1-4 서비스산업의 분류

구분	내용
UN의 국제표준산업분류	도소매업, 음식숙박업, 운수창고통신업, 금융중개업, 부동산 및 사업서비스업, 공공서비스 및 국방, 교육, 보건, 가사서비스, 오락 및 문화서비스, 국제 및 외국기관의 행정서비스 등
우리나라의 표준산업분류	농업, 임업 및 어업/광업/제조업/전기, 가스, 수도/폐기물, 환경복원/건설업/도매 및 소매/운수업/숙박 및 음식점업/출판, 영상, 정보 등/금융, 보험/부동산, 임대/전문, 과학, 기술/사업시설, 사업지원/행정, 국방, 사회보장/교육서비스/보건 및 사회복지/예술, 스포츠, 여가/협회, 수리 개인/자가소비 생산활동/국제 및 외국기관
국민계정상 경제활동 분류	서비스산업(도소매음식숙박업, 운수창고 및 통신업, 금융보험부동산 및 사업서비스업, 사회 및 개인서비스업), 정부서비스생산자(공공행정, 국방, 교육 및 보건)

*하위의 세부분류 항목은 한국표준산업분류(통계청) 참조.

는 경우도 있다. 통상 1차 산업은 농·임·수산업을 의미한다. 2차 산업은 1차 산업에서 채취한 자원을 제조 및 가공하는 광업·제조업을 일컫는다. 3차 산업은 1, 2차 산업에서 생산된 제품에 대한 수송, 판매, 서비스를 제공하는 건설·교통·운수·상업·공무·자유업 등이 포함된다. 그동안 사람들은 3차 산업을 서비스산업으로 구분하여 왔다.

앞서 언급한 바와 같이 하버드 대학의 레빗(Levitt) 교수는 "서비스산업이란 없다. 모든 산업에 서비스 부문이 많은가 적은가의 차이만 있을 뿐이다. 우리는 모두 서비스 세상에 살고 있다" 라고 하며 서비스산업을 별도로 구분하려는 노력이 의미가 없는 일이라고 말하였다. 한편으로는 레빗 교수의 지적은 매우 현실적이고 합리적이라 할 수 있다.

그럼에도 불구하고 '서비스산업'이 운수·통신·상업·금융·관광, 외식 등 서비스 상품을 제공하는 산업을 통틀어 이르는 만큼 실제 생활에서 서비스가 어떻게 실현되고 있는지에 대한 분류를 살펴보는 것은 서비스를 좀 더 구체적으로 이해하는 데 도움이 될 것이다.

5. 서비스의 특성과 분류

1) 서비스의 특성

서비스와 같은 무형의 용역은 유형의 재화와 어떤 차이가 있을까? 이러한 차이를 알 수 있는 가장 확실한 방법은 눈에 보이지 않는 무형의 서비스가 어떤 특징을 가지고 있는지 살펴봄으로써 확인할 수 있다. 일반적으로 서비스는 눈으로 확인이 가능한 재화와 달리 '무형성, 비분리성(또는 동시성), 이질성, 소멸성' 등의 네 가지 특징을 가지고 있는데 이를 자세히 살펴보면 다음과 같다.

(1) 무형성(intangibility)

서비스는 눈으로 보거나 만질 수 없는 무형적 특성을 가지고 있다. 따라서 객관적인 형태가 없어서 직접 경험을 해보지 않으면 그것을 알 수 없기 때문에 주관적이며, 일률적인 품질규격을 정하기 어렵다. 또한 유형의 제품이 특허와 같은 제도를 통해 보호를 받을 수 있는 것과는 달리 독점적 권리 등을 이용한 보호가 불가능하다. 그리고 진열을 하거나 설명을 하기 어려울 뿐 아니라 구매하기 전에 확인이 불가능하다는 특징도 있다.

이런 특성으로 인하여 외식업체에서는 인테리어나 유니폼과 같은 유형의 단서를 이용하여 무형성을 극복하려는 노력을 한다. 또한 소셜네트워크서비스(SNS)와 같은 구전활동을 적극 활용하고, 구매를 마친 고객들과 적극적인 커뮤니케이션을 하려고 노력하는 것도 서비스의 무형성을 극복하기 위한 노력의 일환이다.

(2) 비분리성(inseparability)

서비스는 공간적인 측면과 시간적인 측면에서 생산과 소비가 동시에 이루어지는 특징을 가지고 있다. 그래서 비분리성이라는 특성을 동시성이라고 표현하기도 한다. 일반적으로 서비스는 제공자, 서비스 공간, 서비스 시설, 사용자가 함께 존재하는 상황에서 발생되는 특성을 갖는다. 예를 들어, 제조업의 경우 제품의 생산은 공장에서, 유통은 유통업체가 담당하고 제품을 구매하는 소비는 사무실이나 집에서 이루어진다. 즉 생산과 유통, 소비가 각각 다른 공간에서 이루어진다. 하지만 외식업체와 같은 서비스업은 음식의 생산과 소비가 음식점이라는 하나의 공간에서 일어나고 있다.

서비스는 이와 같은 특성으로 인하여 이용하기 전에는 서비스의 내용과 품질을 판단하기 어렵다. 결과적으로 품질의 통제와 대량생산이 어렵기 때문에 이를 담당하는 직원에 의하여 품질의 평가가 이루어지게 된다. 따라서 외식업체는 직원을 선발하고 교육을 할 때 신중해야 한다. 특히 고객관리에 집중하는 것과 서비스망을 분산시키는 것도 서비스의 비분리성을 극복하려는 하나의 수단이라고 할 수 있다.

(3) 이질성(heterogeneity)

서비스는 시간, 장소, 이용자의 특성에 따라 소비자의 니즈(needs)가 변화하는 특징이 있다. 즉 외식업체의 직원인 A씨가 같은 공간에서 같은 음식을 제공하더라도 기분이 좋은 날의 서비스와 기분이 좋지 않은 날의 서비스가 달라진다는 의미이다. 같은 사람이 제공하는 서비스도 상황에 따라 달라지고, 같은 공간에서 제공하는 서비스도 사람에 따라서 달라짐을 말한다. 이러한 이유로 서비스는 품질이 일정하지 않는 불균질성의 특성을 가지고 있다. 이는 소비자의 니즈가 제조업에 비하여 다양하고 변화가 크기 때문이기도 한다.

특히 서비스는 획일적인 표준화가 쉽지 않으며, 소비자의 주관적 특성으로 인하여 객관적인 품질의 평가가 어렵다. 그래서 품질의 통제가 어렵다는 문제점이 있다. 그러므로 일관된 서비스를 제공하기 위하여 우수한 인재를 채용하고, 체계적인 매뉴얼에 의한 교육훈련이 요구된다. 고객의 피드백에 따른 인센티브 제공 등 직원의 동기를 유발시키는 전략이 필요하다. 그외에도 고객별 특성화전략(customization)을 구사하는 것도 이질성을 극복하는 좋은 전략이라 할 수 있다.

(4) 소멸성(perishability)

한번 구매한 서비스의 편익성은 1회에 한하여 유효하고 그 순간이 지나면 모두 소멸하는 특징을 갖는다. 즉 서비스는 소멸성을 갖는다고 할 수 있다. 예를 들어, 비행기를 이용한 운항서비스는 비행기가 이륙하기 전에 판매하지 못하면 다시는 판매할 수 없는 상태가 된다. 호텔의 경우도 마찬가지다. 오늘 판매하지 못한 룸을 재고로 보관하였다가 다시 판매할 수 없다. 외식업체의 경우도 오늘 판매하지 않은 테이블 공간을 내일 다시 판매할 수 없다. 이와 같이 재고로 보관하였다가 다시 판매할 수 없는 서비스의 특성을 소멸성이라고 한다.

따라서 소멸성이라는 특성을 갖은 서비스는 그 순간에 판매하지 못하면 사라지므로 수요와 공급을 일치시키기 위한 전략이 필요하다. 이와 같은 서비스의 특징으로 구매직후 편익이 사라지고, 재고로서 보관이 곤란하며, 과잉생산, 과소생산으로 이익의 기회가 없어질 수 있다.

요즘 외식업체는 수요와 공급의 조화를 위하여 고객을 대상으로는 예약을 받는다거나 피크타임의 대기고객에게 다양한 서비스를 제공하는 시간대별 할인 등 대기관리를 하는 노력을 기울이고 있다. 직원을 대상으로 하는 순환직무, 파트타이머 같은 유동적인 인적자원의 조절 노력도 소멸성이라는 특성을 극복하기 위한 노력이라 할 수 있다.

표 1-5를 살펴보면 위에서 설명한 네 가지 서비스의 특성과 재화의 특성의 차이를 볼 수 있다. 이와 같이 재화와 서비스 사이에는 많은 차이가 있음을 알 수 있으며, 따라서 서비스산업은 이러한 특성을 잘 파악하여 그에 맞는 전략을 세울 때 성공 가능성이 높아진다.

표 1-5 서비스와 재화의 차이점

재화	서비스	관리적 의미
유형	무형	• 저장할 수 없음 • 서비스 혁신은 특허를 내기 어려움 • 쉽게 전시되거나 전달할 수 없음 • 가격책정이 어려움 • 커뮤니케이션하기가 어려움
생산과 소비의 분리	생산과 소비의 동시성	• 서비스 제공단계에서 고객이 참여하고 영향을 미침 • 서비스 제공단계에서 고객들이 서로 영향을 미침 • 직원이 서비스의 결과에 영향을 미침 • 대량생산이 어려움
표준화	이질성	• 서비스제공과 고객만족은 직원의 행위에 달려 있음 • 서비스 품질은 통제가 불가능한 요인들에 의해서 달라짐 • 제공된 서비스가 계획된 것과 일치하는지 확인하기 어려움
비소멸	소멸	• 수요와 공급을 맞추기 어려움으로 전략이 필요함 • 생산과정에서 바로 소비되어 반품되거나 재판될 수 없음

자료: Parasuraman et al.(1985), A conceptual model of service quality and its implications for future research.

2) 서비스의 분류

서비스 분류는 학자에 따라서 다양한 방법이 제시되었다. 이러한 서비스 분류를 통합적으로 이해한다면 서비스 경영에 대한 체계적인 계획을 수립하는 데 많은 도움이 될 것이다. 서비스의 분류에 대한 내용을 살펴보면 다음과 같다.

(1) 유형성 수준에 기초한 분류

쇼스탁(Shostack)은 서비스를 분류하는 한 방법으로서 제품–서비스 스펙트럼에 기초한 유형성 수준을 사용하였다. 고객의 견지에서, 한 제품이 유형적일수록 그것의 평가는 용이한 반면 무형적일수록 평가하기 어려운 것으로 보았다. 그는 **그림 1–2**와 같이 유형성 척도를 기초로 제품과 서비스를 할당하였는데, 이를 통해 무형적 요소로부터 가치가 창조되는 것을 알 수 있다.

(2) 서비스 프로세스 매트릭스

슈메너(Schmenner)는 서비스산업의 경영에 있어서 공통적인 문제를 보여주기 위하여 두 가지 차원(노동집약도, 상호작용 정도)을 이용하여 서비스 프로세스 매트릭스를 제안하였다. 이를 4가지로 분류하면 다음과 같다 **그림 1–3**.

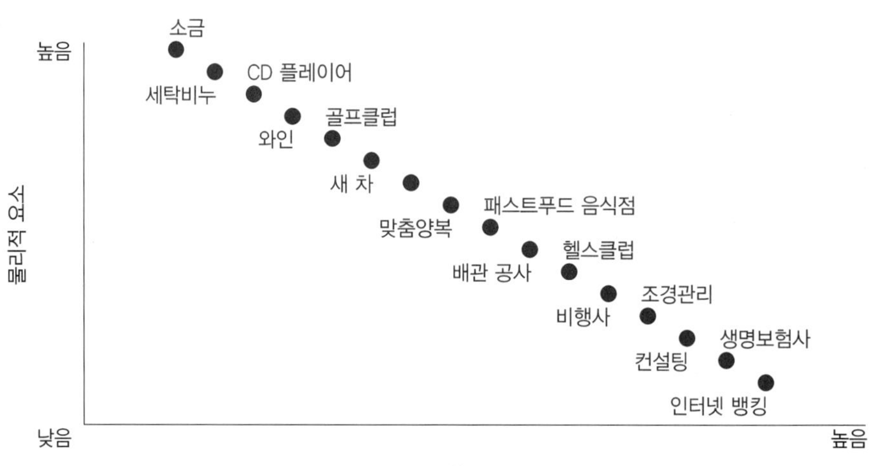

그림 1–2 쇼스탁의 제품–서비스 스펙트럼에 기초한 유형성 수준

자료: Shostack(1977), Breaking free from prodcut marketing.

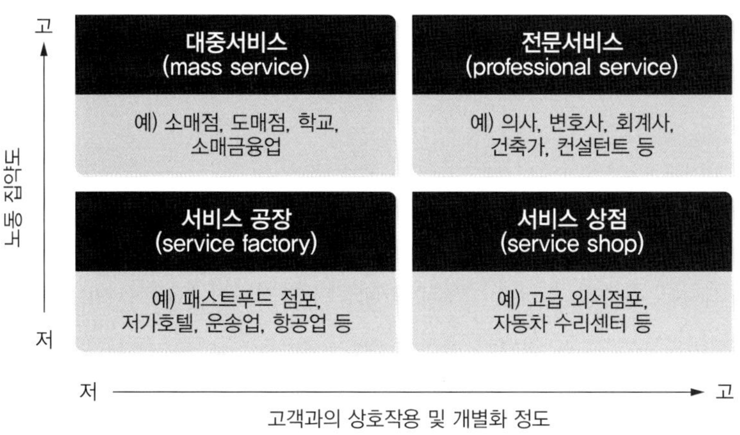

그림 1-3 슈메너의 서비스 프로세스 메트릭스

자료: Schmenner(1986), How can service survive and prosper?.

첫째, 서비스 공장(service factory)이다. 이는 노동집약도가 낮고 고객과의 상호작용 및 개별화 정도도 낮아 표준화된 서비스를 대량생산하는 차원이다. 외식업체 중 서비스 공장의 형태로 개발된 대표 유형으로 '패스트푸드 레스토랑'을 들 수 있다.

둘째, 서비스 상점(service shop)은 자본집약적 환경에서 높은 개별화된 서비스를 제공하는 서비스의 형태이다. 여기서 자본집약적이란 많은 자본을 투자한다는 의미이며, 개별화된 서비스란 각각의 고객 특성에 맞는 수준 높은 서비스를 제공하는 것을 말한다. 따라서 외식업체 중 서비스 상점의 유형은 '파인다이닝'과 같은 고급 레스토랑을 들 수 있다.

셋째, 대중서비스(mass service)는 노동집약적 환경에서 표준화된 서비스를 제공하는 것을 말한다. 여기서 노동집약적이란 사람을 이용한 서비스가 많이 소요되는 것을 의미하고, 표준화된 서비스란 모든 소비자에게 동일한 서비스를 제공하는 것을 뜻한다. 외식업체 중 대중서비스를 제공하는 대표 사례로 '김밥전문점'이나 중저가의 한식 음식점과 같은 일반음식점을 들 수 있다.

넷째, 전문서비스(professional service)는 노동집약도와 고객과의 상호작용 및 개별화 정도가 모두 높아 전문가가 개별화된 서비스를 제공는 유형을 의미한다. 외식업체에서 전문서비스를 제공하는 형태는 오너셰프가 '원테이블 레스토랑'을 운영하면서 제공하는 서비스가 있다.

(3) 서비스가 실행되는 동안 고객-직원의 상태를 기초로 한 분류

비트너(Bitner)는 서비스를 제공하는 공간으로서 물리적 환경의 중요성을 연구하여 세 가지로 분류하였다.

외식업체를 기준으로 할 때, 셀프서비스는 패스트푸드 음식점과 같이 고객이 음식을 직접 가져다 식사를 하고 마지막 처리도 직접 하는 유형을 의미한다. 대인간 서비스는 외식업체 직원이 주문한 음식을 고객에게 제공하고 식사가 끝나면 정리를 하는 유형이며, 원격 서비스는 고객과 직원이 만나지 않고 서비스가 이루어지는 유형을 의미한다. 인터넷에서 음식을 주문하면 택배로 음식이 배달되는 '홈밀'과 같은 외식업체가 원격 서비스를 제공하는 대표적인 사례이다.

표 1-6 Bitner의 분류

구분	업종
셀프서비스	ATM, 골프 코스
대인간 서비스	학교
원격 서비스	보험회사

자료: Bitner(1990), Evaluating service encounters: the effects of physical surroundings and employees and employee responses.

(4) 서비스 운영 차원에 기초한 분류

실베스트로 등(Silvestro et al., 1992)은 6개 차원의 서비스 분류 기준을 제시하고, 이러한 6개 차원과 고객의 수를 상호 비교하여 '전문가 서비스, 서비스 상점 그리고 대중 서비스'라는 3가지 대범주로 서비스를 분류했다.

① 서비스가 사람 중심인가 아니면 장비 중심인가?

② 서비스 대면에 있어서 고객 접촉 시간의 길이는 어떠한가?

③ 서비스의 개별화는 어느 정도인가? 즉 개별고객의 특정 욕구에 맞게 조정되는 정도는 어떠한가?

④ 고객 접촉 직원은 고객욕구 충족을 위한 판단을 함에 있어서 어느 정도까지 권한을 위임받았는가?

⑤ 부가가치의 원천이 주로 '전면부(front-office)'에서인가 아니면 '후반부(back-office)'에서인가?

표 1-7 서비스 운영 차원에 기초한 분류

서비스 분류	고객의 수	특징
전문가 (변호사, 세무사)	적음	사람에 초점 많은 접촉 시간 높은 개별화 높은 수준의 권한 위임 전면부의 부가가치 과정에 초점
서비스 상점 (호텔, 은행)	중간	사람과 설비에 초점 중간 정도의 접촉 시간 중간 정도의 개별화 중간 수준의 권한 위임 전·후면부의 부가가치 과정과 사람에 초점
대중서비스 (대중교통)	많음	설비에 초점 적은 접촉 시간 낮은 개별화 낮은 수준의 권한 위임 후면부의 부가가치 제품에 초점

자료: Silvestro et al.(1992), Towards a classification of service processes.

⑥ 서비스가 제품 중심인가 아니면 과정 중심인가?

이상의 6가지 기준을 가지고 분류한 서비스 유형은 **표 1-7**과 같다. 각각의 특징을 살펴보고 외식업체의 서비스를 설계할 때 참고하면 많은 도움이 될 것이다.

(5) 포괄적 분류

러브록(Lovelock)은 서비스를 기존의 분류체계가 서비스의 전략적 시사점을 제시하지 못한다고 비판하였다. 그는 서비스 활동의 성격, 서비스 조직과 고객 간의 관계, 서비스 전달에 있어서 권한 위임과 개별화의 정도, 공급에 대한 수요의 성격, 서비스 전달방법에 의해서 분류하는 더 포괄적이고 정교한 분류체계를 발표하였는데 이러한 분류를 자세히 살펴보면 다음과 같다.

① 서비스 활동의 성격(사람과 사물, 유형적 행동과 무형적 행동)

구분		서비스의 직접 수혜자	
		사람	사물
서비스 행위의 성격	유형적 성격	의료, 미장원 음식점, 이용원 여객운송, 호텔	화물운송 청소 장비수리 및 보수
	무형적 성격	교육, 방송 광고, 극장 박물관	은행, 법률 서비스 회계, 증권 보험

② 서비스 조직과 고객 간의 관계(회원 관계와 비공식 관계, 지속적 제공과 단속적 제공)

구분		서비스 조직과 고객 간의 관계	
		회원별 관계	불특정 관계
서비스 전달의 성격	계속적 거래	보험, 은행 전화가입, 대학등록	방송국, 경찰보호 등대, 고속도로
	간헐적 거래	장거리 전화 지하철 회수권	렌터카 우편서비스, 유료도로

③ 서비스 전달에 있어서 권한 위임과 개별화의 정도(고 개별화와 저 개별화, 높은 권한 위임과 낮은 권한 위임)

구분		서비스 특성상 주문에 대한 대응범위	
		넓은 경우	좁은 경우
직원 재량의 범위	넓은 경우	법률 서비스, 건강관리 건축설계, 부동산중개업	교육(대형학습) 질병예방프로그램
	좁은 경우	호텔서비스 고급식당	영화관 패스트푸드점

④ 공급에 대한 수요의 성격(높은 수요 변동과 낮은 수요 변동, 높은 공급 능력과 낮은 공급 능력)

구분		수요변동의 폭	
		높음	낮음
공급의 정도	최대피크수요 충족 가능	전기 전화 경찰 및 소방	보험 법률서비스 세탁소
	최대피크수요 충족 불가	회계 및 세무 호텔 극장	위와 유사하면서 동 업종의 기본 수준에 미달하는 수용능력을 갖는 서비스

⑤ 서비스 전달 방법(단일 입지와 복수 입지, 고객과 서비스 조직의 상호작용)

구분	단일창구	복수창구
고객이 서비스 조직에 가는 경우	극장 이발소	버스 법률서비스
서비스 조직이 고객에게 오는 경우	잔디깎기 살충서비스	우편배달 자동차 긴급수리
고객과 서비스 조직이 떨어져서 거래하는 경우	신용카드사 지역 케이블TV	방송네트워크 전화회사

6. 서비스 패키지

종합적인 고객경험을 만드는 서비스는 해당 기업의 경영자도 명확히 이해하기 어려운 부분이다. 이러한 종합적인 서비스 경험을 쉽게 이해하기 위해 만들어낸 개념을 '서비스 패키지'라고 한다. 종합적인 고객경험은 고객이 서비스 과정에 직접 참여할 때 형성되며 이것의 묶음을 '서비스 패키지(service package)'라고 한다. 즉, 서비스 패키지는 특정 환경에서 제공되는 재화와 서비스의 묶음이며 이를 좀 더 구체적으로 표현하면 **그림 1-4** 및 **표 1-8**과 같다.

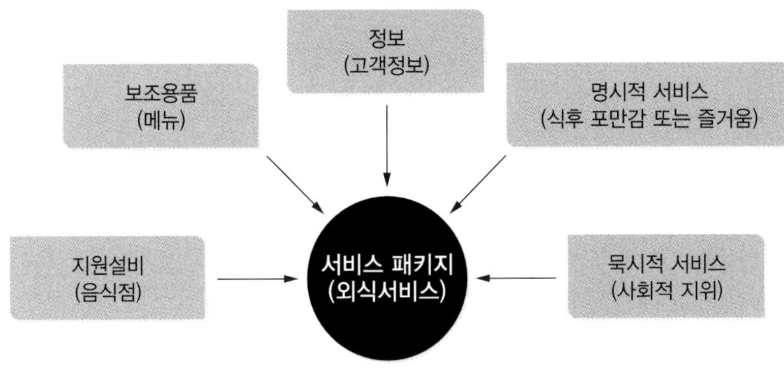

그림 1-4 서비스 패키지

표 1-8 서비스 패키지의 내용

유형	내용
지원 설비	서비스 제공 이전에 갖추어야 할 물리적 자원들
보조용품	구매자들에 의해 소비되거나 구매되는 물품
정보	효율적이며 고객화된 서비스 제공을 가능하게 하는 정보
명시적 서비스	감각에 의해 직접적으로 알 수 있는 서비스
묵시적 서비스	고객이 희미하게 느끼는 심리적 혜택

외식업체가 제공하는 서비스는 음식점이라는 물리적 공간(지원설비), 음식(보조용품), 정보, 명시적 서비스(포만감 또는 행복감), 묵시적 서비스(사회적 지원)로 구성되는 묶음이라고 할 수 있다. 외식업체의 서비스란 이와 같이 서비스의 모든 구성요소를 고객이 경험하면서 얻는 인식으로 결정된다. 그러므로 고객이 인지하고 요구하는 서비스 패키지를 잘 파악하여 일관되고 종합적인 형태로 개발할 때 고객만족을 달성할 수 있다.

외식업체의 서비스 관리자는 지금까지 학습한 서비스의 개념, 서비스의 분류, 서비스 경제화, 서비스의 특성 등을 고려하여 자신만의 차별화된 서비스를 정의할 수 있어야 한다. 그리고 목표고객을 평생고객으로 만들기 위한 서비스는 개발하고 패키지화하여 외식업체의 비전을 달성할 수 있도록 연구해야 한다.

요 약

1. 서비스는 고객과 직원 사이에 일어나는 가치교환의 활동으로 무형성, 생산과 소비의 동시성, 복합성의 특성을 갖고 있다.
2. 서비스 경제는 국가경제에서 국민총생산(GDP)의 절반 이상이 서비스 분야에서 일어나는 경제를 말한다.
3. 서비스 경제화의 원인으로는 기술혁신, 사회변화, 소비자 욕구의 변화, 정보기술의 발전, 규제 완화 등을 들 수 있다.
4. 서비스는 생산과 소비의 동시화로 재고로 저장이 불가능하므로 공급과 수요가 안정적이며 식음료, 의료 서비스와 같이 필수적인 성격이 강해서 불경기에도 안정적이다.
5. 서비스의 특성은 무형성, 비분리성, 이질성, 소멸성으로 설명할 수 있다.
6. 서비스는 고객이 서비스 가치를 선호하고, 서비스가 물질의 가치보다 높게 평가됨에 따라 그 중요성이 높아지고 있다.

연습문제

1. 학자 및 다양한 문헌에서 서비스를 어떻게 정의하고 있는지 정리하기 바랍니다. 정리된 서비스의 개념을 바탕으로 자신이 현재 근무하는 곳이나 관심 있는 분야의 서비스를 정의해 보기 바랍니다.

2. 최근에 방문한 음식점에서 경험한 최고의 서비스와 최악의 서비스를 예로 그 서비스가 왜 최고였고 최악이었는지를 이론적으로 설명해 보기 바랍니다.

3. 하루 일과를 표로 정리한 후, 각각의 상황에서 귀하가 담당하거나 겪게 되는 서비스를 기술하기 바랍니다. 각각의 서비스에 문제가 있는지를 찾아내고 그 문제를 어떻게 해결할 수 있을지 제시해 보기 바랍니다.

4. 서비스의 특성은 서비스의 문제점이기도 합니다. 귀하가 생활 속에서 만난 서비스의 문제점을 특성별로 한 가지씩 제시하고 그 문제를 해결하기 위한 아이디어를 도출해 보기 바랍니다.

QUIZ
퀴즈

01 다음 중 서비스를 설명하는 내용으로 적합하지 않은 것은?

① 고객과 기업과의 상호작용을 통해 고객의 문제를 해결해 주는 일련의 활동
② 독자적으로 판매되거나 상품 판매와 연계해 제공되는 모든 활동, 편익, 만족
③ 제품의 형태를 물리적으로 바꾸지 않고 판매에 제공되는 활동
④ 소비자에게 판매될 경우 욕구를 충족시키는 유형의 활동
⑤ 기업이 고객을 위해 고객의 경험을 고양시켜 주는 모든 일

02 다음 중 서비스산업에 포함되지 않는 산업은?

① 음식숙박업 ② 건설업
③ 금융보험업 ④ 공공행정
⑤ 부동산업

03 경제가 발전할수록 서비스산업이 중요해지는 이유가 아닌 것은?

① 1차, 2차 산업에 비해 3차 산업인 서비스산업의 비중이 커진다.
② 제조업의 서비스 부문 의존도는 줄어들고 있다.
③ 서비스산업은 경제적 리더십의 원천이다.
④ 서비스산업의 비중이 높아지면 경제순환의 폭이 줄어든다.
⑤ 미래는 서비스 경쟁시대이다.

04 다음 중 서비스의 특성이 아닌 것은?

① 무형성 ② 소멸성
③ 이질성 ④ 생산과 소비의 동시성
⑤ 제품과의 분리성

05 다음 중 서비스 특성과 문제점 극복 방법의 연결이 잘못된 것은?

① 무형성 – 유형의 단서 제공 ② 생산과 소비의 동시성 – 자동화 추구
③ 이질성 – 서비스의 표준화 ④ 소멸성 – 예약 및 대기관리 활용

06 다음 중 서비스 패키지에 대한 설명이 적절치 않은 것은?

① 지원설비 – 서비스 제공 이전에 갖추어야 할 무형의 자원들
② 보조용품 – 구매자들에 의해 소비되거나 구매되는 물품
③ 정보 – 효율적이며 고객화된 서비스 제공을 가능하게 하는 정보
④ 묵시적 서비스 – 고객이 희미하게 느끼는 심리적 혜택
⑤ 명시적 서비스 – 감각에 의해 직접적으로 알 수 있는 서비스

07 슈메너의 서비스 매트릭스에 대한 설명으로 부적합한 것은?

① 서비스 공장 – 표준화된 서비스를 대량생산 – 호텔, 패스트푸드 레스토랑

② 서비스 숍 – 자본집약적 환경에서 높은 개별화된 서비스를 제공 – 병원, 파인다이닝

③ 대량 서비스 – 노동집약적 환경에서 표준화된 서비스 제공 – 금융기관, 자동차 정비소

④ 전문 서비스 – 전문가가 개별화된 서비스 제공 – 변호사, 회계사

08 서비스 경제화의 원인에 대한 설명으로 적합하지 않은 것은?

① 혁신 – 기술과 엔지니어링을 바탕으로 한 제품개발 모형의 혁신

② 사회 추세 – 인구의 노령화, 맞벌이가정 증가, 독신자 증가

③ 소비자 욕구 – 저차원적인 욕구에서 고차원적인 욕구로 개념 변화

④ 규제 강화 – 경쟁력 강화 및 소비자 보호를 위한 항공, 금융, 통신 등의 규제 강화

⑤ 경쟁 심화 – 다차원적 서비스에 대한 수요 증대

EXPLAIN
해설

01 (답) ④

(해설) 서비스는 '무형의 활동'이 주를 이룬다. 다차원적 성격을 갖는 서비스를 통합적으로 정의해 본다면 '고객만족을 통해 기업의 수익성을 높이려는 일련의 무형적 활동'이라고 할 수 있다. 다만, 최근에는 고객만족을 넘어 고객경험을 중시하는 추세이다.

02 (답) ②

(해설) 1차 산업은 농·임·수산업, 2차 산업은 광공업 및 건설업, 3차 산업은 서비스업이다. 따라서 건설업은 2차 산업에 속하므로 서비스산업이 아니다.

그러나 현실에서는 서비스산업이 아닌 산업은 존재하지 않을 수도 있다. 1차 산업이나 2차 산업도 결국은 서비스 부문에 의하여 경쟁력이 좌우되기 때문이다. 서비스 부문의 크기가 다를 뿐 서비스가 포함되지 않는 산업은 존재하지 않는다.

03 (답) ②

(해설) 제조업의 서비스 부문 의존도는 갈수록 증대되고 있다. S전자나 H자동차 등도 결국 서비스가 차별화 요인이기 때문에 A/S 등에 더욱 많은 투자를 하고 있다.

04 (답) ⑤

(해설) '생산과 소비의 동시성'을 다른 표현으로 '비분리성'이라 한다. 제조업의 경우 생산은 공장에서, 소비는 가정 등에서 이루어지는 것이 일반적이지만 서비스업의 경우 생산과 소비가 동일한 장소에서 이루어지는 특성이 있다. 음식점을 예로 들면 음식점 내에서 생산이 이루어지고 소비도 음식점 내에서 이루어짐을 알 수 있다. 물론 테이크아웃이나 배달의 경우는 생산과 소비가 동시에 일어나지 않을 수 있다.

05 (답) ②

(해설) 서비스는 생산과 소비의 동시성이라는 특성으로 인하여 생산과정에 소비자가 직접 참여하는 현상이 발생한다. 따라서 고객접점상에 근무하는 직원의 선발 및 교육에 신중을 기해야 하고 고객관계관리에도 역점을 두어야 한다.

06 (답) ①

(해설) 서비스 패키지는 지원 설비, 보조용품, 정보, 묵시적 서비스, 명시적 서비스로 구성되며, 지원 설비는 물리적 자원을 의미한다. 예를 들어, 병원이라는 서비스사업을 한다면 병원 건물이 필요한데 이것이 바로 지원설비에 해당된다.

07 (답) ③

(해설) 자동차 정비소는 자본집약적 환경에서 개별화된 서비스를 제공하는 서비스 숍에 해당된다.

08 (답) ④

(해설) 선진화가 진행될수록 국가는 경쟁력 강화를 위하여 규제를 완화하게 되고 이러한 규제 완화는 다양한 서비스 경제화를 촉진시키는 역할을 한다.

CHAPTER 2

서비스와 고객만족경영

학습 목표

1_ 고객의 구매 프로세스를 통해 고객만족의 정의와 중요성을 설명할 수 있다.

2_ 고객만족경영이 대두된 배경과 고객만족경영의 개념, 구성요소 및 고객만족경영을 추진하기 위한 체계를 설명할 수 있다.

3_ 고객만족경영을 현실적으로 수행하기 위한 시스템을 CRM 차원에서 설명할 수 있다.

고객은 최고의 상품보다 필요한 상품을 구매한다

1884년, 세일즈 역사에 길이 남을 일대사건이 일어났다. 미국의 패터슨은 금전등록기라고 하는 최첨단 제품을 발명하고 NCR이라는 회사를 설립하여 본격적인 생산에 들어가게 된다. 패터슨은 생산한 금전등록기를 새로운 마케팅 방식으로 판매하기로 하고 전담 세일즈맨을 공개 채용하게 되었다.

이렇게 해서 세계 최초의 세일즈맨 제도가 패터슨에 의해 만들어지게 되었다. 패터슨은 최첨단, 최고 품질의 금전등록기가 날개 붙은 듯 팔려 나갈 것으로 기대하고 수많은 세일즈맨을 고용하여 영업을 개시하였으나 결과는 참담했다.

"음… 왜 품질도 최고이고 최첨단의 제품인 금전등록기가 판매되지 않는 것일까? 틀림없이 수요도 충분하다고 예상되었는데…. 고객들이 내 제품이 얼마나 유용한지 모르는 건가? 최고의 품질이라는 사실도 알아주지 않는다니 참 이상한 일이군."

그런데 다른 세일즈맨들은 거의 판매를 하지 못하고 있는 상황임에도 유독 한 명의 세일즈맨만이 높은 판매실적을 보이고 있었다.

"어떻게 자네는 혼자 높은 판매실적을 올리고 있는가? 그 비법이 뭔지 좀 알려줄 수 있겠나?"

"예??? 사실은… 저도 그 이유를 잘 모르겠습니다. 그냥 열심히 판매를 했을 뿐입니다."

패터슨은 영업실적이 높은 그 세일즈맨과 이런저런 대화를 나누는 중 아주 중요한 사실을 발견하게 되었다.

"그래!!! 바로 그거야!"

패터슨은 다른 영업사원들에게도 실적이 높은 세일즈맨이 사용하는 방법을 교육시키고 현장에 적용하도록 함으로써 높은 판매실적을 올리게 되었다. 당시 미국의 점포들은 매출을 집계하고 재고를 관리하는 것이 매우 힘들었으며, 특히 직원들이 현금을 '삥땅'하는 일이 가장 큰 문젯거리였다.

"사장님 이 금전등록기를 구매해 보시죠. 매출이 자동으로 집계될 뿐만 아니라 재고관리도 편리합니다. 그뿐 아니라 직원들이 현금을 슬쩍하는 일도 방지할 수 있게 됩니다. 아마 금전등록기를 구매하시는 데 소용되는 비용보다 사용하시면서 얻게 되는 이익이 더 클 겁니다."

"아니 이렇게 좋은 물건이 있단 말인가? 응… 당장 필요하니까 하나 설치해 주게…. 참 '삥땅'이 틀림없이 없어지는 거 맞지?"

이렇게 시작된 NCR 패터슨의 세일즈맨 제도와 세일즈 교육은 현대적인 판매기법의 기초가 되었다.

자료: 장정빈(2009), 리마커블 서비스.

"내 작품에 완성은 없다. 오로지 고객만족을 위한 끊임없는 노력만이 있을 뿐이다." 미키마우스의 창조자이자 디즈니랜드와 월트디즈니월드의 설립자인 디즈니(Disney)가 남긴 말이다. 서비스 시대에 고객의 욕구를 만족시키는 최적의 제품이나 서비스를 제공하지 못한다면 기업은 사라지고 말 것이다.

이와 같이 서비스기업의 생존법칙이라 할 수 있는 고객만족이란 과연 무엇일까?

고객만족은 "고객의 요구와 기대에 부응하는 제품과 서비스를 제공함으로써 고객신뢰감을 높이고 재구매를 하고자 하는 고객의 마음상태"를 의미한다. 따라서 고객만족을 위한 고객만족경영은 서비스 시대를 살아가는 모든 외식업체의 사명이다. 그 사명을 다하기 위하여 외식업체의 경영자가 무엇을 어떻게 해야 할지를 본 장에서 학습해 본다.

1. 고객에 대한 개념

고객에 대한 이해는 고객만족을 최우선으로 하는 외식기업에서 가장 먼저 해야 할 일이라 할 수 있다. 고객에 대한 이해가 중요한 만큼 고객을 표현하는 방법도 여러 가지가 있다.

'고객은 손님이 아니라 주인이다.'

'고객은 항상 옳다.'

'20%의 단골고객이 80%의 매출을 올려준다.'

'고객은 쉽게 변한다. 입맛에 맞는 곳은 자주 찾아 단골이 되지만, 맘에 안 들면 등을 돌려 떠나기 마련이다.'

1) 고객의 정의

고객은 해당 상품과 서비스를 구매하여 사용하는 소비자를 일컬으며 앞으로 해당 상품과 서비스를 구입하고 사용할 가능성이 있는 미래고객도 모두 포함한다. 이와 같이 고객은 외식업체에 있어서 출발점이라 할 수 있으며, 고객이 없이는 기업이 존재하는 필요성과 명분이 없다고 할 수 있을 것이다. 산업화를 통해서 재화를 생산하고 이를 공급하는 데 주력을 다하던 기업들은 경쟁이 치열해지면서 고객의 중요성을 깨닫기 시작하였다. 공급이 넘쳐나고 경쟁사가 많아지면서 고객의 욕구는 다양해지고 기업들은 고객을 '왕'으로 표현하기까지에 이르렀다. 따라서 오늘날에는 고객만족뿐 아니라 고객사랑, 고객감동과 같은 구호를 내걸고 고객유치를 위한 치열한 경쟁을 하고 있다.

2) 고객의 분류

고객의 이해를 위해서는 고객을 분류하는 기준에 대한 이해가 필요하다.

(1) 마케팅적 관점에서의 고객 분류

마케팅적 관점에서 고객은 첫째, 상품·서비스를 최종적으로 사용하는 소비자, 둘째, 상품과 서비스를 구매하는 구매자, 셋째, 구매를 허락하고 승인하는 구매승인자, 넷째, 구매의사결정에 직·간접적으로 영향을 미치는 구매영향자의 네 그룹으로 나눌 수 있다.

예를 들어, 수연이는 패밀리 레스토랑에서 외식을 하자고 어머니를 졸랐다. 그래서 수연 어머니가 아버지에게 물어 주말에 가기로 결정하였다. 주말에 수연이네 가족은 수연 어머니가 학부모 모임에서 만난 영희 어머니가 며칠 전에 다녀왔다고 하며 맛이 좋았다고 한 H 레스토랑에 가서 맛있게 식사를 했다라고 한다면, 수연이네 식구는 소비자, 수연이 어머니는 구매자, 수연이 아버지는 구매승인자, 영희 어머니는 구매영향자라고 할 수 있을 것이다.

(2) 가치체계에 의한 고객 분류

가치체계에 의한 고객 분류로는 내부고객, 중간고객, 외부고객으로 나눌 수 있다. 내부고객은 가치 생산 고객으로 외식업체에서는 홀 및 주방직원이라 할 수 있다. 중간고객은 가치 전달 고객으로 외식업체에서는 재료 납품업체 직원, 외부고객은 가치 사용 고객으로 소비자라고 할 수 있다.

표 2-1 가치체계에 의한 고객 분류

구분	내용		고객만족 전달 과정
내부고객	가치 생산 고객	직원	↓
중간고객	가치 전달 고객	재료 공급업체, 유통업체 등	
외부고객	가치 사용 고객	소비자	

자료: 하이테크리서치(주). 가치체계에 의한 고객 분류. 홈페이지 발췌.

(3) 스톤의 고객 분류

스톤(Stone)은 물건을 구매하는 고객의 구매태도와 행동에 의하여 고객을 네 가지 그룹으로 분류하였다. 절약형 고객은 자신의 노력, 시간, 돈의 가치를 극대화하고자 하는 고객으로 기업의 장점을 검증하여 가치를 면밀히 조사하고 요구하는 점이 많고 때로는 변덕스러운 고객이다. 이러한 고객이 떠나는 것은 경쟁위험에 대한 초기 경보로 볼 수 있다.

도덕적 고객은 사회적으로 신뢰할 수 있는 기업에 관심을 갖은 고객으로, 최근에는 지속가능한 기업 또는 그린기업과 같이 기업의 사회 환원 노력을 중요하게 생각하는 그룹이라고 할 수 있다.

개별화 추구 고객은 개별화된 서비스를 선호하는 고객으로 인사나 대화와 같은 대인 관계의 만족을 추구한다. 따라서 외식업체에서는 고객의 생일에 특별한 이벤트를 하는 등의 노력을 하고 있다.

편의성 추구 고객은 개인적이고 차별화된 서비스에 추가 비용을 지불할 용의가 있는 고객으로 편의를 제공하는 것이 이런 고객을 유인하는 데 최고의 비결이 될 수 있다. 싱글단위의 고객이 늘어남에 따라서 외식업체 중에 이들을 위한 음식배달서비스를 늘리는 회사들이 증가하고 있다.

표 2-2 스톤의 고객 분류

구분	내용
절약형 고객 (economizing customer)	투자 대비 획득가치를 극대화하려는 고객
도덕적 고객 (ethical customer)	사회적으로 신뢰할 수 있는 기업에 관심을 갖는 고객
개별화 추구 고객 (personalizing customer)	개별화된 서비스를 선호하는 고객
편의성 추구 고객 (convenience customer)	개인적이고 차별화된 서비스에 추가 비용을 지불할 용의가 있는 고객

3) 고객발전 단계

고객은 예상고객, 고객, 단골에서 옹호자와 동반자의 단계로 발전해 나간다. 예상고객(prospect)은 아직 기업과 첫 거래를 하지 않은 상태에서 상품구입 가능성이 높거나 정보를 요구하는 유망고객이며, 고객(customer)은 예상고객이 첫 거래를 한 이후의 단계로 할인 등 인센티브로 인해 재구매 동기를 갖게 되는 고객을 말한다. 단골은 불만족이 생기지 않는 한 지속적인 구매성향을 가지며, 옹호자(advocate)는 상품의 지속적인 구입을 넘어서 다른 사람에게 적극적으로 사용을 권유하는 등 구전으로 광고효과를 발생시키고 이탈고객을 불러오기도 하는 고객이며, 마지막으로 동반자(partner)는 기업과 고객이 함께 완전 융합된 단계의 고객으로서 기업의 의사결정에 참여하고 함께 이익을 나누는 고객이라 할 수 있다.

그림 2-1 고객의 발전 단계

4) 고객의 욕구

(1) 고객욕구에 대한 이해

고객만족을 이해하기 위해서는 고객욕구에 대한 이해가 선행되어야 한다. 고객의 욕구란 고객이 필요로 하는 것으로 혜택과 비용 두 가지 측면에서 고객으로 하여금 행동을 이끌어내는 상황을 말한다.

(2) 매슬로 이론에 따른 고객의 욕구단계설

욕구단계설이란 인간의 욕구는 타고난 것이며, 욕구를 강도와 중요성에 따라 5단계로 분류한 매슬로우(Maslow)의 이론이다. 하위단계에서 상위단계로 계층적으로 배열되어 하위단계의 욕구가 충족되어야 그 다음 단계의 욕구가 발생한다고 이해하면 된다. 욕구는 행동을 일으키는 동기요인이며, 인간의 욕구는 낮은 단계에서부터 그 충족도에 따라 높은 단계로 성장해 간다고 하였다. 즉, 1단계 욕구인 생존을 위한 본능적인 생리적 욕구가 충족되어야만 신체적 안전을 추구하는 2단계의 안전의 욕구로 발전해 갈 수 있다는 이론으로, 순차적으로 5단계인 자아실현의 욕구까지 실현될 수 있다고 하였다.

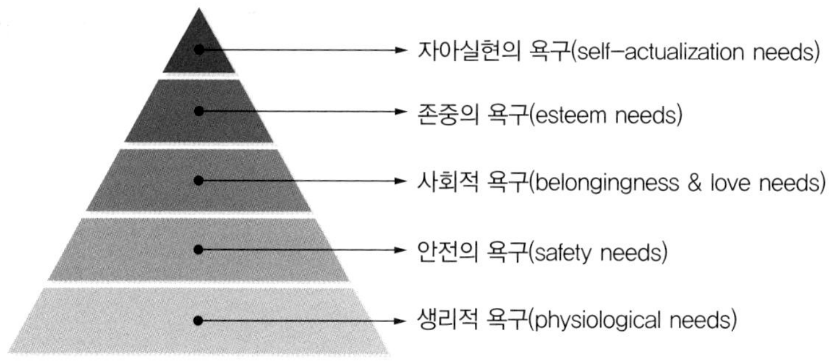

그림 2-2 매슬로의 고객의 욕구단계

표 2-3 매슬로의 고객 욕구단계설의 내용과 서비스 욕구

욕구 단계	내용	서비스 욕구
생리적 욕구	생존을 위한 본능적 욕구	낮은 가격과 많은 양
안전의 욕구	신체적 안전을 추구하는 욕구	위생 청결, 편의시설
사회적 욕구	소속감, 친교, 애정, 우정 욕구	친절한 응대
존중의 욕구	명예, 신분, 권력, 존경 욕구	관심과 존중, 레스토랑의 성패를 좌우하는 욕구
자아실현의 욕구	자기개발, 성장, 성취 욕구	VIP로서의 특별한 응대

2. 고객만족의 이해

1) 고객의 구매 프로세스와 고객만족의 관계

구매 프로세스는 상황이나 제품의 유형에 따라 다르게 진행될 수 있으며, 서비스는 그 무형성의 특성으로 인하여 평가에 어려움이 있기는 하지만 모든 고객의 실제 구매는 구매 프로세스를 통하여 이루어진다. 고객의 입장에서는 구매 전 구매하고자 하는 제품에 대한 사전 기대를 만들어냄으로써 구매 전 평가를 형성하게 되고, 이는 구매 후 성과에 비례하여 만족과 불만족으로 정의한다. 다시 말해, 구매 전 평가(기대)보다 실제 구매 후 성과가 큰 경우 고객은 만족을 느끼며, 긍정적 구전 및 제품에 대한 재구매로 이어진다. 반대의 경우 역시 성립되며 이상의 과정을 종합해 볼 때 구매 프로세스는 고객만족의 중요성을 크게 반영하고 있음을 알 수 있다.

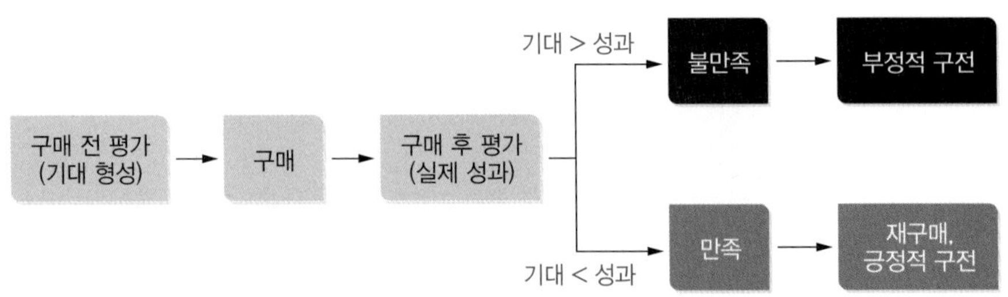

그림 2-3 고객의 구매 프로세스와 고객만족의 관계

2) 고객만족의 정의

미국의 소비자문제 전문가 굿맨(Goodman)은 고객의 기대에 부응함으로써 제품(서비스)의 재구매가 이루어짐과 동시에 고객의 신뢰가 연속되는 상태를 고객만족(customer satisfaction)이라고 정의하였다.

고객은 상품이나 서비스 구매 후 구매 전에 형성된 기대에 대한 실제 성과(구매 후 결과)가 만족스러우면 지속적인 구매 및 긍정적 구전을 전파하게 되지만, 불만족한 경우에는 이에 대한 대체 상품을 찾을 뿐만 아니라 부정적인 구전으로 신규고객에 대한 창출 역시 불가(不可)하게 만들고, 이는 매출 감소 및 신규고객 창출을 위한 과다한 비용 증가에 따른 수익성 악화로 이어지기 때문에 고객만족은 기업경영에 있어 대단히 중요한 의미를 가진다.

3) 고객만족 구성의 3요소

고객만족 구성요소로는 크게 직접요소와 간접요소로 나눌 수 있다. 직접요소로는 제품적인 부분은 하드웨어뿐 아니라 소프트웨어적 가치를 모두 포함하며, 서비스적 부분은 점포의 분위기, 직원의 서비스 등이 있다. 기업의 이미지는 간접요소로 기업의 사회적 공헌활동, 환경보호활동 등이 있다.

표 2-4 고객만족 구성의 3요소

구분		내용	설명
직접요소	제품	하드웨어적 가치	품질, 기능, 성능, 가격 등
		소프트웨어적 가치	디자인, 편리성, 향기 등
	서비스	점포 분위기	점포 호감도, 구매편의성 등
		직원의 서비스	복장, 언어, 용모 등
		A/S, 정보서비스	A/S, 정보제공서비스 등
간접요소	기업 이미지	사회공헌활동	문화, 불우이웃돕기 등
		환경보호활동	환경보호활동, 재활용 등

자료: 최성용 외(2006), 서비스 경영론.

4) 고객만족 형성: 품질에 대한 고객의 만족을 나타낸 카노 모형

카노(Kano) 모형은 서비스 품질의 속성과 고객의 만족 사이의 관계를 이해하는 틀로 널리 알려져 있으며, 제품의 속성은 매력적 품질요소와 일원적 품질요소, 당연적 품질요소로 구분된다. 매력적 품질요소는 고객이 직접적으로 표명하지는 않지만 충족이 될 경우 만족을 느끼고, 충족이 되지 않더라도 불만을 야기하지 않는 요소이다. 예를 들어, 레스토랑에서 식사를 마친 후에 기념품을 나누어 주는 것은 고객이 기대하지 않은 감동을 줄 수 있으나 기념품을 주지 않는다고 하여 불만이 생기지는 않는다. 그러나 이러한 일원적 품질요소는 일반적으로 고객이 표명하는 요구들로 성능에 비례하여 많이 충족되면 될수록 고객은 더 많이 만족하게 된다. 당연적 품질요소는 고객이 필수적이고 당연한 것으로 여기는 요소로 충족되지 않을 경우 불만을 일으키는 최소의 요소가 될 수 있으며, 초과 충족되어도 만족을 일으키지는 않는다. 예를 들어, 음식점에서 따뜻한 음식이 따뜻하게 나온다고 하여 고객들은 당연하다고 느끼지 만족을 일으키지는 않는다. 그러나 반대로 충족시키지 못할 경우에는 큰 불만족을 불러일으킬 수 있다.

이와 같이 카노 모형은 고객의 기대는 항상 일정하지 않고 시간에 따라 변한다는 것을 보여주며, 오늘의 매력적 품질요소가 내일은 일원적 품질요소 그리고 당연적 품질요소로 변화하는 것을 보여준다. 따라서 기업은 고객욕구의 변화를 지속적으로 관찰하고 대응능력을 키우기 위하여 제품과 서비스를 지속적으로 개선시켜야 한다.

고객의 기대는 매력적 품질요소의 충족에서 당연적 품질요소 충족의 방향으로 순차

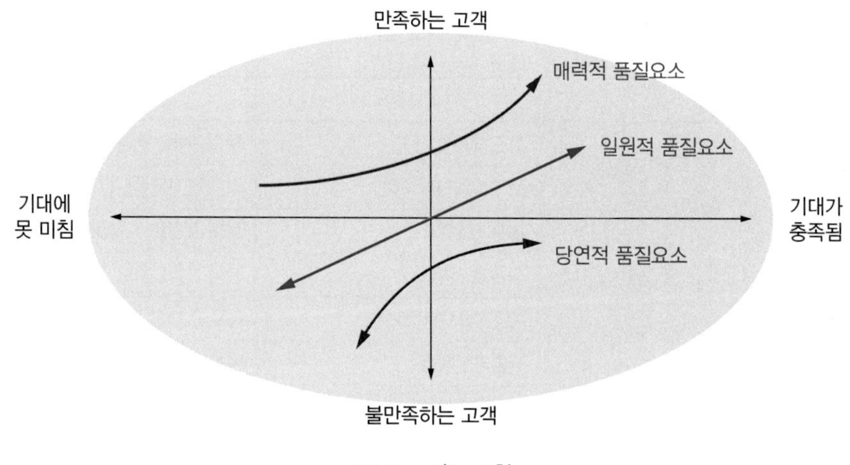

그림 2-4 카노 모형

표 2-5 카노 모형에 의한 서비스 품질요소 분류 사례

구분	내용	서비스 욕구
매력적 품질요소	충족이 되면 만족하고, 충족되지 않더라도 하는 수 없이 받아들이는 품질속성	정확한 음식 제공 예정된 시간에 음식 제공 편안한 느낌 전달 매력적인 메뉴 특별한 요구사항에 대한 대응 메뉴에 대한 충분한 설명
일원적 품질요소	충족되면 만족하고, 충족되지 못하면 불만족을 나타내는 품질요소	종업원 복장의 적절성 호출에 대한 신속한 대응 매장의 매력성과 청결성 숙련되고 능숙한 종업원 진심어린 고객 대우 잘못 인정과 즉시 사과 음식가격의 정확성 질문에 대한 답변의 정확성 요구에 대한 사전 대처 서비스 일관성
당연적 품질요소	충족되면 당연한 것으로 인식하지만, 충족되지 못하면 불만족을 나타내는 품질속성	오류나 실수에 대한 신속한 대처 특별한 대우 인식 내부장식 적합성 즉각적이고 빠른 서비스 편안한 좌석

적으로 변하기 때문에 고객의 정상적 기대를 충족시키지 못한 기업은 고객을 감동적 기대로 충족시킬 수 없다는 것도 잊지 말아야 한다.

5) 고객만족과 충성도의 관계

외식업체를 방문하여 만족한 경험을 얻은 고객은 충성도가 높아져서 재방문할 가능성이 높아진다. 그렇다면 고객만족과 충성도 사이에는 어떤 관계가 성립될까? **그림 2-5**는 이러한 관계를 잘 보여주고 있다. 만족 수준이 높아질수록 충성도의 수준은 급격하게 증가함을 알 수 있다. 즉 만족 수준이 한 단위 올라갈 때마다 충성도의 증가폭은 기하급수적으로 늘어난다. 예를 들어, 아주불만족(1)에서 조금불만족(2)으로 만족 수준이 1단위 증가하면 충성도는 0에서 10의 수준으로 10단위가 증가하지만, 조금만족(4)에서 매우만족(5)으로 1단위 증가할 때는 충성도가 70단위 증가함을 알 수 있다. 이와 같은 만족도와 충성도 사이의 관계는 외식업체가 적당한 만족도를 넘어서 최상의 만족도를 달성하기 위해 노력해야 함을 시사한다.

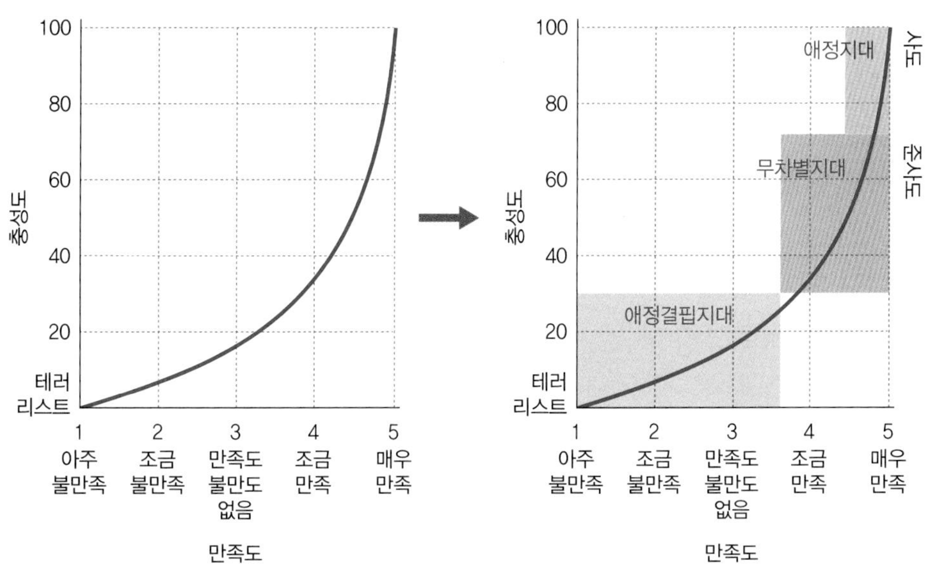

그림 2-5 고객만족과 충성도의 관계

3. 고객만족경영의 개념

고객만족경영이란 고객지향적으로 기업의 경영활동을 계획하여 관리하는 것으로 제품 및 서비스를 구매한 고객을 기대 이상으로 만족시켜 고객의 재구매를 높이고, 해당 제품 및 서비스에 대한 선호도를 지속시켜 추천구매가 이루어지도록 만드는 경영기법으로 1980년대 후반부터 미국과 유럽 등을 중심으로 대두되기 시작하였다. 이는 소비시장의 성숙에 따른 기업의 치열한 경쟁과 신규고객 대비 기존고객의 가치가 높다는 것을 인식하면서 고객만족을 통해 재구매와 추천구매가 가능하도록 하는 경영방법이다.

높은 고객만족은 기존 고정고객의 이탈방지를 통해 반복구매를 유도하고 이들의 호의적 구전을 통한 신규고객을 창출하여 기업의 광고 및 판촉비용을 경감시킴으로써 기업의 수익성 증대에 크게 기여한다. 고객만족을 높이기 위해서는 고객의 기대를 만족시키는 제품과 서비스를 제공하고 일련의 과정을 통해 제품에 내재된 기업문화 및 기업이념의 이미지가 고객에게 전달되어야 한다.

고객지향적이란 지속적인 고객의 소리 수집과 고객니즈를 파악하여 이에 반하는 대·내외적인 불만요인을 근본적으로 개선함으로써 고객을 만족시키고자 하는 일련의 활동들을 말한다. 이러한 기업의 경영활동을 계획하여 시행하는 것이 바로 고객만족경영이다. 정리하면, 제품 및 서비스를 구매한 고객의 만족을 통해 재구매와 추천구매가 이루어지도록 만드는 경영활동을 고객만족경영(customer satisfaction management)이라 할 수 있다.

4. 고객만족경영 시스템

고객만족경영 체계를 위해서는 첫째, 명확하고 측정 가능한 목표가 설정되어야 하고, 둘째, 목표를 달성하기 위한 전략을 수립해야 하며, 셋째, 고객만족 솔루션, 프로세스, 측정 시스템, 보상, 교육 등으로 대표되는 실행체계(전술)를 설계하고, 구성된 조직을 바탕으로 인프라를 구축하여야 한다. 다시 말하면, 고객만족경영 프로세스에는 고객 탐색에서 시작하여 고객의 소리를 듣고 이를 효과적으로 처리하여 고객과의 관계를 유지하고 강화하는 데 필요한 핵심 요구사항들이 포함되어 있다.

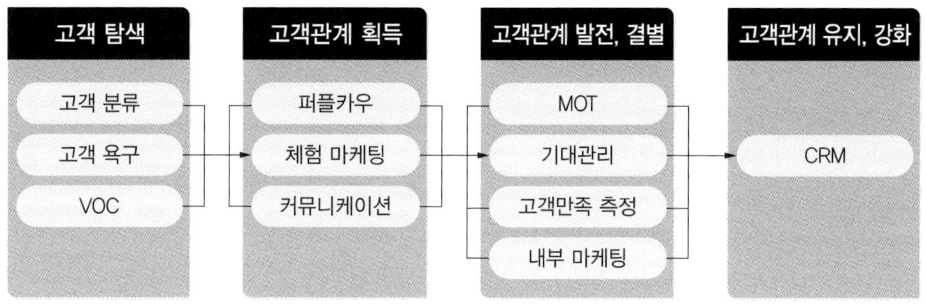

그림 2-6 고객만족경영 프로세스

자료: 이유재 외(2007), 고객가치를 경영하라.

1) 고객 탐색

(1) 고객 분류

고객을 이해하기 위한 목적으로 고객을 분류하며 고객만족을 극대화시킬 수 있는 세분화된 고객을 찾아내는 것이 고객 분류에 있어 핵심적인 사항이다. 고객 분류의 방법에는 앞서 설명한 여러 가지가 있으나 마케팅적 관점에서의 고객 분류, 가치체계에 의한 고객 분류, 스톤의 고객 분류가 가장 많이 쓰인다.

(2) 고객의 욕구

고객만족을 위해서 고객의 욕구에 대한 연구가 선행되어야 한다. 고객욕구의 발생은 구매단계별로 상이하게 발생하며 크게 구매 전 단계, 구매단계, 사용단계, 구매 후 단계의 4단계로 나눌 수 있으며, 외식산업과 같은 서비스산업의 경우에는 구매단계와 사용단계가 동시에 발생한다.

고객의 욕구는 사용목적(why), 사용시간(when), 사용장소(where), 사용방법(how)의 3W1H에 따라서 발생한다. 고객의 욕구는 관찰과 인터뷰를 통해 파악할 수 있는데, 다음의 네 가지로 나눌 수 있다. 첫째, 고객이 인지하고 있는 '혜택욕구', 둘째, 고객이 인지하지 못하고 있는 혜택인 '잠재적 혜택욕구', 셋째, 고객이 인지하고 있는 비용으로 '문제욕구', 넷째, 고객이 인지하지 못하고 있는 비용으로 '잠재적 문제욕구'이다.

이와 같은 고객의 욕구는 욕구분석을 통해서 명확하게 고객이 원하는 욕구를 충족시킬 수 있도록 신제품을 개발하고 기존의 제품을 개선할 수 있도록 하는 데 활용해야 할 것이다. 외식산업의 경우에도 트렌드의 변화가 심하고 그 주기도 빠르기 때문에 이에 맞는 고객의 욕구를 정확하게 파악하고 미리 앞서는 경영전략을 세우는 것이 다른 어느 산업에 비하여 필요하다.

(3) VOC

VOC(voice of customer, 고객의 소리 청취 제도)란 관리 시스템에 접수되는 고객의 소리에 귀를 기울여 욕구를 파악하고 이에 대한 처리상황을 관리 감독하며 처리결과를 지표화하여 경영활동에 반영함으로써 고객만족을 추구하는 제도를 일컫는다.

> 고객은 항상 변하므로 고객의 소리에 끊임없이 귀를 기울여라. 만약 여러분이 고객을 완벽하게 만족시켰다면 고객에게 더욱 귀를 기울이고 그들이 변하는지를 확인하라. 만약 고객의 기대가 바뀌었다면 여러분도 그들처럼 바뀌어라.
>
> \- 리츠칼트 호텔 사장, 허스트 슐츠

VOC 시스템은 시장의 욕구와 기대의 변화를 파악할 수 있도록 하며, 서비스 프로세스의 문제점을 파악할 수 있도록 한다. 또한 획기적인 아이디어를 개발할 수 있는 기회를 얻을 수 있으며, 가장 중요한 것은 고객과의 관계를 돈독하게 유지하는 효과를 가지고 올 수 있다. 또한 VOC 시스템을 통해서 서비스의 표준화를 용이하게 할 수 있다는 장점이 있다.

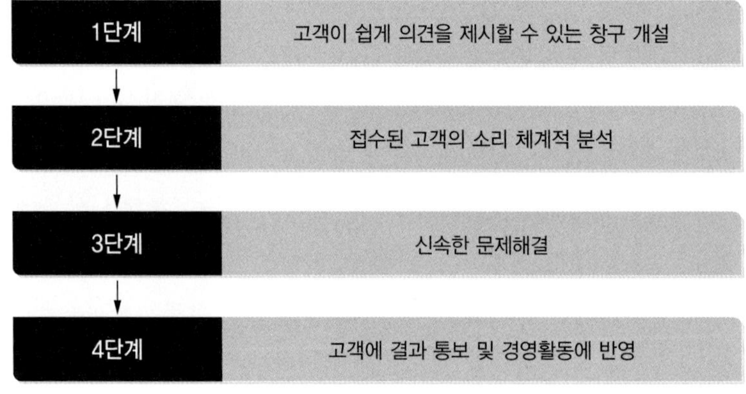

그림 2-7 VOC 시스템의 4단계

2) 고객관계 획득

(1) 퍼플 카우

퍼플 카우(purple cow)란 미국의 저명한 마케팅 전문가인 고딘(Godin)이 2003년에 발간한 《Purple Cow(보라빛 소가 온다)》라는 경영관련 서적에서 사용된 용어이다. 이 책에서 사용된 퍼플 카우는 고객의 오감을 사로잡기 위한 최고의 가치를 제공하는 리마커블(remarkable)한 제품(서비스)을 창조하여 이를 열망하는 소수를 공략하는 것으로서, 평범한 제품으로 대중을 공략했던 과거와는 달리 치열한 경쟁이 난무하는 현재의 제품 및 서비스시장에서는 퍼플카우 전략이 더욱 더 필요하다고 역설하였다. 퍼플카우는 첨단의 혁신, 발상의 전환, 창의적 마인드 및 차별화가 성공의 비결이라고 하면서 안전한 길은 위험한 길이라는 전략적 인식을 요구하였다.

> 두드러지지 않는다는 것은 보이지 않는 것과 같다.
>
> -세스 고딘(2004), 《Purple Cow》.

(2) 체험마케팅

체험마케팅이란 고객이 직접 체험을 통해 기업 및 상품을 느끼고, 이해하고, 생각하고, 행동하고, 이에 따른 관계를 형성하여 제품을 홍보하는 마케팅 기법이다. 이는 기존의 마케팅과는 다르게 인상적인 상품을 통해 소비되는 분위기와 이미지, 브랜드를 통한 고객의 감각을 자극하는 21세기형 마케팅기법을 의미한다. 농업경제가 산업경제를 거치면서 서비스경제로 발전되었고, 이는 다시 체험경제라는 패러다임의 전환을 가져왔다. 그리고 소비자는 기업이 유도한 직·간접적 자극을 체험하고 기업의 상품 및 브랜드에 대한 호감이라는 감성 정도를 달리하게 된 것이다. 따라서 기업은 체험 제공의 수단과 방법에 있어서 그 성공 정도에 따라 마케팅 전략의 성패가 좌우하게 되었다. 이러한 체험마케팅의 성공의 예로는 '스타벅스'를 들 수 있다. 스타벅스의 커피는 높은 가격에도 불구하고 이를 구매하는 소비자는 전 세계적으로 늘고 있다. 이는 스타벅스의 커피라는 음료상품 외에 토핑을 추가시키는 체험을 통해 커피 소비의 가치를 높였기 때문이라 할 수 있다.

미국 콜럼비아 대학의 슈미트(Schmitt) 교수는 이러한 체험마케팅을 구성하는 고객

체험을 고객의 감각을 자극할 때 미적인 즐거움에 초점을 맞추는 감각(sense)마케팅, 고객의 기분과 감정에 영향을 미치는 감성적인 자극을 통해 브랜드와 유대관계를 강화하는 감성(feel)마케팅, 고객의 지적 욕구를 자극하여 고객으로 하여금 창의적으로 생각하게 만드는 인지(think)마케팅, 고객이 체험을 하는데 다양한 선택권을 주어 육체와 감각에 자극되는 느낌들을 극대화하고 고객으로 하여금 능동적인 행동을 취하도록 하는 행동(action)마케팅, 브랜드와 고객 간의 사회적 관계가 형성되도록 브랜드 커뮤니티를 형성하는 데 중점을 두는 관계(relation)마케팅 등의 5가지 유형으로 구분하였다.

(3) 커뮤니케이션

고객의 입을 빌어 그 가치를 더하는 커뮤니케이션의 힘은 인터넷의 등장으로 과거의 구전을 비롯하여 네트워크+구전이라는 '넷전'과 같은 신조어를 탄생시켰다. 이와 같이 오늘날의 고객관계 획득은 인터넷을 통해 모든 것이 가능하다고 해도 과언이 아니다. 넷전의 윤활유로는 새로운 것을 발견하면 주변 사람들에게 적극적으로 퍼뜨리는 스니저(sneezer)를 포함한 개인 블로거와 같은 1인 미디어, 온라인 커뮤니티를 적극적으로 잘 활용하는 것이 필요하다.

3) 고객관계의 발전과 결별

(1) MOT의 정의

MOT(moments of truth, 진실의 순간)는 1984년 스웨덴의 마케팅 학자인 노만(Normann)의 저서 《서비스 관리》에 처음 사용되어 알려지기 시작하였고, 15초 동안의 짧은 순간이 회사의 이미지와 성공을 좌우 한다고 강조한 스칸디나비아항공사의 성공 사례를 통해 주목을 받기 시작했다. 얀 칼슨(Jan Carlson) 스칸디나비아항공사 사장은 1년에 천만 고객이 평균 15초 동안 5명 직원과 접촉하면 5천만 번의 '진실의 순간'이 발생한다고 판단하고, 이 진실의 순간은 기업의 전체 이미지를 결정하므로 철저한 관리가 필요하다고 강조하여 불과 1년 만에 800만 달러 적자에 허덕이던 항공사를 7,100만 달러 흑자로 전환시키는 결과를 낳았다.

MOT는 고객이 기업의 직원 또는 특정 자원과 접촉하는 순간으로 '진실의 순간', '고객 접점의 순간', '서비스 접점의 순간'이라고 하며 서비스 품질 인식에 결정적 영향을 미치므로 '결정적 순간'이라고도 한다. 이러한 진실의 순간은 주로 고객과 서비스 제공자 간 상호작용이 이루어지는 동안에 발생을 하며, '피하려 해도 피할 수 없는 순간' 또는 '실패가 허용되지 않는 매우 중요한 순간'을 의미하기도 한다.

결정적 순간의 관리는 현대사회와 같이 품질이 표준화된 시장상황에서 자신의 상품 및 서비스에 결정적 차별화 포인트로 작용할 수 있다. 또한 이러한 결정적 순간의 관리는 지속적인 고객 확보와 수입을 위한 원천이면서 핵심의 역할을 이끌어낼 수 있다. 또한 곱셈의 법칙이 적용되어 그 효과는 가속도를 붙일 수 있는 장점을 가지고 있다.

(2) 기대관리

올리버 등(Oliver, Swan, Parasuraman)에 의해 1970년대 후반 소개된 이론으로 고객만족의 상황의 기본이 되는 '기대-불일치 이론(expectancy disconfirmation theory)'에 의하면 고객의 서비스에 대한 만족과 불만족은 성과와 기대 수준과의 차이에 의해 형성된다고 하고 있다. 기대 수준의 영역은 최하점인 '적정서비스'와 최고점인 '희망서비스'로 구성되며, 적정서비스와 희망서비스 사이에는 '허용영역'이 존재하여 각 개개인이 가지고 있는 기대치와의 합의점을 찾게 된다. 즉 성과가 기대치의 합의점에 미치지 못하면 고객의 불만족이 발생하게 되고, 성과가 기대와 같은 경우 고객만족이 형성되며, 성과가 기대를 넘어서는 경우 고객감동으로 나타난다는 것이다.

고객의 심리를 이용한 대표적 기대관리 방법으로는 첫째, 주어진 자원이 제한적일 경우 고객이 강력하게 기억하는 마지막 부분에 중점을 두어 마무리하고 유종의 미를 거두는 방법, 둘째, 같은 내용이라도 나누어 광고하여 고객으로 하여금 두 번의 혜택을 기대하도록 하는 기대이론, 셋째, 고객에게 직접 상품이나 대상을 선택하도록 하여 불안감을 줄이는 방법이 있다. 마지막으로는 고객과 기업 간의 중요한 연결고리를 담당하

기대-불일치 이론	만족은 기대와 성과의 차이로 결정됨
	• 기대된 서비스 > 지각된 서비스 → 고객불만족
	• 기대된 서비스 = 지각된 서비스 → 고객만족
	• 기대된 서비스 < 지각된 서비스 → 고객감동

그림 2-8 기대-불일치 이론

는 의례를 제공하여 고객의 경험지각에 영향을 미치는 방법을 들 수가 있다.

고객기대는 내부 마케팅 조사 및 외부 마케팅 조사를 통해 파악할 수 있는데 내부 마케팅에서는 직원의 욕구와 기업의 성과를 중요시하는 반면, 외부 마케팅에서는 소비자를 대상으로 고객만족을 목표로 한다. 고객의 기대를 파악하는 방법에는 경영자의 외부고객 방문, 외부고객의 소리(VOC) 듣기, 중간고객에 대한 조사, 내부고객에 대한 조사, 내부고객을 통한 외부고객 조사, 직원의 제안과 피드백이 있을 수 있다.

(3) 고객만족 측정

고객만족을 측정하는 방법으로는 설문조사, 마케팅 리서치, 고객 불평 및 제안 제도, 영업부문의 피드백, 미스테리 쇼핑, 이탈고객에 대한 조사 등이 사용되며, 고객만족의 수준별로 이에 상이한 대응전략이 요구된다. 다시 말해 불만족한 고객에게 핵심상품 제공에 역점을 두는 전략이 요구된다면 일반고객에게는 핵심 상품보다는 부가적 서비스에 역점을 두어야 하고, 만족한 고객일수록 최고의 만족을 위한 투자를 필요로 한다고 할 수 있다.

간과하지 말아야 할 것은 불만을 표출하는 고객일수록 그 불만이 해결되기를 바라며 불만이 신속하고 만족스럽게 해결될 경우 약 80%가 그 기업을 계속 이용한다는 것이다. 그렇지만 고객만족의 측정의 함정에 빠지지 않기 위해서는 만족도가 좋은 고객에게 더 집중하여 만족한 고객이 더 높은 만족을 느끼게 하여 그들의 기업에 대한 충성도를 기하급수적으로 높일 수 있다는 것을 잊지 말아야 한다.

(4) 내부 마케팅

내부 마케팅에서 커뮤니케이션의 대상은 기업과 직원이며 이들의 동기부여에 중점을 둔다. 고객지향적 사고를 목표로 기업은 직원의 욕구를 파악하여 최대한 만족시켜야 하며 이는 높은 서비스로 이어져 소비자만족을 유도하여 기업의 목표달성으로 연계되는 선행 변수가 될 수 있도록 해야 한다.

4) 고객관계의 유지와 강화

(1) 고객관계관리

고객관계관리(CRM, customer relationship management)는 고객과 평생 동반자 관계를 유지함으로써 고객가치 및 기업가치의 극대화를 추구하는 일련의 활동으로 정의되며, 고객정보 획득을 통한 서비스의 개선 및 대응식 고객불만해결에서 예방식 해결로 전환하고 서비스 개선을 통한 매출과 이익의 증대를 목적으로 한다.

5) 고객만족경영 시스템 구축 효과

고객만족경영의 지속적인 실천과 개선을 위해서는 고객만족경영 시스템(CSM, customer satisfaction management)이 구축되어 있어야 한다. 또한 기업은 매분기마다 자사의 고객만족 수준을 조사하고 이를 평가 및 분석, 수치화하여 개선 목표를 설정해야 할 뿐만 아니라 경영의 지표로 삼아야 한다. 뿐만 아니라 고객만족경영 시스템은 고객의 창출 및 유지 그리고 고객서비스 수준 향상과 업무효율 향상 및 조직문화의

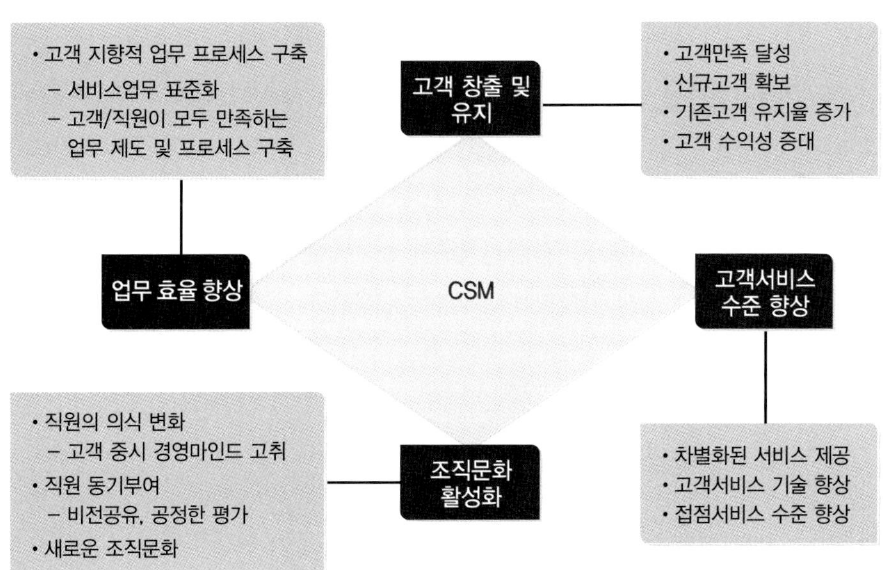

그림 2-9 고객만족경영 시스템 구축 효과

자료: 한국능률협회컨설팅(2009), 고객만족 경영시스템 구축 효과. 홈페이지 발췌.

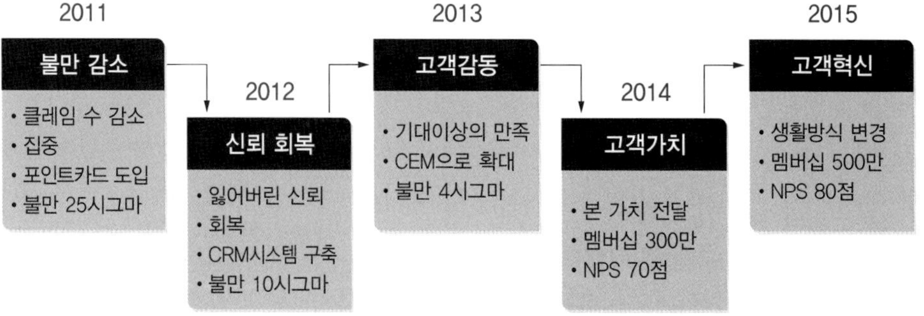

그림 2-10 본아이에프(주)의 고객만족경영 로드맵

활성화라는 다양한 구축효과를 기업에게 제공한다.

기업이 지속 가능하기 위해서는 무엇보다 고객을 만족시키고 이를 지속적으로 유지하기 위한 고객만족경영 시스템을 갖추어야 한다. 외식업체 중 고객만족경영 시스템을 갖춘 대표적인 사례로 '본아이에프㈜'를 들 수 있는데, 고객만족 5개년 계획에 따른 로드맵을 살펴보면 **그림 2-10**과 같다.

본죽과 본도시락으로 더 유명한 '본아이에프㈜'는 고객 클레임 접수현황, 처리현황 등을 실시간 공유하며 회사 차원에서 원인을 규명하고 근본적으로 문제를 해결하고자 노력한 결과 연간 1,000건 이상 달했던 고객 클레임이 30% 이상 감소되었다. 2012년부터는 특별위생점검팀을 발족하여 가맹점의 위생 수준을 높이기 위한 밀착점검을 시행하고 있으며, 더불어 지역별 가맹점 대표인 본사모(본을 사랑하는 사람들의 모임)와 담당 SM(store assistant manager)이 협력하여 지역 내 위생 수준을 높이기 위한 자체점검 또한 실시하고 있다. 이렇듯 '본아이에프㈜'는 본(本)을 지키고 고객을 만족시키기 위한 다양한 활동을 본사와 가맹점이 협력하여 실행하고 있다.

5. 고객이 거래를 중단하는 이유

불만족한 고객의 영향은 기존고객의 감소로 인한 매출 감소, 부정적 구전으로 신규고객 창출 불가, 신규고객 창출을 위한 과다한 비용 증가로 수익성 악화 등이 발생할 수 있기 때문에 고객이 왜 거래를 중단하는지 그 이유를 정확하게 파악하는 것이 필요하다.

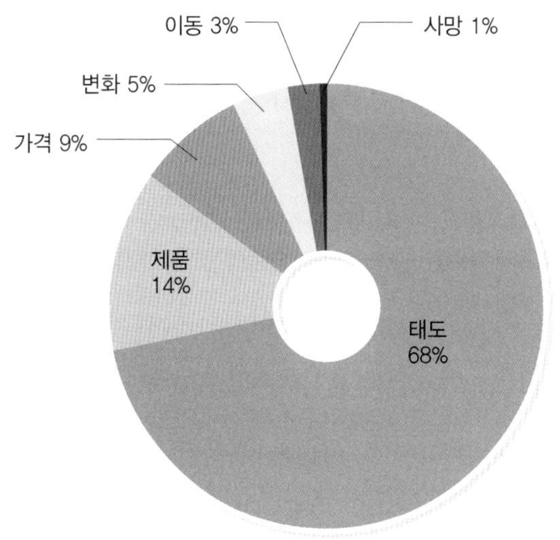

그림 2-11 고객의 거래 중단 이유

자료 : 미국 품질관리학회(1995), 각 산업에 종사하는 경영자들을 대상으로 한 설문조사 보고서.

지금까지 고객의 욕구와 그 욕구를 충족시켜서 얻을 수 있는 고객만족에 대하여 살펴보았다. 서비스기업의 지상 최대과제는 대부분 고객만족을 이야기하지만 현실적으로 고객만족을 달성하여 성공하는 기업은 매우 제한적이다. 그 이유는 무엇일까?

서비스기업이 고객만족을 위한 활동의 대부분이 기업 자신을 위한 활동으로 이루어져 있기 때문이다. 한 번 구매를 경험한 고객이 영원히 재구매를 할 수 있는 고객만족 경영 시스템이 제대로 갖추어져 있는지 점검이 필요하다.

요 약

1. 고객은 해당상품·서비스를 구매하여 사용하는 소비자와 사용할 가능성이 있는 소비자 그리고 거래처, 하청업자, 주주, 직원을 모두 포함한다.
2. 고객만족(customer satisfaction)은 고객의 기대에 부응함으로써 제품(서비스)의 재구매가 이루어짐과 동시에 고객의 신뢰감이 연속되는 상태를 의미한다.
3. 고객만족경영이란 제품/서비스를 구매한 고객의 만족을 통해 재구매/추천구매가 이루어지도록 만드는 경영활동을 의미한다.
4. 고객만족경영의 체계는 고객만족경영을 위한 목표의 수립 → 전략수립 → 실행 솔루션 구축 → 실행 프로세스 정립 → 성과 측정 → 보상체계 수립 → 교육/훈련 → 지원조직 구축 → 시스템 인프라스터럭처 구성으로 구성된다.
5. 고객만족경영을 위한 프로세스는 기업의 사업내용이나 환경 등에 따라 다양하게 구성 가능하지만 '고객탐색 → 고객관계 획득 → 고객관계 발전 및 결별 → 고객관계 유지 및 강화'의 순으로 설정되어야 한다.
6. 고객만족경영의 지속적인 실천과 개선을 위해서는 고객만족경영 시스템이 구축되어야 한다.

연습문제

1. 고객만족 및 고객만족경영의 개념과 중요성을 정리하고 외식업체에서 고객만족이 왜 필요한지를 설명해 보기 바랍니다.

2. 외식업체가 고객만족경영을 하기 위해서 갖추어야 하는 체계를 사례를 들어 제시하기 바랍니다.

3. 고객만족경영 프로세스에 대하여 상세히 설명하고 외식업체에 적합한 프로세스를 설계해 보기 바랍니다.

4. 귀하가 방문한 외식업체에서 만족한 경험을 정리하고 본 장에서 배운 이론을 토대로 만족의 과정을 설명해 보기 바랍니다.

5. 고객관계관리의 개념과 중요성을 설명하고 외식업체의 고객관계관리 사례를 제시해 보기 바랍니다.

6. 외부고객의 만족을 위해서 내부고객만족이 선행되어야 하는 이유를 제시하고 외식업체들의 내부고객 만족을 위한 정책을 조사해 보기 바랍니다.

01 다음 중 고객이 제품이나 서비스를 구매할 때 거치는 과정에 대한 설명으로 부적절한 것은?

① 고객은 대체로 제품이나 서비스를 구매하기 전에 비교, 평가하는 과정을 거친다.
② 고객이 구매 후 만족 또는 불만족을 느끼는 것은 구매 전의 기대와 연관이 있다.
③ 구매 후 만족을 느끼는 고객은 타인에게 부정적인 구전을 한다.
④ 구매 후 불만족을 느끼는 고객은 재구매할 가능성이 낮다.

02 고객만족이 중요한 이유는?

① 고객이 불만족한 경우 기존고객의 감소로 매출 감소
② 고객이 불만족한 경우 신규고객의 창출 불가
③ 신규고객의 창출보다 기존고객의 유지가 적은 비용 소요
④ 만족한 고객만이 재구매를 하기 때문

03 미국의 품질관리학회 연구는 고객이 기존 거래처와의 거래를 단절하는 가장 큰 이유로 다음과 같은 항목들을 나열하고 있다. 가장 큰 이유는 무엇일까?

① 낮은 제품 품질
② 비싼 가격
③ 저렴한 가격
④ 더 매력적인 점포의 발견
⑤ 직원의 서비스 문제

04 고객만족경영에 대한 설명으로 적절치 않은 것은?

① 고객만족경영은 소비시장의 성숙과 기업 간의 치열한 경쟁으로 대두되었다.
② 신규고객에 비하여 기존고객의 가치가 높다는 인식이 내포되어 있다.
③ 고객지향적으로 기업의 경영활동을 계획하고 시행하는 것을 의미한다.
④ 고객만족은 제품, 서비스, 기업이미지의 3가지 요소로 구성된다.
⑤ 고객지향성이란 기업의 수익성과 무관하게 무조건 고객이 옳다는 인식이다.

05 다음 중 고객만족경영의 체계를 구축하는 과정 중 가장 먼저 이루어져야 할 사항은?

① 명확하고 측정 가능한 목표수립 및 전사적 공유
② 고객만족을 위한 전략의 수립
③ 솔루션, 실행 프로세스, 측정체계의 수립
④ 전담 조직 및 시스템 인프라스트럭처의 설정

06 다음 중 고객을 분류할 때 가치체계를 기준으로 한 것은?

① 내부고객, 중간고객, 최종고객

② 절약형 고객, 도덕적 고객, 개별화 추구 고객, 편의성 추구 고객

③ 내부고객, 외부고객

④ 생리적 욕구 추구 고객, 안전의 욕구 추구 고객, 사회적 욕구 추구 고객

07 고객욕구에 관한 설명으로 부적합한 것은?

① 고객만족을 위해서는 고객욕구에 대한 이해가 선행되어야 한다.

② 고객의 욕구는 혜택과 비용의 두 가지 측면에서 발생한다.

③ 고객의 욕구를 이해하는 데 매슬로의 욕구 5단계설은 의미가 없다.

④ 고객욕구는 발생시점, 발생원천, 욕구의 형태, 욕구의 충족방법 등에 따라 구분할 수 있다.

08 다음 중 설명이 잘못된 것은?

① VOC란 고객의 소리에 귀를 기울여 욕구를 파악하고 이를 경영활동에 반영하기 위한 제도이다.

② 퍼플카우는 최고의 가치를 제공하는 차별화된 제품/서비스의 개발을 의미한다.

③ MOT란 고객이 기업의 직원이나 시설과 접촉하는 순간으로 서비스 품질에 결정적 영향을 미치는 순간을 의미한다.

④ 기대관리는 고객만족과 불만족을 결정하는 매우 중요한 변수이다.

⑤ 고객만족경영은 기존고객에 집중하는 것이 중요하므로 불만족하여 이탈한 고객은 염두에 두지 않는 것이 원칙이다.

EXPLAIN 해설

01 (답) ③

(해설) 고객은 제품이나 서비스를 구매할 때 구매 전 평가→구매→구매 후 평가→만족 또는 불만족의 과정을 거치게 된다. 만족을 느낀 고객은 재구매 또는 긍정적인 구전을, 불만족한 고객은 부정적 구전을 할 가능성이 높다. 특히 구매 후 평가단계에서는 구매 전에 기대했던 품질과 구매 후 느끼는 품질을 비교하는 과정을 거치게 되는데, 이때 구매 전 기대보다 구매 후 느낀 품질이 더 좋은 경우 고객은 만족감을 느끼게 된다.

02 (답) ④

(해설) 고객이 제품 또는 서비스를 구매하여 사용해 본 후 구매 전에 형성된 기대를 초과하여 성과를 얻은 상태를 고객만족이라고 한다. 만약 얻은 성과가 기대에 미치지 못하다면 고객은 불만족 상태가 된다. 고객이 구매 결과에 만족을 느끼게 되면 재구매를 하거나 긍정적인 구전을 할 가능성이 높다. 따라서 기업의 입장에서는 신규고객을 창출하려는 별도의 노력을 기울이기 다는 기존고객의 만족도를 높이기 위한 노력에 집중하는 것이 더 낮은 비용으로 큰 이익을 얻을 수 있다고 믿고 있으며 많은 연구가 이를 입증하고 있다.

03 (답) ⑤

(해설) 고객의 불만족은 재구매를 포기하도록 만든다. 즉 고객이 불만족을 느끼면 기존 거래처와 거래를 단절하는데, 불만족을 느끼게 만드는 큰 이유로 미국 품질관리학회는 서비스를 들고 있다. 직원의 불친절한 태도는 고객만족도를 낮추고 결과적으로 기업의 수익성을 감소시킨다.

04 (답) ⑤

(해설) 고객지향성이란 지속적인 고객의 소리를 수집하고 고객의 니즈를 파악하여 불만요인을 근본적으로 개선함으로써 고객을 만족시키고자 하는 것이다. 따라서 고객지향성은 고객만족을 통한 기존고객의 유지와 신규고객의 창출을 달성하고 결과적으로 기업의 수익성을 개선하는 데 목적이 있다.

05 (답) ①

(해설) 고객만족경영의 체계는 다음과 같은 순서로 수립되어야 한다.

목표의 수립→전략수립→실행 솔루션 구축→실행 프로세스 정립→성과 측정→보상체계 수립→교육/훈련→지원조직 구축→시스템 인프라스트럭처 구성

특히 수립된 목표는 반드시 측정 가능한 구체적인 것이어야 하며, 전사적인 공유가 필수이다. 아무리 좋은 목표라도 모든 직원이 공유하지 않는다면 고객지향적 실행은 불가능하게 된다.

06 (답) ①

(해설) 고객은 가치체계에 따라 가치를 생산하는 내부고객, 가치를 전달하는 중간고객, 가치를 사용하는 최종고객(외부고객)으로 구분되며, 내부고객의 만족은 서비스 품질의 개선을 통해 외부고객 만족으로 전달된다. 따라서 내부고객 만족이 최근 중요한 이슈로 대두되고 있다.

07 (답) ③

(해설) 매슬로의 욕구 5단계설은 고객의 욕구가 저차원에서 고차원으로 이행되고 이러한 욕구는 저차원의 욕구가 충족된 이후에만 고차원의 욕구를 갈망함을 의미하는 매우 유용한 이론이다.

08 (답) ⑤

(해설) 기존의 연구에 따르면 불만고객이 불만을 토로하는 것은 해결을 원하는 것이며, 불만족고객 역시 기업의 제품/서비스를 재구매하는 사례가 빈번하다. 불만족고객이 발생하는 원인을 파악함으로써 서비스 실패를 복구할 수 있는 기회를 가지게 되고, 이것은 향후 고객만족경영을 위한 유용한 피드백 자료가 될 수 있다.

CHAPTER 3

서비스 전략

학습 목표

1_ 전략적 서비스를 이해하고 서비스 전략을 수립할 수 있다.

2_ 전략의 필요성과 서비스기업의 전략수립을 위해 사전에 파악해야 하는 산업의 매력도를 설명할 수 있다.

3_ 마이클 포터의 본원적 전략을 통해 서비스기업의 경쟁우위 요인을 파악하고 이를 기초로 전략수립 방법을 설명할 수 있다.

4_ 서비스기업이 정보기술을 활용해야만 하는 이유를 설명할 수 있다.

5_ 지속적인 성장을 위한 성장전략을 수립할 수 있다.

본죽의 차별화전략 사례

'차별화 전략'은 국내시장 전체를 대상으로 차별화된 경쟁을 펼치는 경영방법으로 이런 전략을 추구하는 대표적인 기업으로 본아이에프㈜를 들 수 있다. 본아이에프㈜의 대표 브랜드인 '본죽'은 2002년을 시작으로 7년 만에 한식 프랜차이즈 최초로 1,000호점을 돌파하였고 죽시장이라는 블루오션을 개척하였다.

예전의 죽이라 하면 '죽쒀서 개 준다', '식은죽 먹기' 등과 같이 한국 사람에게 부정적으로 인식되었으며 아픈 사람이 먹는 환자식이란 인식이 강했지만 '본죽'은 한식을 표준화, 브랜드화시키는 데 성공했으며, 죽이 환자를 위한 음식뿐만 아니라 일반인의 건강식으로도 유용하다는 인식을 새롭게 하는 데 성공하였다.

'본죽'의 차별화 전략 사례를 '제품 속성 또는 품질의 차별화, 구매상황의 차별화, 고객층의 차별화'라는 관점에서 세부적으로 살펴보면 다음과 같다.

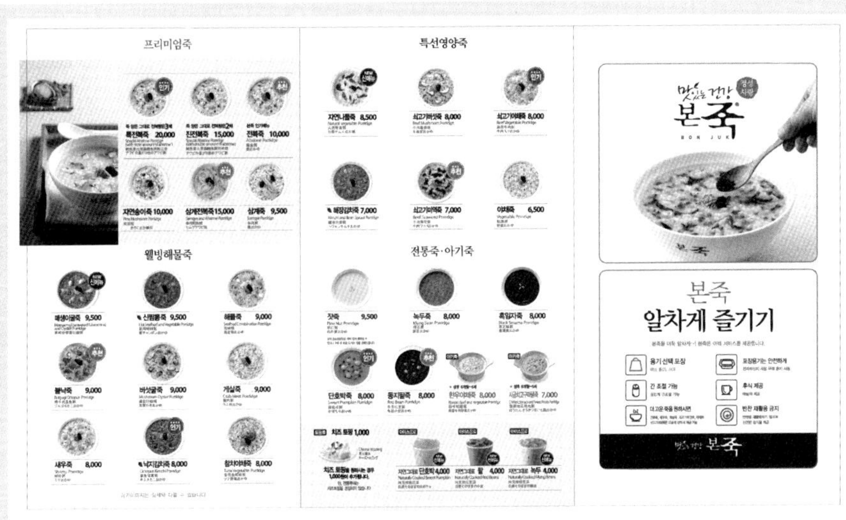

제품 속성 또는 품질의 차별화

- 즉석조리: 죽은 특성상 불기 쉽고 조금만 주의가 부족하면 간과 농도가 떨어지는 단점이 있다. 또한 죽은 대량으로 오래 끓여야 한다는 고정관념이 있는데 본죽은 그 어렵다는 한식을 표준화하여 한그릇 한그릇씩 끓여내는 즉석조리를 가능하게 했다.
- 고객중심브랜드: 한 사람 한 사람의 기호나 취향에 맞춘 맞춤죽을 제공하는 것을 원칙으로 하며, 단순히 메뉴를 추천하는 차원이 아니라 고객이 직접 자신의 조리과정에 참여하도록 하는 선진화된 시스템을 도입하였다.

구매상황의 차별화

- 공통·고객 건강상태, 연령대. 취향에 따라 간과 농도의 조절이 가능하다. 주재료의 추가(토핑) 또는 제외가 가능하며, 대·중·소 죽용기 선택이 가능하다.
- 포장고객 예약주문서비스
  1) 포장예약 시스템을 통해 시간을 확보하여 정성껏 조리가 가능하다.
  2) 고객이 원하는 시간에 바로 찾아가실 수 있다.
  3) 고객의 건강상태나 취향, 먹는 시간에 따른 간과 농도의 조절, 용기선택 등이 가능하다.
- 기타(환경보호 및 기타관련)
  1) 먹고 남은 죽 포장이 가능하다.
  2) 후식으로 소화를 돕는 매실차가 제공된다.
  3) 한상차림 형식으로 제공되어 음식물 낭비가 적다.
  4) 포장용기의 재활용이 가능하다.

고객층의 차별화

죽은 신이 내린 아이템이라고 한다. 사람이 처음 먹는 음식이 될 수 있고 마지막으로 먹는 음식이 될 수도 있기 때문인데, 이처럼 목적성에 의한 꾸준한 수요가 있으며 환자식뿐만 아니라 아기죽과 현대인의 라이프스타일에 맞추어 아침대용식, 숙취해소, 다이어트 등과 같이 일반식, 기능식으로 수요가 확대되고 있다.

자료: 본아이에프(주)(2014). 내부자료 제공.

맥도널드 아시아 성장전략은 '배달 서비스'

'배달 서비스'가 미국 패스트푸드 체인 맥도널드의 아시아지역 성장을 위한 핵심전략으로 떠오르고 있다고 〈월스트리트저널(WSJ)〉이 13일 보도했다.

WSJ은 베이징과 서울 등 아시아지역 도로 곳곳에서 브랜드 유니폼을 갖춰 입은 직원이 맥도널드 햄버거, KFC 치킨 등을 담은 배달통을 오토바이에 싣고 오가는 모습을 쉽게 볼 수 있다며 아시아지역에서의 배달 서비스는 패스트푸드업계가 택할 수밖에 없는 전략이 되고 있다고 전했다.

맥도널드는 전체 글로벌 매출의 5분의 1 이상이 창출되는 아시아, 중동, 아프리카지역에 배달 서비스를 갖춘 새 매장을 많이 만들 계획이다. 맥도날드는 이미 이 지역 15개국 8800개 매장 가운데 1500개 매장에서 배달 서비스를 제공하고 있으며, 내년까지 추가로 650개의 배달 서비스를 갖춘 신규매장을 오픈할 예정이다. 내년에 오픈할 매장 가운데 250개는 중국에 위치한다.

고객들이 주문하는 방법도 기존의 콜센터 이용에서 인터넷 주문으로 확대하고 있다. 중국의 경우 맥도날드는 지역에 따라 배달료로 7위안(약 1200원)을 받거나 주문 금액의 15~20%를 받고 있지만 직접 매장을 들러 오랜 줄을 서기 싫어하는 직장인들에게 배달료는 중요하게 생각되지 않는다.

맥도널드 아·태, 중동, 아프리카지역 총 책임자 팀 펜튼 사장은 "우리는 '고객이 매장을 방문할 수 없다면, 우리가 당신에게 가겠습니다(If you can't come to us, we'll come to you)'라는 슬로건을 갖고 있다"면서 "어느 지역에서든 배달 판매 매출은 매년 두 자릿수대 증가율을 기록하고 있다"고 말했다.

그는 "예를 들어 1994년부터 배달 서비스를 시작한 이집트에서는 현재 전체 판매량의 30%가 배달 판매에서 나온다"면서 "싱가포르의 경우도 전체 매출의 12%가 배달을 이용한 것"이라고 덧붙였다.

패스트업계의 성장전략으로 떠오른 '배달 서비스'는 맥도널드에만 국한된 얘기가 아니다.

피자헛을 통해 중국에 패스트푸드 배달 서비스를 처음으로 선보였던 얌브랜즈는 현재 서비스를 KFC로까지 확대해 놓은 상태인데, 중국 전체 3,500개 KFC 매장의 절반 이상이 배달 서비스를 제공하고 있다.

얌브랜즈의 릭 카루치 최고재무책임자(CFO)는 "매년 중국에서 450개 새 매장이 문을 열고 있으며 이 중 절반은 배달 서비스를 제공하고 있다"면서 "향후 10년 동안 중국 내 문을 열 신규 KFC 매장 2000여 곳에서 배달 서비스를 제공할 계획"이라고 전했다.

자료: 아시아경제(2011.12.13). 맥도널드 亞 성장 전략은 '배달 서비스'.

"전략의 핵심은 경쟁자와 어떤 활동을 다르게 수행할 것인가를 선택하는 것이다." 포터(Porter) 교수는 전략은 경쟁이 있어서 필요한 것이며, 경쟁에서 이기기 위한 수단이라고 말했다. 서비스산업에서 경쟁자를 이긴다는 것은 결과적으로 경쟁자보다 더 많은 수익을 내는 것이라고 할 수 있다. 아이스크림 전문점 베스킨라빈스는 미국의 브랜드이지만 미국 내에서 1위 업체가 아니다. 하지만 우리나라의 아이스크림 시장에서는 독점적 수준의 1위를 달리고 있다. 그 이유는 무엇일까? 첫째, 현지생산 및 80가지가 넘는 상품의 다양화 전략, 둘째, 전문적으로 아이스크림만 판매하는 고급화 전략이 대표적이 아닐까?

BR코리아의 이와 같은 차별화 전략이 현재의 베스킨라빈스를 만든 것이라고 할 수 있다. 외식업체도 "전략 없이는 생존할 수 없다"는 점을 꼭 기억해야 한다.

1. 서비스 전략의 개념과 구조

1) 전략의 정의

전략의 어원은 그리스어 'strategia(將帥術)'이다. 전략은 초기에 '전쟁에서 적을 속이는 술책'이라는 뜻을 가지고 있었으나, 시대가 발전하면서 '전쟁에서의 승리를 위해 전투를 계획·조직·지휘·통제하는 방법'으로 구체화되었다. 현대에 와서 전략은 군사적 개념을 넘어서 기업전략 등 비군사적 분야에도 응용되면서, '어떤 목적을 달성하기 위한 최적의 방법'으로 의미가 확장되었고 이를 '경영전략'이라는 용어로 부르고 있다.

서비스기업에서 전략이란 "사업자가 스스로 설정한 사업목적을 달성하기 위하여 경쟁업체를 능가하는 고객만족을 달성하는 최적의 방법"으로 정의할 수 있다. 이를 좀 더 쉽게 표현하면 "경쟁업체보다 더 많은 고객이 지속적으로 방문하게 만드는 방법"이라고 할 수 있다.

> 전략의 핵심은 경쟁자와 어떤 활동을 다르게 수행할 것인가를 선택하는 것이다.
>
> -마이클 포터

2) 전략의 구조

서비스기업에서 전략이란 제한된 자원을 효과적으로 활용하여 경쟁자보다 높은 수익을 달성함과 동시에 효율성을 극대화시키는 방법을 말한다. 고객의 특성과 니즈(needs)를 정확히 파악하여 이를 충족시키고 나아가 고객감동으로까지 연결시키는 서비스를 제공하는 것이 서비스기업들이 추구하는 전략의 핵심요소이다.

포터 교수가 제시한 전략의 핵심을 그대로 실행하여 성공한 사례로 사우스웨스트항공사를 들 수 있다. 저가 항공사의 선두주자로 자리매김한 이 항공사는 서비스 전략을 이용하여 성공한 사례의 대명사로 손꼽히는데 이들의 4단계로 이루어진 서비스 실행과정을 살펴보기로 한다.

사우스웨스트항공사가 서비스 전략을 실현하기 위하여 체계화시킨 서비스과정은 **그림 3-1**과 같이 목표시장 세분화, 서비스 개념의 정의, 운영전략, 서비스 전달 시스템으로 구성된다.

(1) 목표시장 세분화 및 targeting

사우스웨스트항공사는 대형 항공사가 채택하고 있는 거점도시를 중심으로 작은 도시로 운항하는 방식의 hub to spoke 방식을 버리고, 출발지와 도착지가 단거리인 지점 간을 하나로 연결하는 직항의 pont-to-point 방식을 채택하였다. 이 방식의 도입으로 비행기가 거점공항에 머물러 있는 시간을 절약하게 되었으며, 항공기의 정시 출발과 도착

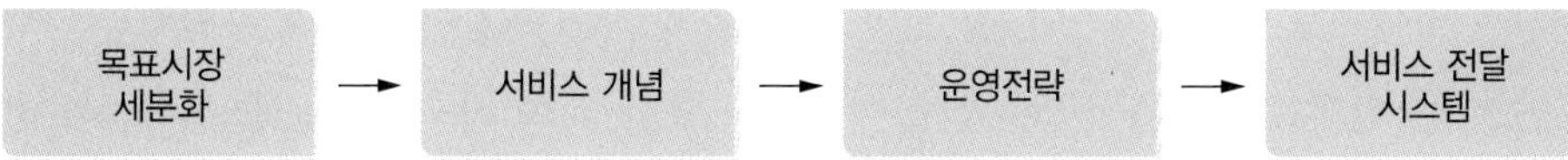

그림 3-1 사우스웨스트항공사의 서비스 전략

비율이 높아지는 효과를 거두었다. 대부분의 공항은 주요 도시에 인접해 있기 때문에 출장 시에 정확하게 약속시간을 지켜야 하는 비즈니스맨을 공략하는 데는 pont-to-point 방식이 가장 이상적이라 할 수 있다.

(2) 서비스 개념

두 번째 단계는 목표고객을 대상으로 제공할 서비스의 개념을 명확히 하는 것이다. 표준화된 서비스를 제공할지 아니면 개별화된 서비스를 제공할지 결정하는 것이다. 사우스웨스트항공사의 가장 큰 특징 중의 하나는 모든 승객이 표준화되어 동일하게 취급되고 간단한 음료 및 스낵 외에는 기내식이 제공되지 않는다는 점이다. 사우스웨스트항공사는 "저렴한 비용으로 기내식은 생략하고 정시 출발과 도착을 최대화한다"는 서비스 개념을 확립하고 이를 실행하였다.

(3) 운영전략

사우스웨스트항공사는 "이용의 생산성을 높이고 빈번한 출발을 위해 탑승 소요시간을 단축할 수 있도록 단일 기종의 항공기만을 운항하여 불필요한 비용을 줄인다"는운영전략을 수립하였다. 기계화된 발권 시스템과 좌석을 미리 지정하지 않는 시스템으로 승객의 수속시간 및 자리를 찾는 시간을 대폭 줄였으며, 여러 비행기 기종을 사용하는 타 항공사와는 달리 안전성과 고객의 편의를 위해 창업 이래로 단 하나의 기종(보잉 737S)만을 고집하고 있다. 이는 다양한 기종을 관리하는 데서 오는 비용 절감과 훈련비용, 부품 재고 비용 등을 최소화하였고, 파일럿, 승무원, 기술자 등 비행에 관련된 모든 사람의 자사 운행 기종에 대한 전문화에도 크게 기여하였다.

(4) 서비스 전달 시스템

펀(fun) 경영을 중요시 하는 사우스웨스트항공사는 직원 채용 시에도 유머감각을 중요시하여 고객에게 즐거움과 웃음을 서비스함으로써 비용 절감이 서비스 부재로 나타날 수 있다는 업계와 고객의 선입견을 불식시켰다. 또한 실속 위주의 단순한 서비스를 중요시하여 'First Come, First Serve'를 원칙으로 항공사를 이용하는 모든 승객을 좌석에 구분 없이 동일하게 취급한다. 실제로 모든 좌석은 동일하게 만들어져 있고 승객은 체크인 순서에 따라 세 그룹(A, B, C)으로 나누어지며 창가 좌석에 해당하는 추가요금이나 온라인으로 좌석을 미리 지정할 때 발생하는 추가요금 역시 적용되지 않는다. 처음 사우스웨스트항공사를 이용하는 승객이라면 매우 낯선 풍경일 수 있겠으나 좌석 배정을 하지 않는 이 운영 방침은 항공료를 저렴하게 제공할 수 있는 가장 큰 요소 중의 하나로 여겨지고 있다. "승무원의 대인관계 기술, 전 좌석의 자유 임석 및 무료 수화물 서비스"가 사우스웨스트항공사의 서비스 전달 시스템이다.

3) 산업구조와 경쟁전략

서비스산업에서 전략의 이해를 위한 프로세스는 제조기업과 서비스기업 간 경영환경의 차이를 이해하는 것부터 시작해야 한다. 이어서 선택하려는 산업의 수익성 여부를 측정하는 전략수립의 리서치 단계를 거치면서 경쟁우위의 원천을 발견하게 되고 이에 따른 전략을 선택하게 된다. 전략이 선택된 후에는 선택된 전략을 이용해 좀 더 효율적으로 고객을 확보할 수 있는 방안을 모색하게 된다. 이어서 경쟁력 있는 서비스 전략을 수립하기 위한 정보기술과의 접목을 도모하게 된다. 마지막으로 사업이 안정적으로 발전할 수 있는 성장전략을 찾는다.

(1) 서비스산업 경쟁환경의 특징

효과적인 서비스 전략을 수립하기 위해서는 제조업과는 다른 서비스산업 환경에 대한 사전 이해가 이루어져야 한다. 서비스산업이 속해 있는 경쟁환경은 다음과 같이 설명할 수 있다.

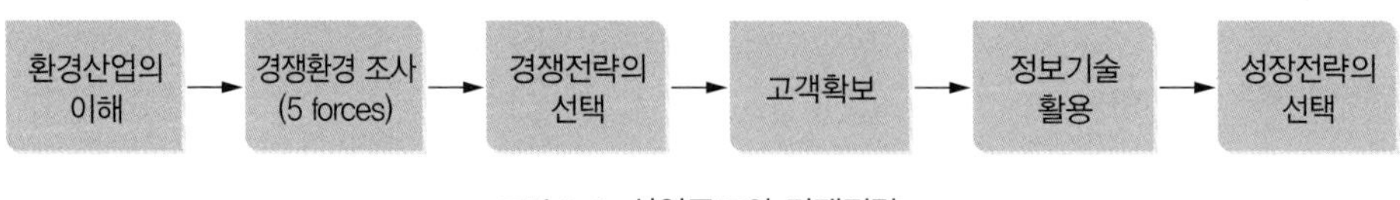

그림 3-2 산업구조와 경쟁전략

① **상대적으로 낮은 진입장벽**

제조업과는 달리 서비스산업은 특별한 기술이 요구되지 않는다는 잘못된 인식으로 인해 경쟁자가 쉽게 동일한 산업환경 안으로 들어올 수 있다. 서비스산업 종사자는 자신의 진입장벽을 높일 수 있는 공간을 찾아내야 하지만 특허와 같은 독점적 권리가 인정되거나 보호받기 어렵다는 결정적 단점을 가지고 있다. 이러한 단점을 근래에는 상표 또는 비즈니스 모델을 이용하거나 좋은 입지를 이용하여 진입장벽을 높이려는 시도가 이루어지고 있다.

② **규모의 경제 추구 곤란**

제조업의 경우 생산량이 늘어날수록 단위당 생산단가를 낮출 수 있는 규모의 경제를 추구할 수 있지만, 서비스업의 경우 생산과 소비의 동시성으로 인한 입지의 한계로 대량생산이 어렵기 때문에 소규모화될 수밖에 없고 이는 공급업자와의 협상에서 불리한 위치에 처하기 쉽다. 최근에는 센트럴 키친(central kitchen)을 활용하거나 제품을 표준화(프랜차이즈화)한 시스템으로 이러한 단점을 극복하고 있다.

③ **어려운 수요 예측**

서비스기업, 특히 외식기업의 경우 시간, 날씨, 계절에 따라 수요 변화의 폭이 크기 때문에 예약이나 대기관리 등을 통한 예측관리는 기업경영에 있어 가장 어려운 부분 중의 하나이다.

④ **과다한 대체상품 출현**

대장암 내시경 대신 진단약과 같이 혁신적인 제품이 검사서비스를 대체하는 경우가 늘어나고 있으므로 예측을 통한 경쟁제품 출현에 대비해야 한다. 외식업체의 경우 모든 종류의 음식이 대체상품이 될 수 있다는 점을 기억해야 한다.

⑤ **낮은 고객충성도**

고객의 충성도는 제조기업에서도 중요한 위치를 차지하지만 서비스기업은 제조기업과는 달리 표준화된 제품을 제공하는 것이 아니라 개인화(혹은 차별화)된 서비스를 제공하고 있고 이는 고객충성도를 높이는 동시에 높은 진입장벽의 역할을 하기 때문에 더욱 더 중요히 여겨진다.

⑥ **내부직원 만족의 중요성**

내부직원의 만족은 서비스 제고를 통해 외부고객만족의 기반이 된다.

⑦ **높은 퇴출장벽**

제조업은 더 이상의 수익성이 보이지 않을 경우 사업을 지속하지 못하지만, 서비스기업은 해당 기업 자체가 기업 경영자의 취미나 소일거리 사업으로 활용되는 경우에는 수익성이 낮음에도 불구하고 지속되는 경우가 많아 진입장벽과는 반대로 높은 퇴출장벽을 가지고 있다.

(2) 경쟁과 전략의 이해

경쟁으로 인하여 전략이 대두되기 시작하였지만 경쟁과 전략의 개념 사이에는 다음의 5가지 요소가 작용한다.

① 기업 경쟁은 성공 또는 실패라는 결과 값을 갖는다.
② 경쟁 전략은 경쟁우위를 통한 수익증대의 방안을 지칭한다.
③ 경쟁전략수립을 위해서는 산업의 매력도를 파악할 수 있어야 하고 경쟁우위 요소를 가지고 있어야 한다.
④ 산업의 매력도와 경쟁 우위요소는 산업 환경에 따라 끊임없이 변화한다.
⑤ 산업의 매력도 및 경쟁요소를 끊임없이 개선하고 유지하여 환경에 적합한 경쟁 전략을 찾아내어야 한다.

(3) 산업의 경쟁요인(5 forces)

포터 교수는 "기업이 속한 환경, 즉 산업구조가 경쟁력을 결정한다"고 주장하였다. 이와 같은 '기업환경론'의 핵심이슈는 "경영자의 능력만으로 사업에 성공할 수 없다"는 의미를 내포하고 있다. 자신의 사업체를 둘러싸고 있는 중요 환경요소를 잘 파악하고 이러한 요인들을 관리하면서 경쟁에서 이길 수 있는지 방법을 강구해야 한다.

포터 교수가 말하는 경쟁력을 결정하는 5가지 중요 결정요인(5 forces)은 "새로운 경쟁자의 진입, 공급자(식재료 판매자)의 교섭력, 구매자(외식소비자)의 교섭력, 대체재(유사한 음식점)의 위협, 기존 업체 간 경쟁"이며, 이러한 내용의 분석은 "산업 내 경쟁을 결정하는 요인을 통해 경쟁강도, 수익성, 매력도 예측"을 가능하게 해주는데, 이를 구체

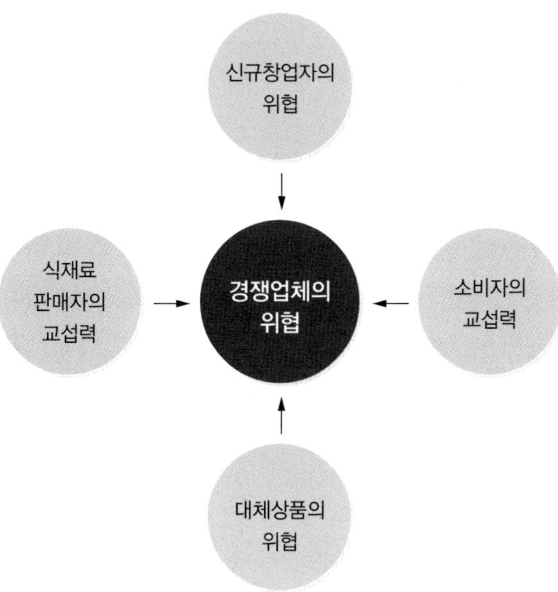

그림 3-3 서비스산업의 경쟁력 결정 요인

적으로 살펴보면 다음과 같다.

① **기존 기업 간의 경쟁**

산업 내에서의 경쟁의 강도, 즉 해당기업과 직접적으로 경쟁관계에 있는 기업들과의 경쟁 정도를 의미하며 산업성장률의 높고 낮음, 생산능력의 과잉 유무, 제품 차별화, 상품 인지도 및 전환비용이 측정 요소로 작용한다.

② **공급자 교섭력**

공급자는 공급품의 가격을 올리거나 저하시킴으로써 기업에 위협을 가할 수 있는데 공급자수, 공급자 전환비용, 원재료를 제공하는 기업으로 측정 가능하다.

③ **구매자 교섭력**

구매자의 수, 구매자 전환비용이 측정 요소로 작용하며 고객의 수가 많을수록 제품이 표준화되며 구매자 전환비용이 낮을수록 구매자 교섭력은 떨어진다.

④ **신규 진입자의 위협**

특정 산업에서 제조 및 영업을 새로이 시작한 기업 또는 기존의 산업으로 진입하려는 새로운 기업의 위협을 의미하며 규모의 경제, 독점적 제품 차별화, 소요투자 금액, 유통망과의 접근성, 경험 및 학습효과, 정부 정책 및 예상 보복 등 다방면에서 측정 요소를 찾아볼 수 있다.

⑤ **대체품의 위협**

타 회사에서 대체할 수 있는 제품의 존재는 어느 기업에서건 위협적으로 작용하며 대체품의 가격 및 품질, 전환비용이 낮을수록 산업의 매력도는 떨어진다.

이상에서 살펴본 서비스산업의 경쟁력 결정요인을 판단할 수 있는 기준을 정리하면 **표 3-1**과 같다.

표 3-1 경쟁력을 결정하는 5가지 요인의 판단 기준

구분	내용	
기존 기업의 경쟁 강도	높음	경쟁자수 많음, 성장률 낮음, 가격변동 쉬움, 과잉생산능력 있음, 제품에 차별성 없음, 철수장벽 높음
	낮음	경쟁자수 적음, 성장률 높음, 가격변동 어려움, 과잉생산능력 없음, 제품 차별성 있음, 철수장벽 낮음
공급자(식재료 납품업자) 교섭력	높음	비중 낮음, 차별성 높음, 교체 비용 높음, 대체품 없음, 제품의 중요도 높음
	낮음	비중 높음, 차별성 낮음, 교체 비용 낮음, 대체품 많음, 제품의 중요도 낮음
구매자(외식소비자) 교섭력	높음	상품차별성 낮음, 교체비용 낮음, 구매자 정보력 높음, 가격민감도 높음
	낮음	상품차별성 높음, 교체비용 높음, 구매자 정보력 낮음, 가격민감도 낮음
신규 진입자의 위협	높음	진입장벽 낮음, 규모의 경제효과 없음, 원가우위 요소 없음, 교체비용 낮음, 상품 차별성 없음, 학습효과 없음, 예상되는 보복 없음, 소자본 창업 가능
	낮음	정부규제 있음, 규모의 경제효과 있음, 원가우위 요소 있음, 교체비용 높음, 상품 차별성 있음, 학습효과 있음, 예상되는 보복 있음, 소자본 창업 불가
대체품의 위협	높음	대체상품 많음, 대체품의 가격 저렴하고 가치 높음
	낮음	대체상품 없음, 대체품의 가격 비싸고 가치 낮음

4) 경쟁적 서비스 전략(본원적 경쟁전략)

산업의 매력도와 같은 중요 환경요소에 대한 경쟁력을 판단하고 난 후에 해야 할 일은 경쟁전략을 수립하는 것이다. 경쟁전략의 대표적인 모델은 포터 교수의 '본원적 전략'이라고 할 수 있다. 그는 기업이 경쟁력 있는 사업을 실행하기 위한 방법으로 크게 3가지를 제시하고 있는데 '차별화 전략, 원가우위 전략, 집중화 전략'이 그것이다. 집중화 전략은 '원가우위 집중화 전략과 차별적 집중화 전략'으로 구분되므로 실질적으로는 4가지로 이해할 수 있다. 각각의 전략을 사사분면에 나타내보면 **그림 3-4**과 같다.

4가지 전략은 두 개의 변수에 의하여 구분된다. X축에는 경쟁우위 요소를, Y축에는 경쟁시장의 범위란 변수가 위치하고 있다. 이것은 어떤 시장에서 어떤 무기로 승부하는가를 결정하는 것과 같다. 각각의 전략에 대한 세부적인 내용을 살펴보면 다음과 같다.

첫째, '원가우위 전략'이다. 국내시장 전체를 대상으로 낮은 원가에 바탕을 둔 낮은 가격으로 경쟁을 하는 것을 의미한다. 원가우위 전략을 펼치기 위해서는 반드시 몇 가지 전제조건이 충족되어야 한다. 경쟁사와 품질은 동일하면서 더 낮은 가격으로 식재료 등을 구입할 수 있고 더 낮은 가격에 판매할 수 있어야 한다. 만약 가격을 낮추기 위하여 품질이 떨어진다면 이는 원가우위 전략이라고 보기 어렵다.

이와 같이 원가우위 전략으로 승부하는 외식업체의 사례로는 '돈데이 삼겹살, 호식이 두마리치킨, 피자헛, 맥도널드, 애슐리' 등이 대표적이다. 이 기업들이 모두 좋은 성과를 내었다고 보기는 어렵지만 충분한 경쟁력으로 승승장구하는 업체들을 면밀히 검토

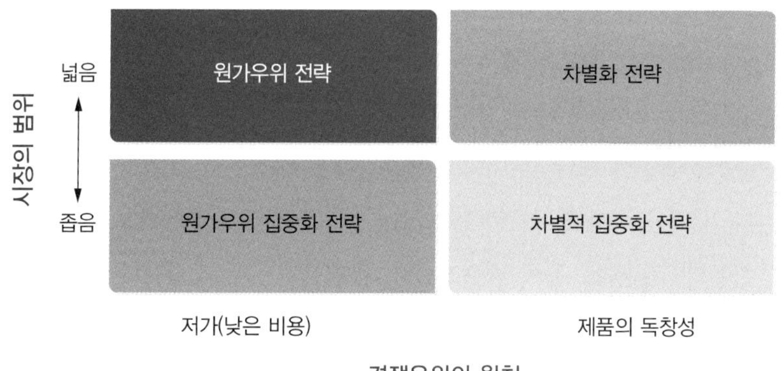

그림 3-4 마이클 포터의 경쟁전략

해 보는 것은 매우 유의미한 시사점을 제공한다. 대부분의 기업이 '규모의 경제'를 토대로 경쟁력을 확보하고 있음을 알 수 있다.

둘째, '차별화 전략'은 국내시장 전체를 대상으로 차별화로 경쟁을 펼치는 것이다. 이런 전략을 추구하는 외식사업체로는 'BBQ, 미스터피자, 아웃백백스테이크하우스' 등이 대표적이다. 이 기업들은 유사한 경쟁사에 비하여 높은 가격을 받으면서도 차별화된 맛이나 브랜드 이미지 또는 다양한 촉진활동을 통하여 소비자로부터 지속적인 사랑을 받고 있다. 차별화 전략을 선택한 기업들을 자세히 살펴보면 적극적인 R&D와 프로모션 활동을 하고 있음을 알 수 있다. 차별화 전략을 좀 더 구체적으로 살펴보면 다음과 같다.

- 제품 속성 또는 품질의 차별화(직화구이 고급 햄버거 와퍼)
- 소비자 편익의 차별화(저렴하고 편리한 맥카페, 종일 부담 없는 가격 행복의 나라)
- 구매상황의 차별화(제대로 된 아침 맥모닝)
- 고객층의 차별화(젊음의 카스, 어린이를 위한 해피밀)

셋째, '원가우위 집중화 전략'은 국내시장 전체가 아닌 일부 상권에서 낮은 원가로 승부하는 것을 의미한다. 이와 같은 전략을 추구하는 외식사업체를 주변에서 많이 발견하게 된다. 이러한 전략을 활용하는 업체는 프랜차이즈가 아닌 지역의 독립창업자들이라 할 수 있다. 특정한 세분시장을 대상으로 원가우위에 집중하는 원가 집중화 전략을 펼치는 외식사업체로는 '전주막걸리골목 맛집, 순천의 꼬막정식 맛집' 등이 대표적이다. 이러한 업체들은 지역의 특성을 잘 활용하여 가격은 낮으면서도 푸짐한 양과 높은 품질의 음식을 제공하는 특징이 있다. 이런 외식업체는 대중매체와 인터넷에서의 유명세로 더 많은 소비자가 찾고 있지만 점포의 입지가 해당 상권을 벗어나지는 못한다. 다른 지역으로 확장하는 순간 해당 지역에서 얻어지는 원가우위성이 사라지기 때문이다.

넷째, '차별적 집중화 전략'은 지역의 세분시장을 대상으로 차별화에 집중하는 경우를 의미한다. 이러한 전략을 추구하는 업체로는 대전의 '성심당'과 '참장군(참나무 생선구이)', 천안의 '강릉집' 등이 대표적이다. 독립창업으로 자신만의 특별한 노하우를 개발하여 성공하였다는 점이 특징이다. 이러한 업체들이 노하우를 지속적으로 유지하기 위하여 프랜차이즈 사업에 욕심을 내는 경우 실패할 가능성이 높다. 세분시장에서 차별화로 성공한 일부 외식사업체가 프랜차이즈 사업화를 추구한다면 결과적으로 전략이 변경되는 것이므로 냉철한 사전검토가 필요하다. 특정지역에서 인정받는 차별성이 다른 지역에서도 같은 효과를 낸다는 보장은 없다.

이상의 내용을 바탕으로 서비스기업은 어떤 전략을 선택해야 할지 결정할 수 있다. 예를 들어 프랜차이즈 가맹점으로 창업을 한다면 해당 기업이 어떤 전략을 사용하는지 검토하고 내가 창업하려는 상권과 입지에서 해당 전략이 충분히 유효한지를 확인해야 한다. 아무리 잘 나가는 브랜드라고 하더라도 내가 창업하려는 지역에서도 그 효과가 있을지는 알 수 없기 때문이다.

독립창업을 검토하는 사람이라면 전체시장이 아닌 특정한 세분시장에서 성공할 수 있는 전략을 선택해야 한다. 자신이 창업하려는 상권의 모든 경쟁업체를 분석해 보면 자신이 어떤 전략으로 창업을 해야 할지 알 수 있다. 원가우위 전략으로 승부를 거는 프랜차이즈 가맹점이 있는데도 불구하고 원가 집중화 전략을 선택해서는 곤란하다. 특히 원가우위 집중화 전략이 가능해도 수요가 충분한지를 사전에 검토해야 한다. 개인 독립창업을 계획하고 있다면 가장 확실한 전략으로 차별적 집중화를 선택해야 한다. 다만 프랜차이즈 기업이나 기타 개인 창업자가 넘볼 수 없는 특별한 노하우를 갖추어야 한다.

5) 정보기술의 전략적 활용

전략이 좀 더 경쟁력을 갖기 위해서는 정보기술을 접목시키는 노력을 해야 한다. 정보기술의 활용은 서비스경영의 효과성과 효율성을 높이는 데 크게 기여하지만, 적절하게 조화를 이루지 못할 경우에는 오히려 경쟁력을 약화시킬 수 있다.

서비스에서 정보기술의 활용은 전략적 관점과 정보기술의 활용에 따라 4가지 관점으로 나눌 수 있다.

(1) 진입장벽

온라인 예약 시스템, 수시 이용자 클럽(frequent flyers' club)을 위한 마일리지 시스템, 고객관계관리 등을 통해 진입장벽을 구축할 수 있다.

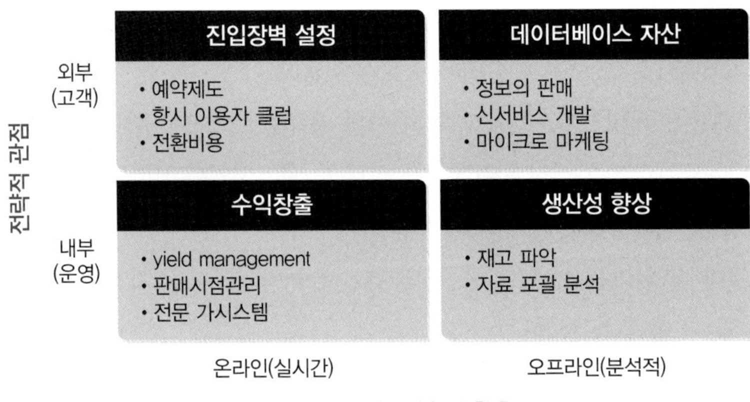

그림 3-5 서비스에서 정보기술의 전략적 활동

자료: Fitzsimmons et al.(2009), Service Management.

(2) 수익창출

가격과 이용시간의 관리를 통한 수익률 관리(yield management), 실시간 판매 및 재고 파악이 가능한 판매시점 관리(POS, point of sales)를 통한 수익성의 극대화가 가능하다.

(3) 데이터베이스

카드사는 소비자의 구매습관 데이터를 소매점에 판매하고, 클럽메드의 경우 멤버십 성숙도 개념을 이용하여 모델 개발 등의 서비스 개발에 활용하며, 롯데마트의 경우 소비자의 구매 패턴을 파악하여 이에 부응하는 맞춤형 쿠폰 등을 발송하는 마이크로 마케팅에 데이터베이스를 활용하고 있다.

(4) 생산성 향상

정보기술에 의한 다점포 서비스 운영관리 능력의 향상으로 재고 파악이 가능하며, 자료 포괄분석을 통하여 다점포 조직에서 조직의 효율성을 측정하기 위한 모델을 설립함으로써 생산성 향상에 기여한다.

이상 정보기술의 전략적 활용법 이외에도 최근에는 SNS를 이용한 디지털 마케팅 등이 서비스기업의 경쟁력 확보에 필수 도구로 대두되고 있다. 카카오톡 플러스 친구, 블로그, 카페, 트위터, 페이스북과 같은 다양한 SNS가 지속적으로 개발되고 확산되는 환경에서 경쟁력을 확보하기 위한 방법을 강구해야 한다.

6) 성장전략

일본에는 100년 이상 되어 대를 이어 경영하는 서비스기업이 많은 반면, 우리나라에는 오래된 점포를 찾기가 어려운 실정이다. 대부분의 점포가 2년 이내에 문을 닫고, 그나마 5년 이상 된 점포도 높은 수익성을 유지하지 못하는 경우가 많다. 작은 점포도 평생 동안 유지할 수 있는 사업체가 되어야 함에도 불구하고 성장전략 없이 유지하기에 급급하기 때문에 발생하는 현상이다. 경쟁점포는 계속 새로운 메뉴와 새로운 분위기로 신규 창업을 하고 있다.

하버드 대학의 앤소프(Ansoff) 교수는 기업이 지속적으로 성장하기 위해 필요한 전략을 이론화한 최초의 학자이다. 대부분의 서비스기업이 매출을 늘리기 위하여 새로운 제품과 서비스를 개발하고 신규고객을 개척하기에 급급한 경우가 많다. 하지만 앤소프가 제시한 '제품·시장 매트릭스' 성장전략에 따르면, 이러한 활동만으로 서비스기업이 유지하기 힘들다는 것을 쉽게 파악할 수 있다.

지속적인 성장을 위해서는 4가지의 전략 중 하나를 선택할 수 있다. 시장침투 전략, 제품개발 전략, 시장개발 전략, 다각화 전략 중 자신에게 가장 적합한 전략을 선택하고 실행해야 한다(표 3-2 참조). 세부적인 전략을 사례를 들어 살펴본다.

첫째, '시장침투 전략'은 기존 제품과 서비스를 이용하여 기존 시장에서 고객을 확대함으로써 매출을 증대시키려는 방법이다. 보통은 시장이 성장하는 경우 이 전략이 유효할 수 있다. 하지만 정체된 시장에서도 대부분의 외식업체는 판매촉진 활동을 통하여 성장을 시도하지만 효과는 매우 미미한 경우가 많다.

표 3-2 앤소프의 성장전략

구분		제품	
		기존제품	신제품
시장	기존시장	① 시장침투 전략	② 제품개발 전략
	신시장	③ 시장개발 전략	④ 다각화 전략

둘째, '제품개발 전략'은 기존 시장에서 신제품의 개발을 통하여 매출을 증대시키려는 방법이다. 기존 메뉴의 개선도 이 전략에 포함될 수 있다.

셋째, '시장개발 전략'은 기존 제품과 서비스를 이용하여 새로운 시장을 개척하는 방법이다. 외식사업체가 가장 선호하는 전략으로 새로운 상권과 입지에 분점을 내거나 프랜차이즈 사업을 하는 것이 대표적인 시장개발 전략이다. 일반적으로 외식업체는 장사가 잘 되면 무분별한 사업 확장을 고려하는 경우가 많다. 시장개발 전략은 성장을 위하여 반드시 필요하지만 기존 점포가 가지는 차별성이라는 강점을 감소시키는 경우도 발생하므로 유의해야 한다.

넷째, '다각화 전략'은 새로운 제품과 서비스로 새로운 시장을 개척함으로써 서비스 기업의 성장을 꾀하는 방법이다. 가장 적극적인 성장전략으로 외식업체가 식품사업에 진입한다거나 기타 타 업종으로 다각화하는 경우가 대표적이다. 최근에 외식업체가 기존의 업종을 다양화하는 경우도 다각화 전략으로 볼 수 있다. 예를 들면 중장년층을 타깃으로 하는 한식전문점을 운영하던 사업자가 동일 상권에서 청년층을 대상으로 하는 스파게티전문점을 개설하는 경우이다.

이상의 성장전략을 가장 잘 실현한 대표적인 외식업체로 '더 본 코리아'를 들 수 있다. 1993년 논현동 상권에 '원조쌈밥'으로 시장에 침투한 후, 1998년 기존시장인 논현동 상권에서 '한신포차'라는 새로운 상품으로 시장을 확대하는 전략을 펼쳤다. 이후에도 지속적으로 기존시장에 '본가, 새마을식당, 해물떡찜0410, 홍콩반점0410' 등의 새로운 상품을 출시함과 동시에 프랜차이즈 사업으로 새로운 시장을 개척하는 시장개발 전략을 추진했다. '더본코리아'는 해외에도 진출하여 다각화 전략을 착실하게 이어나감으로써 연매출 700억이 넘는 외식중견기업으로 성장하였다.

요 약

1. 전략적 서비스란 서비스를 수행하기 위한 청사진으로 4단계의 프로세스 과정을 거친다.
   ① 목표시장의 세분화
   ② 서비스 개념 정립
   ③ 운영전략의 수립
   ④ 서비스 전달 시스템 설계
2. 서비스산업은 다른 제조업과는 달리 상대적으로 낮은 진입장벽을 가지며 대부분이 소규모로 이루어지기 때문에 규모의 경제 추구가 어렵다. 또한 날씨, 계절, 시간 등에 영향을 쉽게 받기 때문에 수요 예측의 어려움이 따르고 서비스를 대체하는 상품의 출현이 늘어나고 있으므로 예측을 통한 경쟁제품 출현에 대비해야 한다.
3. 고객의 충성도는 제조기업에서도 중요한 위치를 차지하지만 서비스기업은 제조기업과는 달리 스탠다드된 제품을 제공하는 것이 아니라 개인화(혹은 차별화)된 서비스를 제공하고, 이는 고객 충성도를 높이는 동시에 높은 진입장벽의 역할을 하기 때문에 더욱 더 중요하게 여겨지고 있다.
4. 내부직원 만족은 서비스 제고를 통해 외부고객만족의 기반이 되지만 해당 기업 자체가 기업 경영자의 취미나 소일거리 사업으로 활용되는 경우에는 수익성이 낮음에도 불구하고 지속되는 경우가 많아 진입장벽과는 반대로 높은 퇴출장벽을 가지고 있다.
5. 마이클 포터의 수익성을 결정하는 5 forces(산업의 경쟁요인)
   ① 기존 기업 간 경쟁
   ② 신규진입자 위험
   ③ 공급자 교섭력
   ④ 구매자 교섭력
   ⑤ 대체품
6. 기업의 경쟁에서 이기기 위한 마이클 포터의 본원적 전략 3가지
   ① 가격우위 전략
   ② 차별화 전략
   ③ 집중화 전략(가격우위에 집중하는 가격우위 집중화 전략과 차별화에 집중하는 차별적 집중화 전략으로 구분됨)
7. 서비스기업은 정보기술을 전략적으로 활용함으로써 경쟁우위를 점할 수 있다. 피츠사이먼 등은 정보기술을 전략적으로 활용함으로써 얻을 수 있는 이점을 4가지로 구분하였다.
   ① 진입장벽의 구축
   ② 수익 창출
   ③ 데이터베이스 자산
   ④ 생산성 향상
   이외에도 SNS에 대한 관심과 투자가 필요하다.
8. 하버드 대학의 앤소프는 기업이 지속적으로 성장하기 위해 필요한 전략을 이론화한 최초의 학자이다. 대부분의 서비스기업이 매출을 늘리기 위하여 새로운 제품과 서비스를 개발하고 신규고객을 개척하기에 급급한 경우가 많다. 하지만 앤소프가 제시한 '제품·시장 매트릭스' 성장전략에 따르면, 이러한 활동만으로 서비스기업이 유지하기 힘들다는 것을 쉽게 파악할 수 있다.

연습문제

1. 외식업체에게 전략이 왜 필요한지를 제시하고, 외식업체의 전략수립을 위해 사전에 파악해야 하는 산업의 매력도를 설명한 후 그 중요성을 쉽게 이해할 수 있도록 구체적인 사례를 제시해 보기 바랍니다.

2. 1971년 롤린 킹이 설립한 미국의 국내 항공사 사우스웨스트항공사는 17년 연속 흑자 등의 경이적인 기록을 가진 항공사로 차별화된 경영전략으로 유명한 서비스기업입니다. 사우스웨스트항공사의 차별화된 서비스 내용을 조사하고 마이클 포터의 본원적 경쟁전략 중 어떤 것을 선택하고 있는지 설명해 보기 바랍니다.

3. 외식업체를 위한 전략을 경쟁전략과 성장전략으로 구분하여 설명하고 이를 가장 잘 활용하여 성공한 외식업체의 사례를 제시해 보기 바랍니다.

4. 마이클 포터의 본원적 전략을 통해 외식업체의 경쟁우위 요인을 제시하고 이를 기초로 전략수립 방법을 설명해 보기 바랍니다.

5. 외식업체가 정보기술을 활용해야만 하는 이유를 설명하고, 최근에 가장 성공적인 성과를 거둔 기업의 사례를 제시해 보기 바랍니다.

01 다음 중 서비스산업의 경쟁환경에 대한 설명으로 부적절한 것은?

① 서비스산업은 상대적으로 진입장벽이 낮아서 경쟁이 치열하다
② 생산과 소비의 동시성으로 인하여 규모의 경제를 추구하기가 힘들다
③ 시간, 날씨, 계절에 따른 수요의 변화가 심해서 수요예측이 어렵다
④ 낮은 수익성으로 인하여 쉽게 포기하는 경우가 많다.

02 마이클 포터는 산업의 수익성, 즉 산업의 매력도가 5가지 경쟁요인에 의하여 결정된다고 한다. 이에 해당되지 않는 요인은 어떤 것일까?

① 기존 기업 간의 경쟁 정도
② 신규 진입자로 인한 위험
③ 공급자와 구매자와의 교섭력
④ 산업 내의 경쟁 강도
⑤ 경쟁우위의 원천

03 경쟁과 전략 간의 관계에 대한 설명이다. 잘못된 것은?

① 서비스기업의 경쟁 결과는 성공 또는 실패로 나타난다.
② 경쟁우위를 달성함으로써 수익을 증대하기 위한 방안을 경쟁전략이라고 한다.
③ 경쟁전략을 수립하기 위해서는 산업의 매력도와 경쟁우위 요소를 파악해야 한다.
④ 산업의 매력도 즉 산업의 수익성은 환경변화와 관계없이 항상 일정하다.

04 다음 중 마이클 포터의 본원적 전략과 관계 없는 것은?

① 가격우위 전략
② 차별화 전략
③ 가격 집중화 전략
④ 차별화 집중 전략
⑤ 가격파괴 전략

EXPLAIN
해 설

01 (답) ④

(해설) 서비스산업의 경쟁환경은 '낮은 진입장벽, 규모의 경제 추구 어려움, 수요예측의 곤란, 서비스를 대체 하는 유형의 상품 출현, 고객충성도 및 내부직원 만족의 중요성, 퇴출장벽' 등의 특성을 가지고 있다. 특히 수익성이 낮아서 퇴출되어야 하는 상황인 업체가 종종 취미 등을 위한 형태로 유지되는 경우가 있는데 이를 퇴출장벽이라고 한다.

02 (답) ⑤

(해설) 학문적으로 전략의 개념을 창시한 마이클 포터는 산업의 매력도와 경쟁우위 요소를 기초로 경쟁전략을 수립할 수 있다고 하였다. 여기서 산업의 매력도를 결정하는 다섯 가지 요인은 '기존 기업 간 경쟁, 신규 진입자의 위험, 공급자 교섭력, 구매자 교섭력, 대체품' 등을 말한다. 이와 같은 요인들은 서비스기업이 경쟁방식을 모색할 때 많은 영향을 미치게 된다.

03 (답) ④

(해설) 산업의 매력도, 즉 산업의 수익성은 산업환경이 변화함에 따라 변하게 된다. 수익성이 낮았던 산업이 높은 수익성을 실현하기도 하고 높은 수익성을 실현하던 산업의 수익성이 급격하게 떨어지는 상황을 주변에서 많이 발견할 수 있다.

04 (답) ⑤

(해설) 마이클 포터는 기업이 경쟁하기 위한 전략을 크게 3가지로 정의하고 있다. 가격우위 전략, 차별화 전략, 집중화 전략이 그것이다. 집중화 전략은 다시 가격우위 집중화와 차별적 집중화로 나눌 수 있다.

SERVICE MANAGEMENT
FOR FOOD SERVICE INDUSTRY

PART 2
서비스 디자인

CHAPTER 4

서비스 품질

학습 목표

1_ 서비스 품질의 개념, 특성, 중요성에 대해서 설명할 수 있다.
2_ 서비스 품질 모형에 대해서 설명할 수 있다.
3_ 서비스 품질은 어떻게 측정하는지 설명할 수 있다.
4_ 서비스 품질 설계의 방법을 설명할 수 있다.
5_ 품질경영의 정의와 그 중요성을 설명할 수 있다.
6_ 서비스 보장의 뜻과 그 효과를 설명할 수 있다.
7_ 서비스 회복의 중요성과 전략에 대하여 설명할 수 있다.
8_ 고객만족도 조사의 필요성에 대하여 설명할 수 있다.

최고의 서비스 품질을 유지하는 비결

리츠칼튼 호텔은 최고 서비스의 대명사가 되었다. 그 이유에 대해 초대사장인 홀스트 슐츠(Horst Schultz)는 항상 이렇게 대답한다. “우리가 최고의 서비스 품질을 유지하는 비결은 크레도 카드(credo card)가 있기 때문입니다.”

서비스 철학이 명시된 서약카드를 갖고 있는 기업은 많다. 하지만 리츠칼튼의 크레도 카드는 확실히 다르다. 크레도 카드에는 이렇게 쓰여 있다고 한다.

“고객에게 진심 어린 환대와 쾌적함을 제공하는 것이 가장 중요한 사명임을 가슴 깊이 새긴다.”, “신사 숙녀에게 봉사하는 우리 직원도 신사 숙녀이다.”

직원을 단순히 시중드는 사람으로 격하시키지 않고 프로의 자부심을 갖게 한 것이다. 이 말에는 직원들로 하여금 프로페셔널 서비스맨의 감성과 교양을 끌어내고, 고객과 같은 눈높이에서 적극적인 커뮤니케이션을 하도록 이끌어주는 엄청난 비밀이 숨어 있다. 하지만 실천으로 뒷받침되지 못한 위대한 모토는 공허할 수밖에 없다. 그럼 구체적으로 리츠칼튼은 어떤 일들을 일상에서 진행하고 있을까? 하나씩 살펴보자.

첫째, 리츠칼튼의 직원은 고객의 '취향'을 관리한다.

이들은 모두 '고객 취향 카드(preference pad)'라는 메모장을 휴대하면서 고객과 관련한 사소한 정보를 적어두고 각 부문과 공유한다. 생일 이벤트나 프로포즈 행사를 지원하는 것은 기본이다. 심지어 한 하우스키핑 담당자는 "객실에 들어서면 제일 먼저 침대 주변을 눈여겨 본다"고 한다. 베개를 사용하는 습관이나 시계의 위치 등 고객의 사소한 습관을 알아둬야 하기 때문이다.

이런 정보는 고객의 이력조회시스템에 기록되어 다음 숙박 때 서비스에 반영된다. 또 해외 리츠칼튼 호텔 체인과도 공유하여 고객이 다른 도시를 방문했을 때도 예외 없이 적용된다. 이런 세심함 때문에 고객들은 본인이 알지 못하는 사이에 리츠칼튼에서 내 집 같은 편안함을 느낄 수 있는 것이다.

둘째, 직원 개개인에게 파격적인 결재권을 주고 있다. 돌발적인 상황을 대비해 직원 1인이 하루 200만원 한도 내에서 마음대로 쓸 수 있도록 한 것이다. 이는 경영진이 직원을 그만큼 신뢰하고 있다는 증거이기도 하다. 예를 들어, 고객이 중요한 서류를 호텔에 놓고 열차를 탔다면, 직원은 고객을 위해 바로 다음 열차를 타고 달려갈 수 있다. 결재권 덕분에 가장 먼저 고객의 문제를 발견한 직원이 주저없이 문제해결에 나설 수 있는 것이다. 실제 한 남성 고객은 리츠칼튼의 이러한 정성 덕분에 열차 안에서 성공적으로 연인에게 꽃을 전달할 수 있었다. 결혼 후 부부는 매년 리츠칼튼을 찾는다고 한다.

셋째, 리츠칼튼이 불평 많은 고객을 재빠르게 만족시키는 데에는 서비스 과학화가 제대로 작동하기 때문이다. 동일한 문제와 불만이 계속될 때는 구조적인 문제가 잠재되어 있을 가능성이 높다. 리츠칼튼에는 그러한 문제를 찾아 해결하는 시스템이 있다. 예를 들어, 하우스키핑 담당자는 객실을 청소하고 객실상태를 확인받을 때 서비스 품질지수를 산출한다. 머리카락이 떨어져 있으면 몇 점, 지문이 묻어 있으면 몇 점식으로 감점 처리를 받아 성적표를 매달 발표한다. 자신의 실수의 특징을 확인하고 서비스상의 결함을 찾음으로써 고객의 불평을 막는 것이다.

룸서비스도 대표적인 사례이다. 기본적으로 룸서비스는 주문 후 30분 이내에 완료되어야 하는데 이를 넘기는 경우가 자주 발생했다고 한다. 리츠칼튼은 이런 일이 한 달 동안 몇 건이 일어나고 있는지에 대해 3개월 이상 관찰했다. 그래서 찾아낸 이유는 직원용 엘리베이터였다. 룸서비스 직원이 엘리베이터를 타야 할 때 다른 부서에서 시트나 수건을 회수하기 위해 엘리베이터를 점유하고 있는 경우가 많았던 것이다. 이후 리츠칼튼은 제품 수거 시간대를 주기적으로 정하고 룸서비스 직원과 공유하여 엘리베이터 가동 효율을 극대화한 결과, 고객 불만을 현저히 줄일 수 있었다.

리츠칼튼의 한 임원은 "눈에 보이는 문제는 가지에 지나지 않으며 원인은 뿌리에 있다.고 말한다. 고객의 불만은 한 번으로 끝나지 않는다. 또 그 불만에는 반드시 그럴 만한 이유가 있다.

최대한 과학적인 접근과 적극적인 대처를 통해 최강의 서비스 신화를 만드는 리츠칼튼의 정신! 명품 서비스를 제공하고자 하는 기업이라면 참고해야 할 대표적인 서비스기업이다.

자료 : 삼성경제연구소 웹사이트(www.seri.org)

대부분의 고객은 직원의 친절함만으로도 만족을 느낀다. 하지만 그러한 친절함만으로는 다른 기업과 차별화되어 최고의 기업이 될 수는 없다. 서비스기업은 제조기업의 제품보증보다 더욱 강화된 서비스 보장을 제공할 수 있어야 한다. 서비스 보장은 불만족한 고객에게 환불, 할인, 무료 서비스를 제공하는 것이다. 하지만 그 이상의 보장이 필요하다. 즉, 서비스 보장은 고객에게는 서비스 품질을 약속하는 것이며, 직원에게는 성과달성 기준을 그리고 고객충성도를 높이는 기반이 되는 것이다.

100%의 고객만족 보장을 가장 먼저 채택했던 햄프턴 인 체인의 설문조사 결과에 따르면, 보장을 요구했던 300명 중 100명 이상이 다시 햄프턴 인에 묵었다고 한다. 햄프턴 인은 불만족한 고객에게 1달러의 비용을 투자하면 8달러의 수익이 돌아오는 것을 발견하였다고 한다.

서비스를 강화하여 고객에게 만족을 제공함과 동시에 계속 재구매를 하도록 만들기 위하여 외식업체의 경영자는 어떻게 서비스 품질관리를 해야 할까?

1. 서비스 품질의 개념

1) 서비스 품질의 정의

서비스 경영학자인 파라슈라만(Parasuraman)에 따르면 서비스 품질은 “서비스의 우수성에 관련된 고객의 전반적인 판단과 태도를 말하며, 이것은 기대된 서비스(expected service)와 지각된 서비스(perceived service) 간의 비교 평가로 측정된다”고 하였다. 다시 말해 서비스 품질이란 서비스에 대한 고객의 기대 및 욕구 수준과 지각한 것 사이의 불일치의 정도를 나타내는데 고객이 실제로 제공받은 서비스가 이를 제공받기 전에 기대한 정도에 미치지 못한다면 해당 서비스에 대한 품질은 낮게 측정된다는 것이다. 이과 같이 서비스에서 품질의 평가는 결과뿐만 아니라 서비스 전달과정에서 일어나므로 고객은 서비스 본질을 느끼게 되는 결정적 순간(MOT)에 만족 또는 불만족을 평가한다. 그러나 서비스 품질은 무형의 특성을 가지고 있어서 그 품질을 측정할 수 있는 유형의 단서를 찾기 어렵다. 따라서 객관적인 기준보다는 소비자에 의해 주관적인 기준으로 상품의 서비스가 품질의 의미로 정의될 수 있다.

서비스기업에서 서비스 품질이 중요한 이유는 고객만족 또는 불만족에 영향을 미침으로써 결과적으로 고객행동에 영향을 미치기 때문이다. 이와 같이 서비스 품질은 서비스에 대한 전반적인 우월성과 우수성을 나타내는 개념으로 만족보다 지속적이고 장기적이며 동적으로 변화하는 누적의 구성개념을 의미한다.

2) 서비스 품질의 특성

서비스 품질은 제품의 품질보다 평가가 어려운데 이는 무형적인 서비스를 획일화하고 표준화할 수 있는 제품에 비해 쉽지 않기 때문이다. 따라서 서비스 품질의 수준은 기대와 실제와의 비교를 통해서 이루어지며, 서비스 제공과정에 대한 평가가 결과만큼 중요하다. 또한 객관적 측정치가 존재하지 않기 때문에 품질에 대한 평가가 소비자의 주관적 지각으로 일어난다는 어려움도 있다. 그러므로 고객의 만족에 많은 영향을 미치는 핵심서비스뿐 아니라 부가적인 서비스도 간과해서는 안 된다.

표 4-1 서비스 품질과 제조업 품질의 차이

구분	서비스 품질	제조업 품질
제품의 외형적 특성	무형	유형
재고성 여부	재고 불가	재고 가능
품질 판단 기준	과정 중시	결과 중시
고객 수요에 대한 반응시간	신속	늦음
품질 측정의 용이성	측정이 어려움	측정이 용이함

3) 서비스 품질의 중요성

서비스에서 품질의 평가는 서비스 전달과정에서 일어나는 것으로 알려져 있다. 제조기업의 제품은 최종적인 마지막 단계에서 이에 대한 품질이 중요한 작용을 하지만 서비스는 생산과정에 소비자가 직접 참여하기 때문에 그 서비스가 이루어지고 있는 과정 자체가 서비스 품질 평가에 영향을 미친다.

일반적으로 고객은 서비스 본질을 느끼게 되는 결정적 순간(MOT)에 만족 또는 불만족을 평가한다. 만족은 서비스 전의 기대 수준을 초과하는 서비스를 제공받았을 경우 얻게 되는 심리적 상태이다. 제공된 서비스가 기대 수준에 미치지 못하는 경우 고객은 불만족을 느끼게 되며, 고객만족에 결정적 영향을 미치는 기대 수준은 구전, 개인적 욕구, 과거 경험 등에 의하여 결정된다. 서비스기업에서 서비스 품질이 중요한 이유는 고객만족 또는 불만족에 영향을 미침으로써 결과적으로 고객행동에 영향을 미치기 때문으로 만족한 고객으로부터는 높은 수준의 고객충성도를 이끌어내어 시장 점유율을 높이고, 따라서 투자자에게 많은 이익을 돌려줄 수 있도록 한다. 또한 규모의 경제 효과로 인하여 비용이 상대적으로 적게 발생하고 가격경쟁에서 우위를 차지할 수 있도록 하는 효과를 가지고 온다. 마지막으로 기업의 발전은 직원의 자긍심을 고취시켜 일하는 환경과 직장에 대한 만족도 또한 높아져 내부고객의 만족도도 높일 수 있도록 한다. 그러나 불만족한 고객은 부정적인 구전에 영향을 미치고 이러한 고객이 많아지면 레스토랑의 폐업까지도 갈 수 있기 때문에 서비스 품질관리를 통한 고객관리는 매우 중요하다.

4) 서비스 품질의 구성

파라슈라만 등(PZB; Parasuraman et al., 1985)의 연구에 따르면, 고객이 서비스 품질을 평가하는데 '신뢰성, 확신성, 유형성, 공감성, 대응성'의 5가지 요인을 활용한다고 하였다. 이러한 품질을 판단하는 5가지 차원으로서 첫 번째 신뢰성(reliability)은 약속한 서비스를 정확하게 수행할 수 있는 능력이라 할 수 있는데, 그 예로는 철저히 서비스를 수행하는 것과 청구서의 정확성, 시간엄수 등이 있을 수 있다. 두 번째 확신성(assurance)은 확신을 주는 직원의 자세와 지식 및 예의바른 태도로서 직원

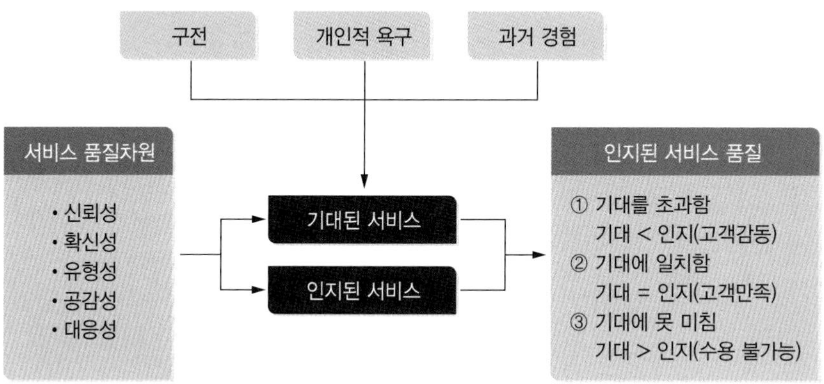

그림 4-1 PZB의 서비스 품질 차원

자료 : Parasuraman et al.(1985), A conceptual model of service quality and the implications for future research.

에 대한 신뢰, 정중한 태도, 기업의 지원 등을 통해서 형성될 수 있다. 세 번째 유형성(tangible)은 서비스 평가를 위한 유형적 단서로서 물리적 시설, 장비, 직원의 유니폼이 있다. 네 번째, 공감성(empathy)은 고객에 대한 배려와 개별적 관심을 보이는 자세로서 개발적 관심, 고객 요구의 인지, 진심어린 관심이 있다. 마지막 다섯 번째는 대응성(responsiveness)으로 고객을 돕고 신속한 서비스를 제공하겠다는 의지이다. 이러한 대응성의 예로는 서비스의 적시성, 고객문의에 대한 즉각적 응답, 신속한 서비스 제공이 있을 수 있다.

고객만족에 결정적 영향을 미치는 기대 수준은 구전, 개인적 욕구, 과거 경험 등에 의하여 결정된다. 만족은 서비스 전의 기대 수준을 초과하는 서비스를 제공받았을 경우 얻게 되는 심리적 상태이며, 제공된 서비스가 기대 수준에 미치지 못하는 경우 고객은 불만족을 느끼게 된다.

2. 서비스 품질 모형

서비스 품질 모형이란 고객이 기대한 서비스, 경험한 서비스, 고객의 기대에 대한 경영자의 인식, 서비스 표준, 서비스 전달 및 고객의 인지 사이에서 발생하는 차이(gap)를 보여주는 모형으로 각각의 차이에는 다양한 원인이 존재한다. 따라서 파라슈라만 등

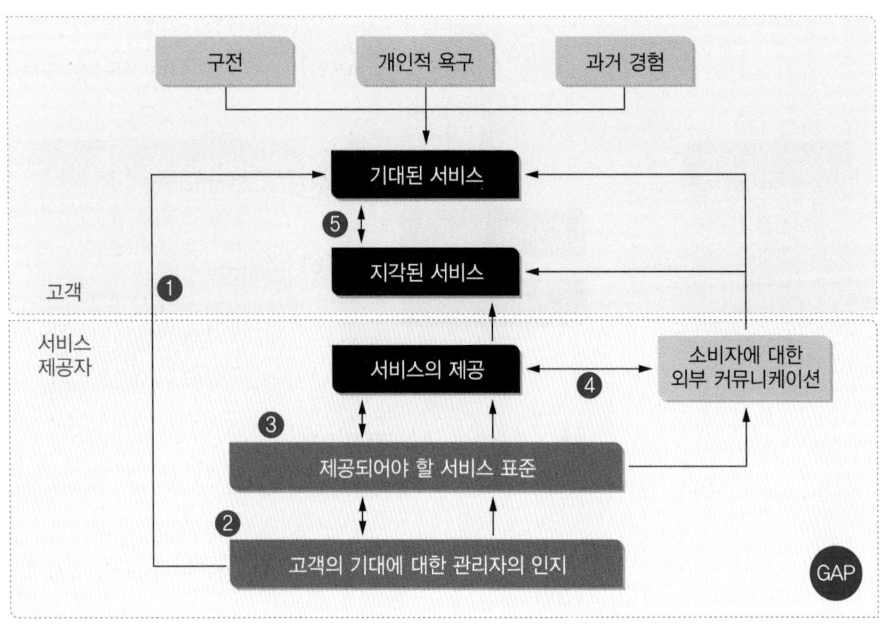

그림 4-2 서비스 품질 모형

자료 : Parasuraman et al.(1985), A conceptual model of service quality and the implications for future research.

(1985)은 일반 제품과는 달리 계량적 측정이 어려운 서비스 품질을 서비스가 제공되는 과정에서의 고객 인지를 평가하고자 기대 불일치의 개념을 기반으로 한 GAP 모형을 개발하였다.

서비스 품질의 GAP 모형(PZB 서비스 품질 갭 모형)은 고객의 기대 수준과 인지된 품질 간의 차이를 다섯 가지 갭(Gap)으로 정의하였다. 이와 같은 갭의 단계는 서비스 전달과정에서 발생하는 갭의 크기와 방향에 의하여 결정되며 **표 4-1**과 같이 다양한 원인이 존재한다.

3. 서비스 품질의 측정방법

서비스 품질을 측정하기 위한 다양한 연구가 진행되었지만 그중 대표적인 측정방법은 SERVQUAL, 다인서브(DINESERV), SERVPERF, WtA 등이 있다.

표 4-1 서비스 품질의 GAP 모형의 분류별 내용

분류	정의	구성요소	해결전략
GAP 1	기업이 고객의 기대하는 바를 인지하지 못하는 데서 오는 차이	•마케팅 조사의 목적 •부적절한 상향식 의사소통 •너무 많은 경영계층	•시장조사 강화와 효과적인 활용 •경영자와 최전선 직원 간의 의사소통 촉진 •경영계층의 수 축소
GAP 2	고객의 기대를 반영하지 못하는 서비스 표준 설정에서 오는 차이	•서비스 표준에 대한 경영자의 부적절한 의지 •실행 불가능하다는 인식 •부적절한 업무 표준화 •목표설정이 되지 않을 경우	•경영자의 서비스 마인드 변화 •서비스 전달업무의 표준화 •명확하고 실제적인 목표의 설정
GAP 3	서비스의 실제 성과가 서비스 표준과 일치하지 않은 경우	•직무의 모호성(직무갈등) •직원, 기술, 업무간의 일치성 부족 •부족한 팀워크 •부적당한 통제시스템 •불충분한 수용력	•정확한 직무설계 수립 •교육훈련의 강화 •집단의식 강조 •통제시스템의 개선 및 강화 •고객의 수요예측 및 대비
GAP 4	소비자에 대한 외부 커뮤니케이션과 실제 서비스 제공의 차이	•불충분한 내부 의사소통 •과다한 약속 •고객과의 의사소통 부족	•조직단위간의 정보공유 및 직무협력 •약속은 적게, 제공은 많이 •서비스 제공에 대한 구체적인 설명 제공
GAP 5	기대된 서비스와 지각된 서비스의 차이		

1) SERVQUAL

SERVQUAL은 서비스 품질의 갭모형(5가지 차원)을 근거로 하여 고객만족을 조사하기 위한 효과적인 조작적 도구로서 서비스 품질의 여러 차원을 측정할 수 있다. 서브퀄은 Parasuraman, Zeithaml, Berry가 개발한 22개의 서비스 속성으로 구성되어 있으며, 유형성, 신뢰성, 대응성, 확신성, 공감성의 5가지 차원으로 '고객의 기대도'와 '고객의 인지도'를 측정하여 서비스 품질 점수는 그 gap(차이)을 근거로 평가된다. 이는 정기적인 고객조사를 통하여 서비스 품질의 추이를 추적하는 것이 필요하다. 또한 경쟁업체의 SERVQUAL을 측정하여 서비스를 비교 분석할 수 있다.

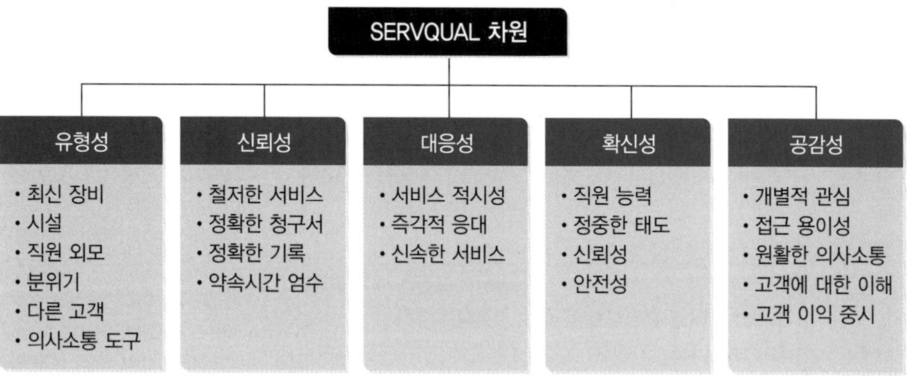

그림 4-3 SERVQUAL의 5가지 차원의 22개 항목

2) 다인서브(DINESERV)

레스토랑의 서비스 품질 측정을 위해 개발된 DINESERV는 SERVQUAL을 기초로 하여 Stevens, Knutson, Patton에 의해 개발되었다(Stevens et al., 1995). SERVQUAL의 유형성, 신뢰성, 대응성, 확신성, 공감성 5가지 차원이 동일하나 레스토랑의 품질평가에 맞도록 29개 항목으로 수정·보완하여 구성하였다. DINESERV를 이용하여 주기적으로 서비

그림 4-4 다인서브(DINESERV)의 5가지 차원의 29개 항목

스 품질을 조사하여 각 차원별 변화의 추세를 파악하고 서비스 품질을 통제할 수 있도록 하는 것이 필요하다.

3) SERVPERF

SERVPERF는 Cronin과 Taylor가 SERVQUAL에 대한 비판적 시각을 제시하면서 나온 이론으로 service quality는 service performance이기 때문에 SERVQUAL에서 '성과-기대'의 차이로 서비스 품질을 평가한 것과는 다르게 서비스 '성과'만을 품질의 측정 수단으로 사용한 점이 차이가 있다고 할 수 있다. Cronin과 Taylor는 SERVQUAL이 기대 측정상에 문제가 있다고 지적하면서 고객만족과 서비스 품질에 있어서 혼동 가능성이 있다고 지적하였다. 따라서 SERVPERF는 아직 기대가 형성되지 않은 서비스에 대해서도 사용할 수 있는 장점이 있다.

표 4-4 SERVQUAL vs. SERVPERF

구분	SERVQUAL	SERVPERF
제안자	Parasuraman, Zeithaml, Berry	Cronin, Taylor
모델의 구성	성과-기대	성과
기대의 정의	규범적 기대(제공해야만 할 수준)	기대 측정 안 함
측정자원	5개 차원 22개 항목	5개 차원 22개 항목

4) 현장 서비스 조사

현장 서비스 조사(WtA, work-through audit)는 피츠시몬즈 등(1991)이 서비스 전달과정에 대한 고객의 의견을 평가하기 위해 개발한 도구의 일환으로 레스토랑에서 서비스의 개선이 필요한 부분을 파악하기 위하여 고객의 입장에 맞도록 만들어진 조사방법이다. 매일 현장에 있는 관리자는 현장에 대한 감각이 무뎌지므로 고객의 시각을 통해 서비스 전달 시스템에 관한 고객과 관리자 간의 인지 차이를 평가할 수 있다.

간이 고객만족도 조사표

고객만족도 조사

구분	매우 좋음	좋음	보통	나쁨	매우 나쁨
음식의 질					
서비스 제공속도					
서비스 친절도					
위생/청결					
전반적인 분위기					

기타 레스토랑에 하고 싶은 말씀

____

____

성명 : 전화번호 :

주소 : 이메일 주소 :

WtA 설문의 9가지 요인

물리적 환경의 유지보수와 관련된 사항
대면서비스와 관련된 사항
대기시간의 서비스에 관련된 사항
식탁과 자리 배치에 관한 사항
분위기에 관한 사항
제공된 음식의 스타일링과 관련된 사항
계산서 제시와 관련된 사항
광고 및 묵시적인 권유판매에 관한 사항
봉사료에 관한 사항

자료: WtA 설문 문항은 Fitzsimmons et al.(2009) 참조

피츠시몬스 등이 만든 레스토랑의 WtA는 고객이 주차장에서 레스토랑 입구까지, 레스토랑으로 입장하여 직원의 인사를 받기까지, 대기를 하다가 식탁에 앉을 때까지, 메뉴를 주문하고 음식을 받아 식사를 하기까지, 이후 계산서를 받아 음식값을 지불할 때까지 레스토랑에서의 전체 과정에 대한 질문들로 구성되어 있다.

5) 서비스 품질 측정의 범위

서비스 품질 측정은 시스템의 종합적 관점에서 이루어져야 한다. 세부적인 내용은 **표 4-3**과 같다.

표 4-3 서비스 품질의 측정

구분	내용	측정대상	측정방법
내용(content)	표준절차에 따라 서비스가 수행되었는가?	서비스 행위의 평가	서비스가 매뉴얼에 따라 이루어지는지 평가
과정(process)	서비스 제공순서가 적절한가?	상호작용의 절차	체크리스트로 적합성 평가, 고객 출구 조사
구조(structure)	서비스가 물리적 시설 및 조직구조와 적합한가?	물리적 시설, 장비, 인력계획, 직원의 자질	고객의 대기시간 측정, 인력의 효율성
결과(outcome)	서비스가 기존의 상태를 얼마나 변화시켰는가?	고객만족	고객만족도 평가
영향(impact)	서비스의 장기적 효과는 무엇인가?	판매된 상품의 수	전체 판매된 햄버거의 수만큼 네온사인 불빛으로 표시

4. 서비스 품질 설계

서비스 품질은 서비스 전달 시스템의 설계에서 시작되는데 그 방법도 다구치기법, 피카요케, 품질 기능 전개, 벤치마킹 등과 같이 다양하다.

1) 다구치기법

다구치 기법(Taguchi method)은 다구치(Taguchi)가 주장한 기법으로 좋지 않은 여건에서도 제품의 적절한 기능을 보장하는 '견고한 설계(robust design)'의 적용이 필요하다고 역설하였다. 이 개념은 제품의 품질을 입증하기 위해서 소비자가 제품을 잘못 사용했다고 하더라도 성능이 그대로 유지될 수 있도록 견고하게 설계해야 하는 점을 강조하고 있다. 이는 제품의 품질은 설계규격에 일관되게 일치시킴으로써 달성될 수 있다고 주장하였다. 예를 들어서 스마트폰을 견고하게 설계하되 여러 번 떨어뜨려도 기능이 작동하도록 하는 것을 중요하게 생각한 것이다.

2) 파카요케(오류방지)

신고(Shingo)가 주장한 개념으로 프로세스 과정에서 품질관리 체계를 도입하면, 비용이 많이 소요되는 검사과정 없이 낮은 비용으로 높은 품질을 달성할 수 있다고 역설하였다. 파카요케(poka-yoke)는 일종의 오류예방(foolproof)법이라 할 수 있는데 서비스 제공자와 고객 양측의 오류 근원에 대한 예방장치나 설비를 하도록 하는 것이다. 이의 실천을 위해서 레스토랑에서는 직원이 실수하지 않도록 체크리스트와 지침서를 사용하도록 하는 것이 필요하다.

3) 품질 기능 전개

품질 기능 전개(QFD, quality function deployment)는 제품의 설계단계에서 고객의 요구를 반영하는 과정으로 일본에서 개발되어 도요타에서 광범위하게 사용되었다. '품질의 집(house of quality)'이라고 불리는 매트릭스를 사용하여 제품이나 서비스 설계 시 고객만족을 확인 및 측정 가능한 작업명세서로 변환하는 틀을 사용하도록 하였다.

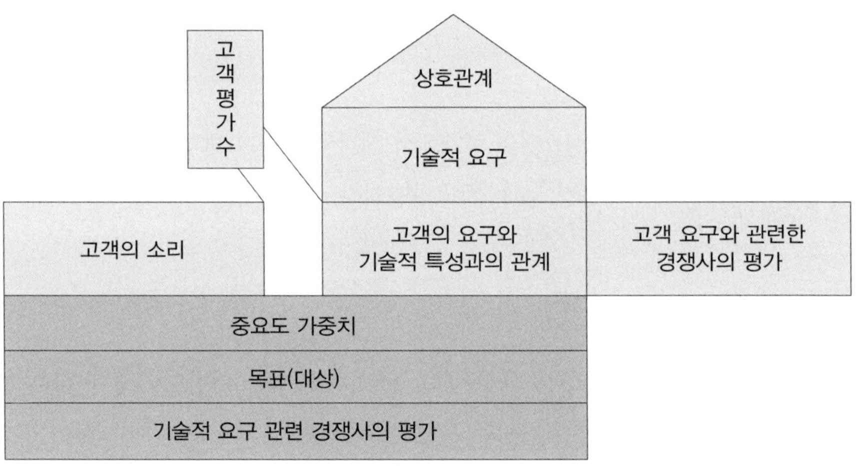

그림 4-5 품질의 집 매트릭스

4) 벤치마킹

벤치마킹(benchmarking)은 기업성과에 대한 품질을 '업계 최고'로 알려진 타사의 성과와 비교 측정하는 방법으로 단순한 실적 비교를 넘어 실제 최고 업체를 방문하여 경영비결을 배우는 절차를 포함한다. 서비스기업이 전사적 품질을 높이기 위한 방법 중 벤치마킹은 중요한 도구로 활용되고 있는데 조직의 발전을 위해 최상을 대표하는 것으로 인정된 조직의 제품, 서비스, 그리고 작업 과정을 검토하는 지속적이고 체계적인 과정이라고 할 수 있다.

(1) 요건

객관적인 데이터 수집과 명확한 평가기준을 통해 분석된 자료를 바탕으로 구체적인 개선방향을 제시하는 것이 핵심이며, 반드시 외부적 관점에서 진행되어야 한다. 벤치마킹은 단순한 조사가 아니며, 조사된 자료를 바탕으로 분석을 하고, 그 분석된 내용을 토대로 개선전략을 수립하고 현실화해야 한다.

(2) 벤치마킹 프로세스

벤치마킹 프로세스 모델은 데밍(Deming)에 의해 주창된 프로세스 관리를 위한 4단계 발전 절차를 활용하여 구성하였다. 1단계는 벤치마킹 프로젝트 계획 단계, 2단계는 필

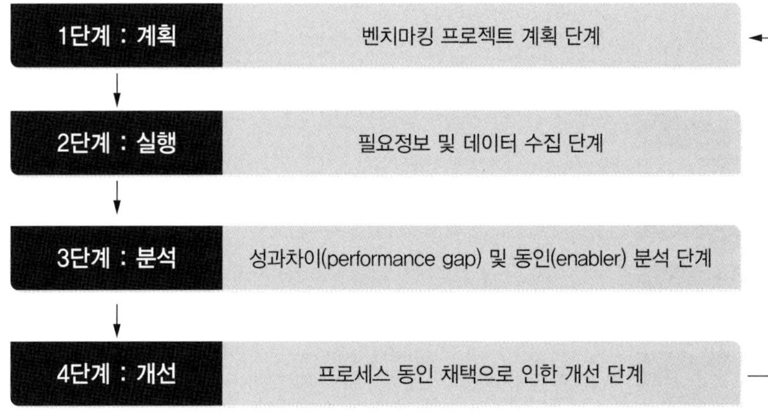

그림 4-6 벤치마킹 프로세스

요정보 및 데이터 수집 단계, 3단계는 성과차이(performance gap) 및 동인(enabler) 분석 단계, 마지막으로 4단계는 프로세스 동인 채택으로 인한 개선 단계이다.

5. 품질경영

품질경영의 중요성이 주목을 받기 시작한 1950년대에는 품질이란 규격에 적합한 정도로 평가되었다. 제공자의 입장에서 평가되던 품질은 1960년대에 들어서 사용자의 사용목적에 맞는지에 따라 품질을 평가하게 되면서 사용자, 즉 고객의 중요성을 품질경영에 반영하기 시작하였다. 1970년대에는 비용을 품질평가에 대입하면서 비용의 적합성을 중요시하게 되었다. 경쟁이 점차 심화되기 시작한 1980년대에는 잠재요구를 찾아서 고객을 만족시키는 것을 중요시하여 고객의 잠재요구 적합성을 그 평가의 지표로 사용하였다. 이와 같이 품질경영은 그 시대의 시장의 여러 상황과 고객의 필요와 욕구에 따라서 발전해 온 것을 볼 수 있다.

1) 전사적 품질관리(TQM)

품질을 통한 경쟁우위 확보에 목표를 두고 최고 경영자의 리더십 아래 기업의 장기적인 성공을 위하여 전 직원이 총체적인 수단을 활용하여 끊임없는 혁신과 개선에 참여하는 종합적인 경영관리체계를 TQM(total quality management)이라고 한다.

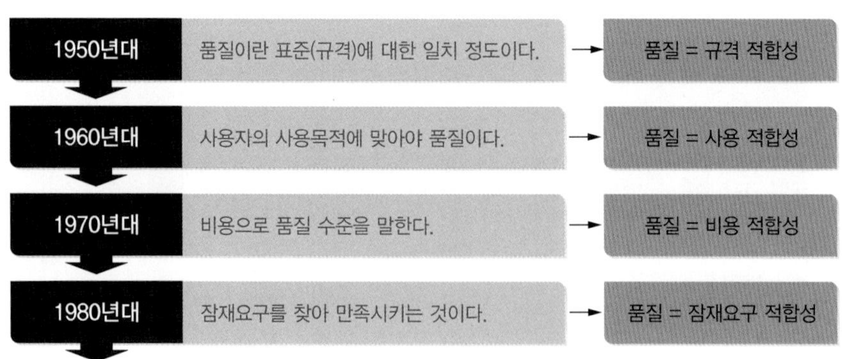

그림 4-7 품질경영의 발전과정

2) TQM의 기본원칙

TQM의 기본원칙으로는 우선 조직구성원의 참여와 팀워크가 중요하다고 할 수 있다. 조직원 간의 책임감과 동기부여를 통해서 목표에 대한 이해를 향상시키고 생산성, 주인의식, 자긍심의 상호이해력을 높이는 것이 중요하다. 특히 외식산업에서는 조직구성원 간의 참여와 팀워크가 없다면 고객만족이 있을 수 없음을 잘 이해해야 한다. 열린조직문화 또한 중요하다. 열린조직문화를 통해서 다른 구성원과 기업의 목표와 가치를 함께 공유함으로써 팀워크에 따른 아이디어 개발을 강화할 수 있으며, 권한위임 정책을 실시하고 팀원들의 안정성과 보상체제가 공정한 것 또한 건전한 조직문화 형성에 있어서 매우 중요하다고 할 수 있다. 품질경영에서 가장 중요한 것은 최고경영자의 리더십과 열의라고 할 수 있다. 기업은 최고경영자에 의해 주도되기 때문에 직원들이 필요로 하는 도구를 공급, 안전한 근무환경을 조성하고 적절한 보상과 지원 그리고 훈련과 연수를 통해서 직원들의 사기를 진작하는 것이 필요하다. 또한 지속적인 품질 향상을 추구하여 고객의 요구를 파악하고 해결방안을 제공하는 것이 필요하다. 이를 위해서 품질관리 테스트와 통계방법이 활용될 수 있다. 고객의 소리를 청취하는 것은 고객의 변화하는 요구를 파악할 수 있도록 하여 대상고객을 파악하기 위한 대화가 끊임없이 이루어져야 할 것이다. 특히 외식산업에서는 고객의 요구가 다양하고 유행에 민감하여 고객의 소리 청취를 위해 계속 노력해야 한다.

> 품질개선을 위해서는 비용을 줄이고 수익성을 개선하라. 품질은 계속적으로 개선될 수 있고, 개선되어야 한다.
>
> -Edward Deming

3) 서비스 품질 인증제도

대표적인 서비스 품질 인증제도에는 국내의 서비스 품질 우수기업 인증제도(KS-SQI), 미국의 MBNQA(The Malcom Baldridge National Award), 일본의 데밍상(Deming Award), 그리고 유럽의 ISO 9000(International Standard Organization) 등이 있다.

(1) 서비스 품질 우수기업 인증제도(KS-SQI)

KS-SQI는 한국표준협회에서 주관하고 평가를 실시하는 인증제도이다. KS-SQI는 서비스 품질 수준을 과학적으로 측정할 수 있는 모델로 서비스 품질 영역을 성과와 과정으로 나누어 성과의 영역에는 본원적 서비스와 예상 외 부가서비스를, 그리고 과정의 영역에는 신뢰성, 친절성, 적극지원성, 접근용이성, 물리적환경과 매체의 유형성의 6가지 서비스 결정 요인으로 최근에 재정립된 것을 볼 수 있다. 조사는 1개월~1년 이내 해당기업의 서비스를 실제로 이용한 경험이 있는 고객을 대상으로 실시되어 평가된다. KS-SQI는 서비스기업의 제품 및 서비스에 대한 고객만족도를 나타내는 종합지표라고 평가된다.

- 본원적 서비스(primary needs fulfillment): 고객이 서비스를 통하여 얻고자 하는 기본적인 욕구의 충족
- 예상 외 부가서비스(unexpected benefits): 고객에게 타사 대비 차별적 혜택과 부가적 서비스 제공
- 신뢰성(reliability): 고객이 서비스 제공자에게 느끼는 신뢰감, 서비스 제공자의 진실성, 정직성, 서비스를 수행하는 데 필요한 기술과 지식의 소유

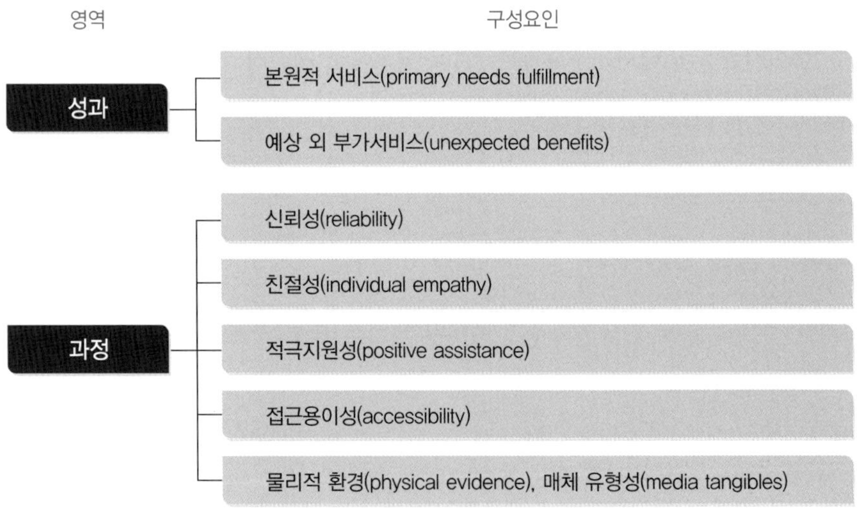

그림 4-8 KS-SQI의 구성영역과 구성요인

• 친절성(individual empathy): 예의 바르고 친절한 고객응대 태도, 고객에게 인사성이 밝으며, 예의 바르고 공손한 자세로 응대
• 적극지원성(positive assistance): 고객의 요구에 신속하게 서비스를 제공하고자 하는 의지
• 접근용이성(accessibility): 서비스 제공시간 및 장소의 편리성
• 물리적 환경(physical evidence), 매체 유형성(media tangibles): 서비스 평가를 위한 외형적 단서

(2) MBNQA(The Malcom Baldridge National Award)

MBNQA는 1987년 미국의회에서 제정한 상으로 제품과 서비스의 품질을 향상하기 위해서 시작하였다. MBNQA는 품질과 생산성에 대한 의식을 고취하고 성공한 기업의 성공사례를 공개하여 다른 기업의 모범이 될 수 있도록 하고, 전체 산업의 서비스 품질의 향상을 꾀하는 데 그 목표를 둔다. 적용분야로는 제조업, 서비스업, 소기업, 교육보건 분야 등이 있으며 그 범위가 점차 넓어지고 있다.

① 말콤 볼드리지(Baldrige)의 7가지 평가항목

• 리더십: 평가항목 중 가장 중요한 항목으로 이는 경영자의 품질에 대한 철학이 기업의 운명을 결정하는 사례가 많기 때문이다.
• 품질전략계획: 기업이 품질 리더십을 실현하고 유지하기 위하여 필요한 전략을 계획하고 수립과정 및 전략전개과정을 심사하는 단계이다. 품질 리더십의 위치를 달성하고 유지하기 위하여 기업의 단기계획 및 장기계획을 심사한다.
• 고객과 시장 중시: 고객과 회사의 관계, 고객의 요구조건에 대한 인지 정도, 시장경쟁력 결정에 영향을 주는 주요 품질요인에 대한 인지 정도 등을 심사한다.
• 정보와 분석: 우수한 품질을 만들고 경쟁성과를 향상시키기 위하여 필요한 데이터와 정보의 타당성, 용도, 관리의 문제를 평가한다.
• 인적자원 중시: 직원들의 잠재 능력을 개발하고 성장시키기 위한 기업의 노력과 전체 조직원, 개인성장 및 조직성장을 유도하기 위한 여건을 조성하고자 하는 기업

의 노력에 대한 효과를 평가한다.

- 품질관리 프로세스: 기업이 지속적으로 고품질과 기업성과를 추구하기 위하여 사용하는 프로세스, 모든 작업단위와 공급자의 프로세스 품질관리, 체계적인 품질개선, 품질평가 활동 등을 심사한다.
- 사업성과: 기업의 수준과 개선 추이를 심사한다.

(3) 데밍상(Deming Award)

에드워드 데밍의 업적을 기리기 위하여 1951년 일본에서 창설되었다. 일본의 회사만을 대상으로 한 것이 아니라 품질이 뛰어난 세계 각처의 회사를 대상으로 실시하여 일본이 품질의 간판주자로 세계적으로 알려질 수 있도록 많은 역할을 하였다.

(4) ISO 9000(International Standard Organization)

유럽에서 시작된 품질을 위한 국제적 표준으로 품질의 표준화를 위한 국제적 조직에 의해 개발되었다. ISO 9000은 제조과정과 고객서비스과정을 강조하고 있다.

6. 서비스 보장

서비스 보장(service guarantees)이란 마케팅 도구(marketing tool)의 일환으로 제품의 수리, 교환과 같은 제품 보증(product warranty)과는 다른 개념으로 사용되며 불만족한 고객에게 환불, 할인, 무료 서비스를 제공하는 것을 말한다. 따라서 서비스 품질 달성을 위한 최선의 차별화 수단이다.

1) 하트의 서비스 보장의 특징

하트(Hart)의 서비스 보장의 특징으로는 첫째, 예외 없이 무조건적이야 한다는 것이다. 또한 고객이 쉽고 정확하게 이해할 수 있어야 고객이 서비스 보장의 의미를 잘 이해하고 활용하며 이를 실시하는 기업과 그렇지 않은 기업에 대해서 차별화를 느낄 수 있다. 서비스 보장은 서비스뿐만 아니라 재무적으로도 의미가 있어야 한다. 또한 복잡한 서식 등이 없이 쉽게 요구할 수 있어야 하며, 보상이 현장에서 즉시 이루어져야 한다는 특징이 있다.

2) 서비스 보장에 따른 효과성

서비스 보장은 직원에게 고객의 기대를 각인시킨다는 효과를 가지고 온다. 서비스 보장이라는 기준이 고객에게만 효과를 가지고 오는 것이 아니라 직원의 관리적 측면에서 근무의 효율성을 높일 수 있다는 뜻이다. 따라서 서비스에 대한 명확한 표준을 설정하는 효과가 있다. 서비스 보장 제도를 통해서 불만족한 고객은 왜 그것이 불만족 했는지, 즉 문제점이라는 매우 중요한 정보를 제공하도록 하고 이를 실시하는 기업의 입장에서 회사의 문제점을 파악하는 중요한 포인트가 될 수 있는 것이다. 그리고 이는 서비스 전달 시스템의 실패 가능성과 오류 가능성을 충분히 검토할 수 있도록 하고, 마지막으로 불만족한 고객의 이탈을 방지한다.

7. 서비스 회복

1) 정의

서비스 회복(service recovery)이란 서비스기업이 고객과 접촉하는 현장에서 서비스의 실패로 인하여 잃어버린 고객의 신뢰를 서비스가 일어나기 이전의 상태 또는 그 이상의 감동적 서비스로 전환하는 것을 말한다. 이를 Parasuraman, Zeithaml, Berry는 "제공된 서비스에 대한 지각이 고객의 인내영역 이하로 하락한 결과에 따른 서비스 직원의 실행"이라 정의하였으며, Zemke와 Bell(1990)은 "제품이나 서비스가 고객의 기대에 부응하지 못하여 기업에 대해 불만족하는 고객들을 만족한 상태로 되돌리는 일련의 과정"이라고 하였다.

2) 서비스 회복의 중요성

서비스 실패는 고객의 만족, 신뢰 및 부정적 구전 형성에 큰 영향을 미치므로 고객 이탈의 최소화를 위한 최후의 노력으로서의 적절한 서비스 회복이 이루어지지 않을 경우 기존고객뿐만 아니라 잠재고객까지 잃을 수 있는 위험성을 가지고 있다.

또한 서비스 실패의 신속한 회복은 불만족고객을 충성고객으로 확보할 수 있는 중요한 수단으로 작용한다. 불만을 호소하였다가 만족할 수 있는 회복을 받은 고객은 처음부터 만족한 고객보다 전체적인 만족도가 더 높게 나타나며 그 브랜드에 대한 신뢰도 역시 높아지기 때문이다(service recovery paradox).

베인 앤 컴퍼니 보스턴 본부 부사장인 라이히헬드(Reichheld)와 하버드 경영대학원 교수인 새서(Sasser)는 고객 이탈률(customer defection)의 5% 정도만 감축하면 수익률을 25~85% 올릴 수 있다고 하면서 고객이탈과 수익 간의 관계를 연구 발표하였다.

3) 서비스 실패의 원인

서비스는 무형성, 이질성, 생산과 소비의 동시성 및 소멸성이라는 특성에 의해 철저한 사전조사를 통하여 품질을 관리하기에는 한계가 있으며, 고객 특유의 취향을 100% 만족시킨다는 것은 불가능하다. 따라서 서비스의 실패는 실수나 착오에 의한 것이기보다는 필연일 수도 있다. 다양한 고객을 상대해야 하는 외식업체는 고객의 다양한 특성과 취향을 100% 다 만족시킬 수 없다는 사실을 받아들이고, 서비스 실패가 일어날 경우 서비스 회복 프로세스를 잘 구축하여 운영될 수 있도록 하는 것이 더 효과적일 수 있다.

4) 불만고객의 재구매율

TARP연구소(Technical Assistance Research Program Institute)에 따르면 불만족한 고객의 96%는 불평을 하지 않는다고 하였으며, 그들 중에는 9%만이 같은 물건을 재구매한다고 하였다. 그러나 불만을 표출한 4%의 고객 중 문제해결이 되면 다시 재구매를 하겠다는 하는 고객은 60%, 문제가 즉시 해결될 때 재구매를 하겠다는 고객이 95%인 반면, 문제가 해결되지 않더라도 재구매하겠다는 고객은 18%로 나타났다. 이와 같은 결과를 통해 서비스 실패가 발생한 경우 서비스 회복이 얼마나 중요한지를 알 수 있다.

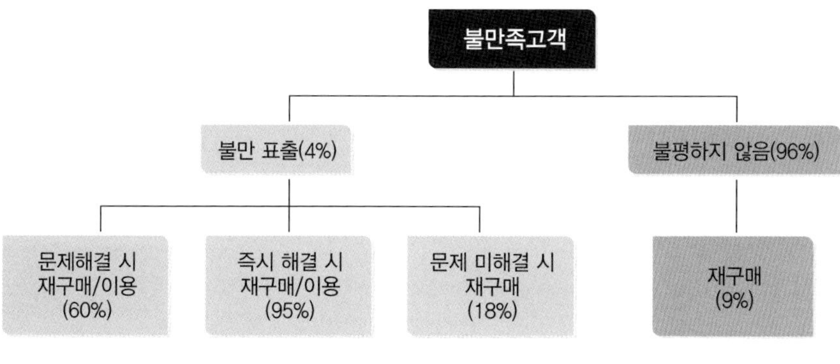

그림 4-9 불만족고객의 재구매율

자료: TARP(Technical Assistance Research Programs Institute), 불만족 고객의 재구매율 조사.

5) 서비스 회복 과정

서비스 회복의 중요성은 고객만족을 지향하는 외식기업에서 더욱 커진다. 이는 100% 고객만족을 지향하지만 실제 환경에서는 사람, 즉 인적자원을 통해서 이루어지다 보면 실현이 가능하지 않기 때문이다. 가장 이상적인 서비스 회복 프로세스는 **그림 4-10**과 같이 외식업체의 높은 수익 실현과 직접적으로 연관되어 있다. 따라서 외식업체에서 서비스 실패가 발생하였을 때, 이를 빨리 파악하여 고객 불평을 즉시 해소하는 것이 급선무이다. 예를 들면, 고객이 서비스에 대한 불평을 하는 경우 이를 빨리 인지하고 고객의 불평을 해소하도록 노력하면 고객의 만족도를 높일 수 있다. 이와 같은 과정은 고객만족은 물론이고, 고객만족을 통해 직원들도 즐겁게 일할 수 있는 환경이 조성되어 자연스럽게 직원들의 만족도를 올리는 계기도 된다. 결과적으로 직원들의 기업에 대한 충성도를 유지할 수 있게 된다.

외식업체들은 고객과 직원의 불평해소를 통한 만족도 증진에서 멈추기보다는 고객의 불평, 즉 서비스의 문제점을 파악함으로써 문제의 유형과 고객 특성에 대해서 파악하는 것이 필요하다. 이는 서비스 품질 향상을 위한 활동으로 이후에는 동일한 유형의 문제가 다시 발생하지 않도록 하는 시스템으로 작동할 수 있어야 하고, 고객과 직원 만족도의 향상으로 선순환이 이루어져야 한다. 이와 같은 올바른 서비스 회복 프로세스는 외식업체의 수익 실현에 긍정적으로 작용하게 되어 궁극적으로 외식업체 발전에 기여하게 된다.

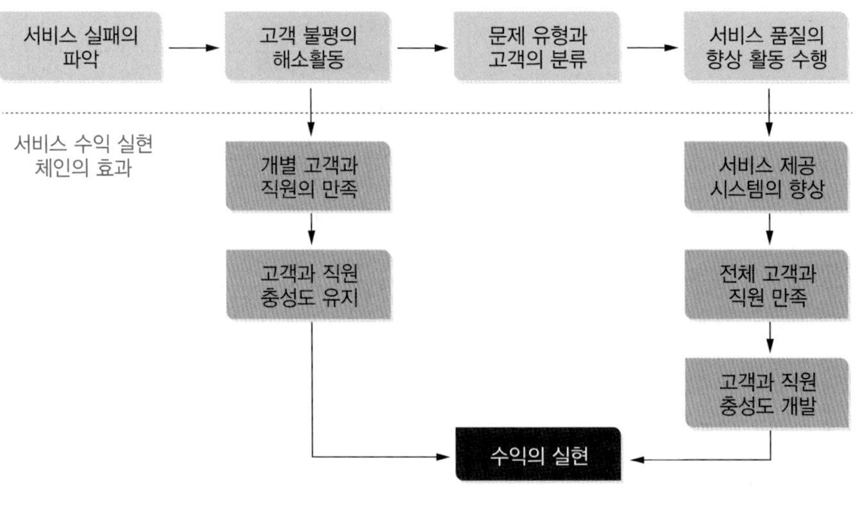

그림 4-10 서비스 회복 과정

6) 서비스 회복 전략

서비스 회복은 사전 서비스 시의 회복단계, 서비스 제공 시점에서의 회복단계 그리고 서비스 실패 후 회복단계 등 3가지 경우에서 발생할 수 있다.

서비스 실패가 일어나기 전의 회복단계는 서비스 제공자가 실패를 인식할 때까지 지속되는데 보통의 경우 이 시기는 아주 짧거나 경우에 따라서는 장기적으로 지속될 수도 있다. 고객들은 이 단계에서 서비스 회복에 대한 기대를 공식화하며, 서비스 제공자의 입장에서는 비용뿐만 아니라 성과 면에서도 가장 효과적인 전략을 전개할 수 있는 단계이기도 하다. 따라서 그 전략으로 고객 불만을 장려하는 환경을 만드는 것도 중요한 시작점이라 할 수 있다. 또한 고객 불만 수용시스템을 통해 불만을 즉각적으로 해결할 수 있도록 하고, 일관된 상호작용을 통해 고객의 욕구를 인정하고 이를 회사에 반영하도록 하는 것이 필요하다. 이를 위해서는 고객과의 간담회나 인터뷰 등을 통한 기술적 접근이 필요하다고 할 수 있다. 그리고 해결능력이 있고 지식과 책임을 다할 수 있는 직원에 대한 권한 위임과 강화전략은 처음부터 문제가 발생했을 때 즉시 해결할 수 있는 환경을 만들어 서비스 실패를 사전에 예방할 수 있도록 한다.

서비스 제공 시점에서의 서비스 회복은 서비스 제공자가 실패를 인정하고 고객 불만 수용시스템을 통한 즉각적인 서비스 회복 행동을 실행하는 단계이지만 이에 대한 반응이 느리거나 정당한 보상이 이루어지지 못하는 경우 고객충성도와 고객만족도는 감소하게 된다.

서비스 실패 발생 후에 필요한 서비스 회복은 서비스 제공시점에서의 회복 단계에서 부족한 부분에 대한 추가적인 심리적·유형적 보상을 반영하는 시점으로 서비스 제공자 측면에서 볼 때 서비스 실패 후의 성공적인 회복이 요구된다.

서비스 회복의 유형으로는 크게 둘로 나누어 볼 수 있는데 첫 번째는 적극적 회복 노력으로 할인, 시정, 관리자나 직원의 관여, 시정 plus 알파, 교환, 사과, 환불 등이 있을 수 있으며, 두 번째 소극적 회복 노력으로는 고객이 주도하는 시정, 상점 신용의 제공, 불만족스러운 시정, 실패의 단기적 확대, 무전략이 있을 수 있다.

7) 서비스 회복 전략 성공 포인트

- 고객의 불만을 사전에 파악하라: 실패가 예상될 경우 적극적으로 불만 요인을 발굴하여 체계화하라.
  예) 레스토랑에서 오래 기다린 고객에 대한 추가 서비스와 정중한 사과
- 첫 대면은 신속하고 감성적으로 하라: 즉시 대응하고 이성적이기 보다는 감성적으로 고객을 대하라.
  예) 고객이 불만을 표현할 때는 경청하고 진심으로 사과한다.
- 접수된 불만은 공정하게 처리하라: 서비스 회복의 공정성은 만족도에 직접적 영향을 미친다.
  예) 과정의 공정성, 결과에 대한 공정성, 대응상의 공정성
- 차별화된 불만관리를 실시하라: 집단별로 차별화하여 내부 자원의 효율성, 서비스 회복의 효과성을 높인다.
  예) 정확한 고객분류가 우선되어야 한다. 정상고객을 불량고객으로 오인해서는 곤란하다.
- 고객불만을 혁신의 단초로 삼아라: 고객불만을 체계적으로 분석하여 기획, 설계, 생산의 혁신에 활용하라.
  예) 3M의 혁신적 상품 2/3 이상이 고객불평을 기초로 만들어진다.

자료: 감덕식(2003.12.24), 서비스 회복전략 성공 포인트 5.

8. 고객만족도 조사

고객만족의 성과를 재는 잣대로서 고객들의 객관적 평가를 통해서 고객들의 기대와 욕구 및 자사와 경쟁사 간의 위치를 정확하게 파악하려는 조사를 고객만족도 조사라고 한다. 고객만족도 조사를 통해서 고객이 평가하는 외식업체의 현 만족도 수준과 문제점을 파악하여 이를 해결하고 고객의 만족도를 높이는 것은 많은 효과를 가지고 온다.

고객만족도 조사의 효과로는 우선 고객의 만족도가 낮은 요소들을 수정해서 고객의 감소를 미리 방지하는 것이 있다. 고객 감소의 근본적인 원인은 고객이 만족하지 못하기 때문이다. 기업들은 1년에 평균 10~30%의 고객을 잃어버리지만 어떤 고객들이 언제, 왜 떠나며 그로 인한 회사의 손실에는 얼마의 영향이 있는지 모른다. 그러나 고객만족도 조사를 통해서 고객의 만족도가 낮은 요소들을 미리 파악하고 이를 사전에 수정한다면 고객의 감소로 인한 여러 부작용을 미리 막을 수 있는 것이다. 고객의 만족도를 관리하게 되면 고객 감소로 인해 새로운 고객 유치를 위한 비용이 감축되어 기업의 이윤은 자연히 올라간다. 또한 기존고객의 유지도 이익이 발생하게 되므로 고객의 생애가치 개념을 적용하여 고객의 만족도를 관리할 필요가 있다. 고객만족도의 관리를 위

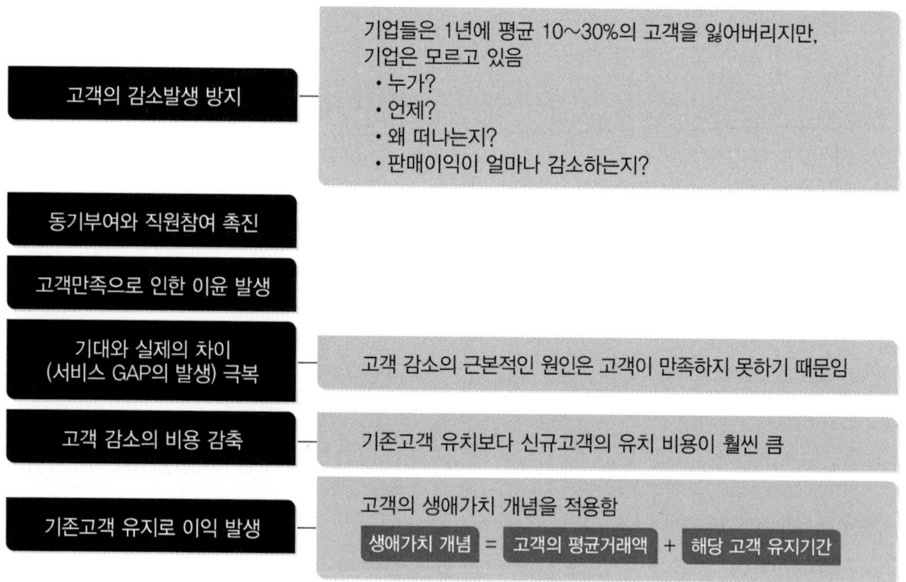

그림 4-11 고객만족도 조사의 효과

해서는 외식업체에서는 특히 인적 요소, 즉 직원이 중요하다. 따라서 직원이 일하기 좋은 환경을 만들어 직원 참여를 촉진시키고 동기부여를 위한 전략을 모색하는 것이 필요하다.

요 약

1. 파라슈라만 등에 따르면, 서비스 품질은 "서비스의 우수성에 관련된 고객의 전반적인 판단 또는 태도"를 말하며, 이것은 "기대된 서비스(expected service)와 지각된 서비스(perceived service) 간의 비교, 평가"로 측정된다. 미국의 서비스 품질 석학인 칼 알브레이트는 서비스 품질을 "계약에 의한 제공하고자 하는 서비스와 제공된 서비스 가치와의 차이"라고 하였으며, 루이스 등은 "제공되는 서비스가 고객의 기대와 얼마나 일치하는가의 척도"라고 정의하고 있다. 따라서 공통적인 서비스 품질의 개념은 "고객의 서비스에 대한 기대와 실제 제공된 서비스의 차이"로 정리할 수 있다.
2. 서비스 품질을 측정하기 위해서는 서비스 품질에 대한 정의와 그 결정요소에 대한 확정이 필요한데, 현실적으로 쉬운 일이 아니다. 그럼에도 불구하고 기업은 서비스 품질을 측정하기 위해 노력하는데, 그 이유는 측정이 없이는 개선이 불가능하기 때문이다. 서비스 품질 방법으로 가장 일반화된 모형은 파라슈라만 등이 개발한 SERVQUAL이며, 이는 고객의 서비스 기대와 서비스 지각의 차이를 측정하는 다문항 척도를 사용한다.
3. 서비스 보장은 제품을 수리, 교환해 주는 제품보증과 달리 불만족한 고객에게 무조건적으로 환불 또는 무료 서비스를 제공해 주는 개념이다. 서비스 품질을 높이기 위한 최선의 수단이며, 고객충성도 상승, 높은 투자 효율성, 타 서비스기업과의 차별화 수단으로서 인정받고 있다.

4. 서비스의 실패로 인하여 불만족한 고객이라도 즉시 불만 내용을 해결함으로써 서비스 회복이 이루어지는 경우 오히려 처음부터 만족한 고객보다 더 높은 만족도를 얻을 수 있다. 이러한 현상을 서비스 패러독스(service paradox)라고 한다. 따라서 서비스기업은 서비스 실패를 전화위복의 기회로 삼기 위한 서비스 회복 전략을 준비하고 충실히 이행하는 노력이 필요하다.
5. 고객만족도 관리는 기존고객의 유지이익과 신규고객 유치비용이 감소하는 효과가 있다. 따라서 고객의 생애가치 개념을 적용하여 고객만족도를 관리해야 한다.

연습문제

1. 서비스 품질 측정방법의 종류와 내용에 대해서 정리를 하고 각각의 특징을 설명해 보기 바랍니다.

2. 서비스 품질 지수의 종류와 각각의 내용에 대해 설명해 보기 바랍니다.

3. 업계에서 제일 번창했다고 생각한 성공업체에 대해 벤치마킹 순서에 따라 벤치마킹을 하고 그 내용을 정리해 보기 바랍니다.

4. 서비스 회복의 중요성을 설명하고, 귀하의 서비스 회복 전략은 무엇인지 설명해 보기 바랍니다.

5. 최근에 경험한 서비스 사례를 상기해 보기 바랍니다. 외식업체에서 경험한 최상의 서비스를 정리해 봅시다. 이어서 최악의 서비스도 적어 봅시다. 최상의 서비스와 최악의 서비스를 서비스 품질관리 측면에서 분석하고 시사점을 도출해 보기 바랍니다.

01 다음 중 서비스 품질의 개념으로 가장 적합한 것은?

① 제조업에서의 품질과 동일한 개념이다.
② 고객의 서비스에 대한 기대와 실제 제공받은 서비스와의 차이이다.
③ 고객에 대한 친절함이 서비스 품질에서 가장 중요하다.
④ 서비스 품질은 눈에 보이는 것이 아니므로 측정이 불가능하다.

02 다음 중 서비스 품질의 측정방법으로 적합하지 않는 것은?

① 서브퀄(SERVQUAL)
② 다인서브(DINESERV)
③ 현장 서비스 조사(WtA: work-through audit)
④ 미스터리 쇼핑(mystery shopping)
⑤ 브레인스토밍(brainstorming)

03 서비스 보장(service guarantees)에 대한 설명으로 적합하지 않은 것은?

① 서비스 품질을 높이기 위한 수단의 하나이다.
② 제조기업에서 제품을 수리, 교환해 주는 제품 보증과 동일한 개념이다.
③ 불만족한 고객에게 환불, 할인 또는 무료 서비스를 제공하는 것이다.
④ 고객충성도를 높이고 투자 비용대비 수익이 더 큰 것으로 알려져 있다.
⑤ 다른 서비스기업과의 차별화 수단이다.

04 서비스 회복(service recovery)에 대한 설명으로 적합하지 않은 것은?

① 서비스 실패로 인한 고객이탈을 최소화하기 위한 최후의 수단이다.
② 서비스의 특성상 서비스 실패는 필연적이므로 서비스 회복은 서비스 품질관리 수단으로서 매우 중요하다.
③ 처음부터 만족한 고객보다 불만고객이 서비스 회복에 의해 만족한 경우 전체적인 만족도가 더 높다.
④ 서비스에 실패하여 불만족한 고객은 서비스 회복을 통해 재구매를 유도할 수 없다.

05 다음 중 서비스 품질에 대한 설명으로 적합하지 않은 것은?

① 서비스 품질의 평가는 주로 서비스 전달과정에서 이루어진다.
② 소비자들은 결정적 순간(MOT)에 서비스 품질을 지각한다.
③ 서비스 품질에 대한 만족은 제공된 서비스의 인식보다 제공받기 전의 기대가 더 큰 경우 발생된다.
④ 서비스 품질이 중요한 이유는 고객만족을 통해 고객행동에 영향을 미치기 때문이다.

06 다음 중 서비스 품질 차원에 해당되지 않은 것은?

① 신뢰성: 약속한 서비스를 정확하게 수행하는 능력

② 대응성: 신속한 서비스를 제공하겠다는 의지

③ 확신성: 확신을 주는 직원의 자세, 지식, 태도

④ 공감성: 고객에 대한 배려와 관심을 보이는 자세

⑤ 무형성: 서비스 제공자의 마음을 나타내는 증거

07 서비스 품질의 측정방법으로서 벤치마킹에 대한 설명으로 잘못된 것은?

① 서비스 품질을 업계 최고로 알려진 타사와 비교 측정하는 방법이다.

② 단순한 측정을 넘어 실제 최고 업체를 방문하여 경영비결을 배우는 절차를 포함한다.

③ 벤치마킹 대상 기업의 내부까지도 정확히 알 수 없으므로 외형적 관찰만으로도 충분하다.

④ 벤치마킹은 벤치마크 대상을 결정하는 것으로부터 시작하여 벤치마킹 팀의 구성, 벤치마킹 파트너 확정, 벤치마킹 정보의 수집과 분석, 실행의 5단계를 거친다.

08 하트가 주장하는 서비스 보장의 특징이 아닌 것은?

① 서비스 보장은 예외 없이 무조건적이어야 한다.

② 고객들이 쉽고 정확하게 이해할 수 있도록 보장책을 마련한다.

③ 보장내용이 고객에게 서비스뿐만 아니라 재무적으로도 의미가 있어야 한다.

④ 최소한의 서식 등을 갖추어서 아무나 서비스 보장을 요구하는 것을 예방해야 한다.

⑤ 보상은 현장에서 즉시 이루어져야 한다.

EXPLAIN
해 설

01 (답) ②

(해설) 파라슈라만 등에 따르면 서비스 품질은 "서비스의 우수성에 관련된 고객의 전반적인 판단 또는 태도"를 말하며, 이것은 "기대된 서비스(expected service)와 지각된 서비스(perceived service) 간의 비교·평가"로 측정된다.

미국의 서비스 품질 석학인 칼 알브레이트는 서비스 품질을 "계약에 의한 제공하고자 하는 서비스와 제공된 서비스 가치와의 차이"라고 하였으며, 루이스 등은 "인도되는 서비스가 고객의 기대와 얼마나 일치하는가의 척도"라고 정의하고 있다.

따라서 공통적인 서비스 품질의 개념은 '고객의 서비스에 대한 기대와 실제 제공된 서비스의 차이'로 정리할 수 있다.

02 (답) ⑤

(해설) 브레인스토밍은 일종의 아이디어 창출기법이다. 통상 10명 내외의 인원으로 '일정한 테마에 관하여 회의 형식을 채택하고, 구성원의 자유발언을 통한 아이디어의 제시를 요구하여 발상을 찾아내는 방법'이다.

03 (답) ②

(해설) 서비스 보장은 제품을 수리, 교환해 주는 제품보증과 달리 불만족한 고객에게 무조건적으로 환불 또는 무료 서비스를 제공해 주는 개념이다. 서비스 품질을 높이기 위한 최선의 수단이며, 고객충성도 상승, 높은 투자 효율성, 타 서비스기업과의 차별화 수단으로서 인정받고 있다.

04 (답) ④

(해설) 서비스의 실패로 인하여 불만족한 고객이라도 즉시 불만 내용을 해결함으로써 서비스 회복이 이루어지는 경우 오히려 처음부터 만족한 고객보다 더 높은 만족도를 얻을 수 있다. 이러한 현상을 서비스 패러독스(service paradox)라고 한다. 따라서 서비스기업은 서비스 실패를 전화위복의 기회로 삼기위한 서비스 회복 전략을 준비하고 충실히 이행하는 노력이 필요하다.

05 (답) ③

(해설) 고객만족은 기대한 서비스보다 제공받은 서비스 인식이 더 큰 경우 얻게 되는 심리적 상태이다. 즉 '기대 서비스＜제공 받은 서비스 인식 = 만족'의 등식이 성립한다.

06 (답) ⑤

(해설) 서비스 품질의 차원은 신뢰성, 대응성, 확신성, 공감성, 유형성(시설, 장비, 인력 등 물리적 환경의 상태로서의 유형적 증거)

07 (답) ③

(해설) 벤치마킹을 제대로 수행하기 위해서는 벤치마크가 될 기업의 내부에 직접 들어가봐야 한다. 좋든 싫든 대상 기업의 정보가 있어야 벤치마킹 활동이 가능하기 때문이다. 따라서 외형적인 현상만으로 벤치마킹을 하는 것은 핵심을 놓치는 실수를 할 수 있다.

08 (답) ④

(해설) 서비스 보장은 복잡한 서식 등이 없이 쉽게 요구할 수 있어야 한다.

CHAPTER 5

서비스 프로세스

학습 목표

1_ 서비스 프로세스의 개념을 확인하고 중요성을 설명할 수 있다.

2_ 서비스 프로세스의 분류 및 설계방법을 설명할 수 있다.

3_ 서비스 프로세스에 고객참여의 중요성과 서비스 프로세스 관리기법을 설명할 수 있다.

4_ 서비스 프로세스의 개선을 위한 요인분석도, 청사진 기법, 고객경험지도를 작성하고 설명할 수 있다.

서비스를 디자인하라

서비스란 무엇인가? 이미 앞에서 다양한 정의를 접하고 공부하였지만 여전히 대답이 쉽게 나오지 않을 것이다. 서비스는 "물리적 형태가 없는 인간의 노하우, 경험, 전문적 지식을 통해 타인으로부터 보수를 받기 위해 제공하는 활동"이다. 보수는 금전적인 것뿐만 아니라 정신적인 것도 포함한다.

보통 서비스는 유형의 제품을 판매하는 데 보조적인 역할을 한다. 그래서 자칫 중요성이 과소평가될 소지가 많다. 그런데 이상하게도 경제가 발전할수록 유형의 제품에 비하여 무형의 서비스가 더 크게 발전하고 있으며, 그 중요성도 커지고 있다. "서비스산업이란 없다. 모든 산업은 서비스 부문이 많은가 적은가의 차이만 있을 뿐이다. 우리는 모두 서비스 세상에 살고 있다"라는 하버드 대학의 레빗 교수의 말에서 이런 현상을 쉽게 이해할 수 있다.

국가 경제가 선진화될수록 서비스가 산업부문에서 차지하는 비중과 가치가 커지면서 서비스에 대한 관심이 증대되고 있다. 하지만 서비스는 '무형성, 비분리성, 소멸성, 이질성'이라는 특징 때문에 개념을 정의하기도 관리하기도 어려운 대상이다. 서비스를 개발하고 관리하기 위한 수단으로 서비스 디자인이라는 개념의 출현은 1982년 유럽마케팅저널에 게재된 쇼스탁(Shostack)의 〈서비스를 디자인 하는 방법〉이란 논문이 시초이다.

이때부터 서비스도 디자인의 대상이 되었다. 물론 여기서 말하는 '디자인'은 우리가 일반적으로 알고 있는 조형 위주의 디자인과 아무런 관련이 없다. 서비스 디자인은 "서비스 개발을 위한 프로세스에 가치를 부여하는 행위"를 의미한다. 뉴욕 시티은행의 마케팅 디렉터이자 부사장이었던 쇼스탁은 "서비스가 하나의 프로세스로서 특정 요소들, 연결고리, 업무흐름표, PERT 등과 같은 도구를 이용해 나타난 증거로 이루어진 분자 시스템으로 설명할 수 있다"고 강조했다.

'디자인'과 '계획'이라는 단어를 결합하여 '서비스 디자인'이란 용어를 만들어낸 쇼스탁은 형체가 없는 서비스를 모형화하고 시험이 가능하며, 복제가 가능한 시스템의 개념으로 발전시켰다. 이어서 그녀는 서비스 디자인은 "서비스 전달에 필요한 과정의 세부적인 계획으로 시작되어야 한다"고 권고하였다. 이는 서비스가 마치 건축도면과 같이 설계를 통하여 계획되어야 한다는 것을 의미한다.

서비스기업이 서비스 디자인을 활용함으로써 얻을 수 있는 가치를 정리하면 다음과 같다.

① 서비스 내의 결함을 미리 찾아내서 실패 가능성을 예방할 수 있다.

② 전체 시스템에 대한 모델을 만들어 복제가 쉬워지므로 규모의 경제를 달성케 한다.

③ 주변 환경, 서비스 방식, 물리적 증거와 같은 시각적 도구들이 서비스의 변형을 방지한다.

④ 복잡한 서비스 시스템을 관리할 수 있도록 적절한 도구를 제공한다.

⑤ 사용자의 기대치를 충족시켜서 만족도를 높이고 지속적인 고객관계 수립에 기여한다.

자료: 제니아 발라데스(2011), 서비스 디자인하라.

제조기업에 '생산관리'가 있듯이 서비스기업에는 '프로세스 관리'가 필요하다. 다만 생산관리가 유형적인 제품을 대상으로 하고 고객의 참여가 거의 이루어지지 않는다면, 서비스 프로세스(service process) 관리는 무형의 서비스를 대상으로 하면서 고객이 직접 참여한다는 점에서 커다란 차이가 있다. 그래서 서비스 프로세스 관리는 생산관리에 비하여 막연하고 추상적인 면이 더 크기 때문에 관리상 어려움이 따른다. 그러나 여러 차이점에도 불구하고 생산관리의 목표와 프로세스 관리 목표는 '고객만족'에 있다. 따라서 생산관리가 과학적이고 효율적인 수단을 통하여 제품의 목표품질을 달성하려는 것과 같이 프로세스 관리 역시 더 높은 서비스 품질의 달성을 위해서 대기관리, MOT관리, 서비스 청사진 기법이나 피시본 다이어그램과 같은 효과적이고 합리적인 수단 등을 개발하여 활용할 필요가 있다.

1. 서비스 프로세스의 개념

서비스 프로세스란 '서비스가 전달되는 과정'을 의미한다. 구체적으로 서비스가 전달되는 절차나 구조 또는 활동들의 흐름(flow)이며, 고객에게 제공되는 서비스는 택배나 전자제품의 수리 등과 같이 일정한 결과물이 있는 경우도 있지만 대부분의 서비스는 일련의 과정(process)이며 흐름의 형태로 전달된다. 따라서 서비스 프로세스는 서비스 상품 자체를 의미하기도 하지만 서비스 전달과정인 유통의 성격을 내포한다. 그리고 그것은 실무에서나 학문적으로 '서비스 프로세스' 또는 '서비스 전달 시스템' 등으로 부른다.

서비스 프로세스(service process)

서비스가 전달되는 과정을 의미한다.
구체적으로 서비스가 전달되는 절차나 구조 또는 활동들의 흐름(flow)이다.

그림 5-1 서비스 프로세스의 정의

서비스는 동시성과 비분리성이라는 고유의 특성 때문에 고객과 분리하여 생각할 수 없다. 서비스를 구매하는 고객은 단순히 수혜자의 입장을 넘어서서 서비스 프로세스에 직접 참여하는 것이 일반적이다. 이러한 이유 때문에 서비스 생산의 흐름은 제품 마케팅에서보다 더 중요하다. 자동차를 구매하는 고객은 자동차가 만들어지는 과정에 대하여 특별한 관심을 두지 않지만 음식점에서 식사를 하려는 고객은 다르다. 그들은 음식점에 도착하여 자리에 앉아 안락한 분위기를 즐기며, 주문을 하고, 음식을 받고, 식사를 하는 과정과 거기서 얻는 경험을 더 중요하게 생각한다. 음식점에서 고객이 경험하는 많은 단계와 서비스 제공자의 처리 능력은 고객의 눈에 가시적으로 나타난다. 그러므로 이것들은 서비스의 품질을 결정하는 데 큰 영향을 주게 되어 구매 후 고객만족과 재구매 의사에 결정적인 영향을 미친다.

이와 같은 서비스 프로세스의 중요성 때문에 서비스기업의 경영자와 관리자는 프로세스의 계획, 실행, 통제에 심혈을 기울여야 한다.

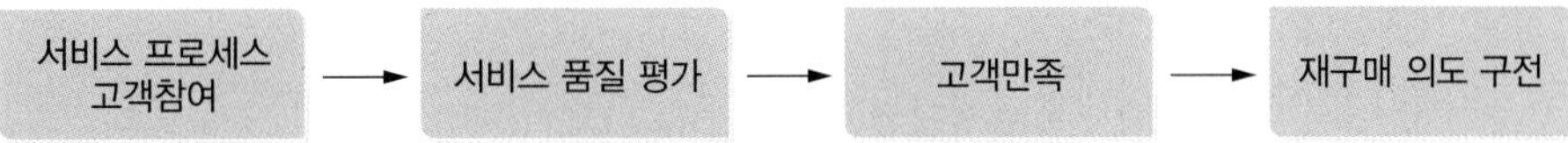

그림 5-2 서비스 프로세스의 중요성

2. 서비스 프로세스의 설계

서비스 프로세스를 설계하기 위해서는 ① 서비스 프로세스의 분류, ② 설계 시 고려사항, ③ 설계과정을 이해할 필요가 있다. 가장 먼저 서비스 프로세스의 분류에 대하여 살펴보자.

1) 서비스 프로세스의 분류

외식업체에서는 콘셉트의 기획과정에서 표준화된 서비스를 제공하는 것이 좋을지, 아니면 개인화된 서비스를 제공하는 것이 유리할지 결정해야 한다. 외식업체에서의 서비스 프로세스와 서비스 처리 능력은 고객이 외식업체의 서비스 품질을 평가하는 데 큰 영향을 미친다. 따라서 서비스의 일관성과 품질을 향상시키기 위한 서비스 프로세스의 표준화는 물론이고, 서비스 프로세스의 개인화는 외식업체에서 수행해야 하는 필수적인 노력이다. 다만, 표준화란 개념은 주로 제품의 생산과정에서 많이 사용되는 것으로 과연 서비스에서도 표준화가 가능한 것인지에 대한 의문이 들 수 있다. 서비스의 표준화가 불가능하다는 견해는 결과적으로 서비스는 과학적인 측정과 피드백이 어렵다는

표 5-1 서비스 프로세스의 핵심과제

구분	표준화	개인화
특징	모든 고객에게 동일한 프로세스의 서비스를 제공하는 것으로 주로 제품의 생산과정에서 많이 활용되고 대량생산에 유용함	고객의 취향에 따라 각기 차별적인 서비스를 제공하는 것으로 직원에게 많은 권한이 위임되어야 가능함
	서비스는 과학적인 측정과 피드백이 어렵다는 인식이 표준화를 가로막기도 함.	많은 유연성과 판단력이 요구되므로 서비스 제공자의 능력수준이 높아야 함
기업 유형	공공서비스, 극장, 패스트푸드, 택배서비스, 철도 및 고속버스 회사 등	법률, 회계, 이벤트, 컨설팅, 호텔, 병원, 백화점, 공항, 풀서비스 레스토랑 등

인식에 기초한다.

많은 서비스 프로세스는 체계적인 규칙과 기준에 의하여 표준화가 가능하다. 예를 들어, 패스트푸드 또는 테이크아웃 전문점에서는 저렴한 가격으로 최소한의 서비스만을 제공하는 표준화된 프로세스를 제공하는 데 목표를 둔다. 또한 '맥도날드'는 비교적 저렴한 가격으로 한정된 종류의 버거와 음료를 판매한다. 고객들은 직접 카운터에서 주문하고 계산한 후에 버거와 음료를 받아서 자신이 원하는 자리에서 음식을 먹고 식사가 끝나면 직접 쓰레기와 쟁반을 처리한다. '맥도날드'는 매우 표준화된 프로세스만을 제공하고 있는 것이다. 반면에 파인다이닝과 같이 풀서비스를 제공하는 외식업체에서는 높은 가격으로 개별화된 서비스로 차별화를 시도한다. 직원은 매우 친절하며 많은 권한을 위임받아 고객의 취향에 맞는 차별적인 서비스를 제공하도록 하는 프로세스를 가지고 있다. 호텔 내의 고급 레스토랑은 개인화된 서비스를 제공하는 대표적인 사례이다. 다만, 대부분의 외식업체에서 서비스 프로세스의 표준화와 개인화는 적절하게 혼합되어 있다. 표준화만을 고집하거나 개인화만을 추구하기보다는 최적의 효과와 효율성을 위하여 적절한 조화를 이루는 경우가 많다. 예를 들면 국내의 패밀리레스토랑은 표준화된 서비스를 기본으로 하면서도 개인화된 서비스를 가미하여 고객만족을 높이려는 노력을 하고 있음을 알 수 있다.

2) 서비스 프로세스 설계 시 고려사항

서비스 프로세스의 설계를 위하여 가장 먼저 표준화와 개인화를 결정하였다면, 각각의

표 5-2 서비스 프로세스 분류에 따른 고려사항

구분	표준화 서비스 프로세스	개인화 서비스 프로세스
설비 위치 및 배치	생산자 중심 배치	고객 중심 배치
디자인	규격화, 신속성 위주	다양화, 고객요구 위주
일정계획	완료시점 중시	과정 중시
생산계획	예측 생산	주문 생산
직원의 능력	기능적 측면 중시	커뮤니케이션 능력 중시
품질통제	표준화, 고정적	주관성, 변동적
시간표준	시간표준의 준수	시간표준이 엄격하지 않음

프로세스 설계 시 고려해야 할 사항을 확인한다. 표준화 서비스는 생산자 중심의 배치, 규격화, 신속성, 완료시점 중시, 예측 생산, 기능 중심, 고정적, 시간표준의 설정 등이 고려되어야 한다. 이에 반하여 개인화 서비스는 고객 중심 배치, 다양화, 과정 중시, 주문 생산, 커뮤니케이션 중시, 주관성, 변동성 등에 중심을 두고 서비스 프로세스를 설계한다.

3) 서비스 프로세스 설계과정

서비스 프로세스의 분류가 확정되고 해당 분류에 따른 고려사항을 충분히 검토하였다면, 실질적인 서비스 프로세스 설계과정에 따라 서비스 디자인 작업을 진행한다.

그림 5-3 서비스 프로세스의 설계과정

3. 서비스 프로세스의 고객참여

1) 고객참여의 중요성

외식업체의 서비스에서 고객은 서비스 프로세스에 직접 참여하는 내부 요인에 해당된다. 많은 서비스기업이 제조업과 같은 형태로 서비스 생산구조로 인식하고 있어서 고객을 외부 요인으로 인식하기 쉽지만, 실제로 서비스기업의 고객은 생산구조 내에서 서비스 생산요소의 하나로 프로세스에 포함되어야 한다. 물론 프로세스에 고객이 참여하는 정도는 외식업체의 유형이나 콘셉트에 따라서 그 정도에 차이가 있다. 예를 들어, 패스트푸드 전문점은 고객이 직접 주문을 하고 주문한 메뉴가 전달되면 직접 자리로 가지고 가서 식사를 하며, 식사 후 잔여물을 직접 치우는 일까지 고객이 수행하게 된다. 다른 외식업체에 비하여 노동의 측면에서 많은 참여를 하는 편이지만 복잡하지 않은 단순한 참여가 주를 이룬다. 이와는 달리 고객의 참여 노력이 좀 더 부가되어야만 서비스가 효과적으로 생산, 전달되는 경우도 있다.

패밀리레스토랑이나 풀코스(full-course)의 고급 음식점에서의 식사과정은 좀 더 높은 고객의 참여가 이루어진다. 좀 더 다양한 종류의 메뉴를 선택해야 하고 선택된 메뉴를 위한 소스와 고기의 굽는 정도도 고객이 직접 선택해야 한다. 패스트푸드 음식점에 비하여 노동 참여도는 낮지만 정신적으로 생산활동에 참여하는 정도가 높아짐으로써 결과적으로 서비스 품질관리에 미치는 영향, 고객의 관여도, 애착도 커진다.

서비스에 직접 참여하는 고객 이외에 직접 서비스에 참여하지 않는 다른 고객에 의해서도 서비스의 결과나 과정은 영향을 받게 된다. 예를 들면, 외식업체의 방문자가 많은 경우 장시간 대기해야 하는 고객은 서비스에 부정적인 이미지를 가질 수 있다. 어린이 고객의 시끄러운 행동, 담배를 피우는 다른 테이블의 고객으로 인한 호흡곤란 등은 서비스 경험에 부정적인 작용을 하게 된다. 반면에 고급 음식점에서 세련된 매너와 조용한 식사 분위기를 만드는 기존의 고객이 다른 고객에게 긍정적인 영향을 주기도 한다. 고객은 환상적인 서비스 환경에 직접 참여하는 것에 자부심을 가지게 되어 충성도가 높아진다.

2) 서비스 프로세스에서 고객의 역할

외식업체의 서비스 프로세스에서 고객은 임시직원, 정규직원, 정보와 노하우 제공자, 혁신자와 같은 네 가지의 역할을 한다. 세부적인 내용을 차례로 살펴보자.

첫째, 외식업체의 고객은 서비스 프로세스의 참여 정도에 따라 임시직원의 역할을 한다. 이것은 외식업체 구성원의 범위를 고객까지 확장한 경우로서 고객은 직원과 같이 서비스 프로세스에서 적극적인 역할을 수행하기 때문에 임시직원처럼 인식할 필요가 있다. 다만, 고객은 외식업체의 직원처럼 직접적인 교육과 관리가 불가능하기 때문에 참여에 따른 결과의 불확실성이 매우 크다. 따라서 이러한 불확실성을 충분히 고려한 고객의 프로세스 참여를 설계해야 고객은 부담을 느끼지 않으면서 서비스의 품질을 높이는 쪽으로 자연스럽게 행동한다.

둘째, 외식업체의 서비스 프로세스에서 고객은 최상의 능력을 발휘하는 정규직원으로서의 역할을 한다. 이는 서비스기업이 고객에게 최적의 역할을 부여하는 경우 고객은 스스로 자신의 역할을 매우 효과적이고 효율적으로 수행한다. 예를 들어, 음료를 셀프로 이용하는 경우 가격을 차별화한 음식점에서 고객들은 저렴한 가격의 셀프서비스를 선택하여 자신이 원하는 종류의 음료를 마음껏 즐기게 됨으로써 음식점은 직원의 수를 줄여서 경비를 절감하면서도 고객만족도는 높이는 결과를 얻는다. 외식업체는 고객을 자연스럽게 생산시스템 내로 유도함으로써 생산성을 높임과 동시에 고객의 외식업체에 대한 이해도와 만족도를 높이는 일석삼조의 효과를 얻을 수 있다.

셋째, 기업 중심의 서비스 환경이 고객 중심으로 이동하면서 고객은 정보와 노하우의 제공자가 될 수 있다. 정보통신의 발전에 따라 주로 기업이 독점하던 정보를 고객이 공유하게 되면서 고객은 스스로 자신의 소비경험을 설계하고 실행하며, 개인화된 상호작용을 통하여 스스로 가치를 창출해 나가고 있다. 따라서 외식업체는 이와 같은 고객의 특성을 고려하여 서비스 프로세스의 적절한 조정은 물론이고 고객이 직접 서비스 접점을 가장 효율적이고 효과적으로 활용할 수 있도록 개선하려는 노력이 필요하다. 예를 들어, 최근에 스파게티 전문점이나 카레 전문점에서 주재료의 양과 부재료의 종류를 고객들이 직접 선택함으로써 가격과 중량, 내용물 등을 고객의 취향에 맞게 설계하도록 프로세스를 개선하는 사례가 증가하고 있다.

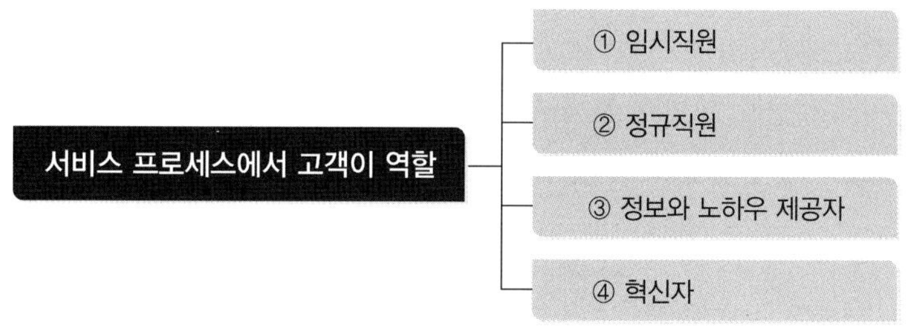

그림 5-4 서비스 프로세스에서의 고객의 역할

넷째, 고객은 외식업체의 혁신자로서의 역할을 수행한다. 즉, 고객이 새로운 상품과 서비스의 개발에 직접 나서는 것이다. 적극적인 고객들은 선도자의 형태로 기업의 혁신 프로세스에 참여하고 있는데, 이들은 시장에 있는 어느 고객보다도 먼저 서비스의 문제점과 해결안에 관심을 가짐으로써 다른 고객에게도 커다란 혜택을 제공한다. 이에 외식업체들 역시 고객에게 새로운 환경과 설계를 할 수 있도록 제작도구를 공급하려고 노력한다. '본죽'은 2010년부터 고객이 제안한 메뉴를 판매하는 '고객 아이디어 공모전'을 실시하고 있다. 올해로 5회째 맞이하는 이 공모전은 고객이 제안한 메뉴를 실제 메뉴로 개발해 판매하는 등 고객의 아이디어를 적극 반영해 큰 호응을 얻고 있으며, '본죽'의 인기메뉴인 '불낙죽', '신짬뽕죽' 등을 탄생시켰다. 메뉴 제안자들은 간접적으로 회사경영에 참여한다는 점에서 매우 매력적이라는 반응을 보이고 있고, 제안된 메뉴 또한 고객들로부터 높은 호응을 얻고 있다.

그림 5-5 '본죽'의 아이디어 공모전 포스터

3) 셀프서비스

외식업체 입장에서 서비스 프로세스를 설계할 때 가장 바람직한 모델은 고객들이 외식업체가 제공한 시스템이나 장치들을 직접 이용함으로써 스스로 특정한 서비스 활동을 수행하는 것이다. 이런 모델은 외식업체 직원의 업무를 고객들이 자신의 시간과 노력을 들여 직접 해주기 때문에 외식업체의 입장에서는 인건비 절감이라는 커다란 혜택을 얻게 된다. 외식산업의 가장 큰 문제점으로 대두되는 내용이 바로 과중한 인건비임을 고려할 때, 외식업체에서의 셀프서비스 확대와 적극적인 이용이 시급한 현안이다.

셀프서비스의 도입은 경제적 합리성에 기반을 두고 있다. 고객의 입장에서 기업의 직원들이 수행해야 할 프로세스를 떠안아야 하는 불합리성이 있지만 고객은 저렴하게 구입하는 혜택을 누리기 때문에 기꺼이 불합리성을 받아들인다. 다만 외식업체 입장에서 서비스 프로세스의 고객참여로 인건비 등의 비용절감 효과가 클 수 있지만, 프로세스의 설계와 관리에 오히려 더 큰 비용이 소요되거나 고객만족이 감소하여 기업의 수익성에 부정적인 영향을 미칠 수 있다. 따라서 고객 불합리성과 인적자원의 불합리성 또는 이의 적절한 조합 중 어떤 프로세스 설계가 가장 이상적인지를 판단하고 선택하는 것이 중요하다.

4) 고객참여 증대를 위한 전제조건

외식업체의 서비스 프로세스에서 고객의 참여를 증대시키기 위해서는 ① 고객이 수행해야 할 과업의 정의, ② 적절한 고객의 유치, ③ 고객에 대한 교육, ④ 참여에 따른 보상, ⑤ 고객 믹스 관리와 같은 노력이 요구된다. 한 가지씩 차례로 살펴보기로 한다.

첫째, 외식업체는 업종, 업태 및 콘셉트에 따라서 서비스의 유형이 다르다. 이러한 차이로 인하여 고객이 서비스과정에 참여하는 수준도 다르기 때문에 고객이 수행해야 할 과업 수준을 설정하는 것은 매우 중요하다. 다만, 여기서 주의해야 할 내용은 고객이 수행해야 할 과업을 결정할 때 모든 고객들이 참여를 원하지 않는다는 점을 기억해야 한다. 예를 들어, 일본의 패밀리레스토랑에서는 음료를 저렴한 가격에 마음껏 먹기를 원하는 고객을 위하여 셀프서비스로 저가에 제공하는 반면, 직원의 서비스를 원하는 고객에게는 좀 더 높은 가격을 책정함으로써 고객의 과업을 정의함에 있어 고객의 결정권을 존중하고 있다.

둘째, 외식업체에서 고객참여를 증대시키기 위해서는 외식업체에서 설정한 서비스 수준에 적합한 고객을 유치하려는 노력이 필요하다. 외식업체는 자신이 제공하는 서비스의 내용을 명확하게 광고 또는 홍보함으로써 고객의 기대를 관리해야 한다. 예를 들어, 높은 가격이라도 풀서비스를 예상하고 방문한 고객에게 저렴한 가격의 셀프서비스는

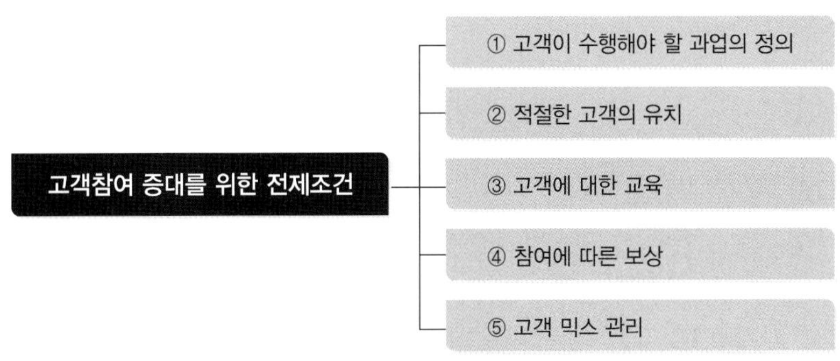

그림 5-6 고객참여 증대를 위한 전제조건

오히려 전반적인 서비스 품질과 관계없이 낮은 고객만족도를 초래함으로써 부정적인 구전의 원인이 될 수 있다.

셋째, 고객의 참여를 증대시키기 위해서는 적절한 교육이 선행되어야 한다. 고객은 자신들의 역할을 효과적으로 수행하기 위하여 교육이 필요할 수도 있다. 뷔페음식점에서 고객들에게 음식점을 이용하는 방법을 간략하게 설명하는 것이 그러한 예이다. TARP 연구소의 조사에 따르면, 고객의 불만 원인 중 1/3은 고객 자신 때문에 일어나는 문제라고 한다. 다국적 음식을 취급하는 음식점이 확산되면서 외국음식을 어떻게 먹어야 할지 고민하는 소비자에게 적절한 식사방법을 사전에 알리려는 노력은 고객만족에 커다란 영향을 미칠 수 있다.

넷째, 외식업체에서는 서비스에 대한 고객의 공헌도에 따라 적절한 보상을 제공할 필요가 있다. 그것이 금전적이든, 시간적이든 아니면 심리적이든 서비스 프로세스에 적극적으로 참여한 고객을 위한 보상은 동기유발 요인으로 작용함과 동시에 고객의 더욱 적극적인 참여를 유도하게 된다. 예를 들면, 음식점을 방문하기 전에 예약하는 고객을 위한 할인제도나 음식점의 홈페이지, 블로그, 카페 등을 통하여 이용후기를 올린 고객에게 경품을 제공하는 활동 등은 효과적인 보상에 해당된다.

다섯째, 외식업체에서는 고객 믹스 관리를 해야 한다. 일반적으로 고객은 다른 고객에 의하여 영향을 받는다. 예를 들어, 조용히 식사를 하고 싶어 하는 연인이나 비즈니스맨은 시끄럽게 떠드는 어린이를 동반한 가족고객과 격리해야 한다. 이와 같이 다양하고 때로는 모순되는 세분시장을 관리하는 전략을 '고객 적합성 관리'라고 한다. 이러한 전략을 위해서는 다양한 방법이 사용된다. 예를 들어, 고급 음식점에서 예약을 하지 않은 고객이나 정해진 드레스 코드를 지키지 않은 경우 입장시키지 않는 것은 고객을 선별 수용하는 대표적인 사례이다.

4. 구매과정 관리

서비스 프로세스의 구매과정 관리는 크게 세 부분으로 나누어 볼 수 있다. 구매가 시작되기 전 과정에 해당되는 관리가 첫 번째이고, MOT관리, 즉 구매과정에서의 고객접점 관리가 두 번째, 구매과정이 마무리된 후의 잘못된 결과에 대한 원인을 찾아서 문

그림 5-7 구매과정 관리

제를 해결하는 단계가 세 번째 단계이다. 본 절에서는 이러한 세 가지 단계를 관리하는 수단으로써 '대기관리, MOT관리, 피시본 다이어그램'중심으로 한 구매후 관리를 살펴 본다.

1) 대기관리의 개념과 기본원칙

구매 전 프로세스 관리의 핵심은 대기관리이다. 외식업체의 대기란 고객에게 음식이 제공되기까지 기다리는 시간을 의미한다. 서비스의 특성인 소멸성과 비분리성 때문에 고객들은 서비스를 받기 위하여 종종 많은 시간을 기다려야 한다. 이와 같은 대기가 발생하는 원인은 서비스를 받으려는 소비자(서비스 수요)는 많은 반면, 서비스를 제공하는 시설(서비스 공급)은 제한되어 있기 때문이다.

이러한 상황에서 고객은 줄을 서서 기다리는 대기상황에 직면한다. 대기는 불가피하게 발생하는 상황이지만 모든 고객이 이러한 상황을 이해하고 긍정적으로 받아들이지는 않는다. 대부분의 고객은 이러한 대기상황을 매우 부정적인 경험으로 인식하게 된다. 따라서 고객이 서비스를 받기 위하여 기다리는 대기시간을 효과적으로 관리하는 것은 고객만족과 재구매 의도에 커다란 영향을 미친다. 이러한 상황에서 필요한 것이 바로 대기관리이다.

외식업체에서 대기관리를 위해서는 대기 수준의 파악이 선행되어야 한다. 일본의 외식업체에서는 항상 긴 대기행렬을 쉽게 볼 수 있는 반면에, 국내 외식업체에서의 대기행렬은 보기 드문 현상이다. 그것은 국민성의 문제일 수도 있지만 대기를 하면서까지 식사를 해야 할 만큼의 가치를 고객이 못 느끼기 때문일 수도 있다. 고객은 그 상황과 서비스의 유형에 따라서 같은 시간과 가치도 다르게 인식한다. 외식업체의 입장에서 가장 이상적인 상황은 대기를 만들지 않는 것이다. 하지만 서비스는 소멸성이 있고 공간의 제약이 있어서 고객만족도가 높은 외식업체의 경우 대기는 피할 수 없다. 따라서 이와 같은 대기는 결국 최선의 관리방안을 찾아서 효과적으로 대처하는 길밖에 없다.

마이스터(David Maister)의 대기관리 기본원칙

1. 무엇인가를 할 때보다 아무것도 하지 않을 때 더 길게 느껴진다.
고객들이 대기하는 시간을 지루하게 느끼지 않도록 편안한 좌석과 읽을거리나 간단한 차 등을 제공한다.

2. 구매가 시작되기 전의 대기가 더 길게 느껴진다.
미리 메뉴판이나 작성 양식 등을 제공하여 살펴보도록 하면 구매가 시작된 것으로 인식한다.

3. 근심이 있으면 더 길게 느껴진다.
고객이 대기하는 동안 즐거운 마음을 가질 수 있도록 대기장소의 분위기를 밝고 경쾌하게 꾸민다.

4. 언제 서비스를 받을지 모른 채 기다리면 더 길게 느껴진다.
얼마나 기다려야 하는지 고객에게 정확하게 알려주거나 대기표 등을 제공하여 서비스 받을 시간에 대한 예측이 가능하도록 해주는 것이 좋다.

5. 원인을 알 수 없는 대기는 더 길게 느껴진다.
이유나 근거를 정확히 밝히고 양해를 구하는 직원의 서비스 정신이 필요하다.

6. 불공정한 대기는 더 길게 느껴진다.
고객의 대기시간은 항상 누구에게나 평등하게 순서대로 지켜져야 한다. 최근에는 VIP 고객과 일반 고객의 대기장소가 서로 접촉을 할 수 없도록 격리한다.

7. 가치가 적을수록 대기는 더 길게 느껴진다.
서비스의 가치를 높여 고객의 대기시간에 대한 불만을 잠재우는 것도 하나의 방법이다. 가령, 맛집으로 소문난 음식점이나 제한된 사람들만 누릴 수 있는 서비스의 경우, 고객은 대기시간이 길더라도 불평 없이 기다리는 것을 볼 수 있다.

8. 혼자서 하는 대기는 더 길게 느껴진다.

대기관리는 크게 서비스 공급(생산)을 증가시키거나 고객의 인식을 조절하는 방법이 있다. 서비스 생산의 관리는 서비스 방법을 변화시켜서 실제적인 대기시간을 줄이는 것이고, 고객인식의 관리는 실제적인 대기시간을 줄이지 못하는 경우 인지적으로 대기 시간이 짧게 느끼게 하거나 즐겁게 기다릴 수 있도록 관리하는 것이다.

(1) 대기관리를 위한 서비스 공급 증대법

먼저 실제적인 대기시간을 줄이기 위한 프로세스 관리기법을 살펴보면 다음과 같다.

첫째, 고객에게 예약을 받아서 고객이 도착하자마자 서비스를 제공할 수 있도록 예약시스템을 이용한다. 예약을 활용할 때는 초과예약에 관한 정책을 미리 정하는 것이 중요하다. 실제 현장에서는 예약을 한 고객이 약속을 이행하지 않는 경우를 대비하여 초과예약을 받는 것이 보편화되어 있다. 음식점의 관리자는 과거의 예약 불이행율을 참고하여 초과예약을 받지만 경우에 따라서는 가용 능력 이상으로 예약

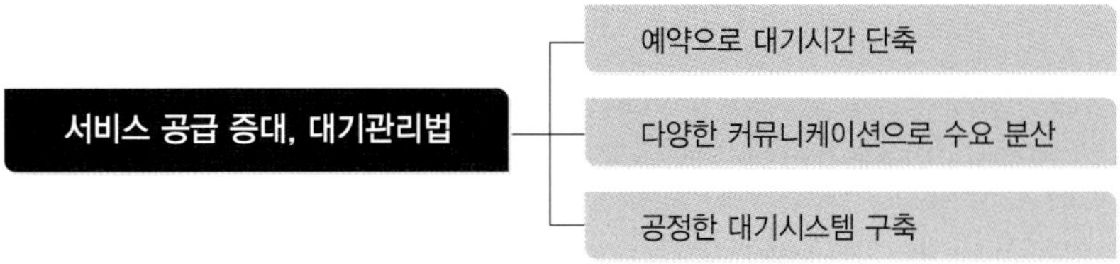

서비스 공급 증대, 대기관리법

예약으로 대기시간 단축

다양한 커뮤니케이션으로 수요 분산

공정한 대기시스템 구축

그림 5-8 서비스 공급 증대를 위한 대기관리법

고객이 방문하는 상황이 발생하게 된다. 따라서 이와 같은 상황을 고려한 초과예약 고객의 처리방침을 내부적으로 준비하는 것도 필요하다. 다만, 예약시스템은 음식점의 효율성을 저하시킬 수 있기 때문에 이를 기피하는 음식점도 존재한다. 예를 들어, '아웃백스테이크하우스(이하 아웃백)'에서는 일반적인 예약 시스템과 조금 다른 예약 서비스를 하고 있다. 고객의 회전율이 높은 '아웃백'에서 일반적인 예약 서비스를 제공한다면 고객이 도착하기 전까지 테이블을 비워 두어야 하는 비효율적인 상황이 발생할 수 있다. 이러한 상황은 매출의 감소로 이어질 수 있고 그렇다고 예약서비스를 제공하지 않게 되면 고객에 대한 서비스의 질이 저하되므로 이를 모두 해결하기 위한 방법으로 'call ahead service'를 제공하고 있다. 이는 고객이 예약을 할 경우 그 시간에 대기하는 다른 고객보다 우선적으로 좌석을 제공하는 서비스이다. 이와 같은 유형의 서비스로 인하여 예약고객을 위하여 테이블을 비워 놓는 비효율성을 감소시키고 고객의 만족도도 동시에 높일 수 있다. 결과적으로 '아웃백'은 고객이 다른 일을 하지 못하고 단순히 기다려야 하는 경제적 가치를 최소화하는 방안을 찾아서 고객의 심리적 만족도를 높이는 대기관리기법을 사용하고 있다.

둘째, 음식점의 유휴시간에 고객을 유인하기 위한 커뮤니케이션을 할 필요가 있다. 고객에게 혼잡한 시간대와 한가한 시간대를 미리 알리고 가능하다면 한가한 시간대에 방문하여 할인 혜택을 누리도록 유도하는 것이다. 예를 들어, 점심시간대에 수요가 없거나 수요가 있더라도 목표고객의 가격민감도가 높다면 저녁시간대보다 할인된 가격으로 판매하는 것은 가장 대표적인 고객유인 커뮤니케이션 전략이다. 또한 주말고객이 거의 없는 오피스 상권에서 평소에 주말 할인제도가 있음을 고객에게 전달하여 주말수요를 늘리려는 것도 대표적인 커뮤니케이션 전략이다.

셋째, 공정한 대기시스템을 설계하는 것도 매우 중요하다. 먼저 도착한 사람이 먼저 서비스를 받는 원칙이 지켜져야 한다. 다만, 이때 한 가지 이슈는 예약과 도착순서 중 어떤 것을 우선하느냐이다. 만약 예약손님을 우선하는 경우에 미리 도착한 손님이 예약손님을 식별할 수 있는 방법이 없으므로 사전에 대기고객에게 이해를 구하고 오해가 없도록 충분히 설명해야 한다.

(2) 대기관리를 위한 고객인식관리법

앞에서 살펴본 실제적인 대기관리기법 이외에도 음식점에서는 고객의 대기에 대한 인식을 관리하는 방법도 적극적으로 활용할 필요가 있다. 시간에 대한 고객의 인식을 개선하는 것은 실제로 기다리는 시간을 줄이는 것과 동일한 효과를 발휘하기 때문이다. 예를 들어, 고객이 대기시간을 30분 정도로 기대하고 있었는데, 25분 만에 서비스를 받았다면 고객은 상당한 시간을 기다렸음에도 불구하고 만족한 서비스를 받았다고 생각할 수 있다. 따라서 음식점은 다음과 같은 대기관리를 위한 고객의 인식관리기법을 충분히 활용해야 할 것이다.

첫째, 서비스 제공 이전의 대기가 서비스과정 중의 대기보다 더 길게 느껴지기 때문에 고객에게 서비스가 이미 시작되었다는 인식을 주는 것이 필요하다. 아무것도 하지 않고 기다리는 것은 무엇인가를 하면서 기다리는 것보다 더 지루하므로 볼거리나 먹을거리를 제공하는 것이 필요하다. 예를 들어, '아웃백'은 대기고객에게 웨이팅 푸드(waiting-food)를 제공하고, 주문한 식사가 나오기 전까지의 심리적 시간을 단축하기 위하여 '부시맨 브레드'도 제공한다. '크리스피 크림 도너츠'는 도넛이 생산되는 과정을 고객이 직접 볼 수 있도록 함으로써 대기시간의 지루함을 덜어주고 있다. 그리고 많

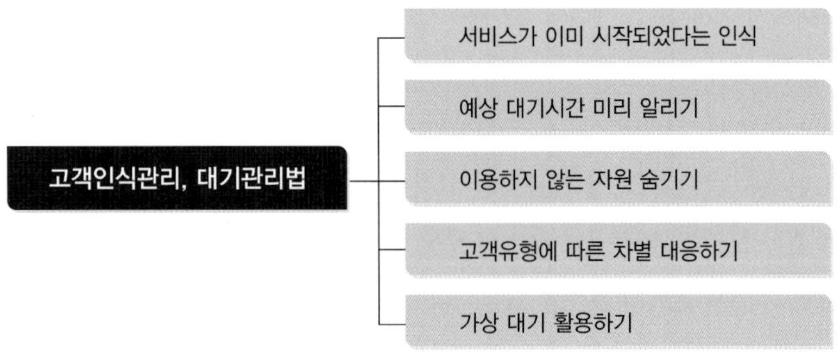

그림 5-9 고객인식관리를 위한 대기관리법

은 음식점이 대기시간에 간단한 업무를 볼 수 있도록 페이저를 이용한 호출서비스를 제공하는 것도 고객의 지루함을 덜어주는 방법에 해당된다.

둘째, 예상되는 대기시간을 미리 알려주는 것은 고객이 더 기다려야 할지 아니면 대기를 포기해야 할지를 선택할 수 있는 기회를 제공함과 동시에 기다림의 지루함도 어느 정도 줄이는 효과가 있다. 예를 들어, 전화주문서비스를 제공하는 외식업체의 경우 대기시간 관리의 중요성을 인식하고 대기시간을 정확하게 알려주는 서비스를 제공하고 있으며, 배달피자전문점들의 경우 주문에서 배달까지의 시간을 보증하는 제도를 도입함으로써 고객들이 대기시간을 미리 예측하는 데 도움을 주고 있다.

셋째, 이용되고 있지 않는 자원은 보이지 않도록 하는 것이 고객의 대기에 대한 인식을 관리하는 데 필요하다. 예를 들어, 음식점의 직원들이 바쁘게 열심히 일하는 모습을 보이는 상황에서 고객은 대기시간에 크게 신경 쓰지 않는다. 하지만 직원이 고객에게 관심을 보이지 않으면서 일도 하고 있지 않다면 고객은 화를 내게 될 것이다. 고객과의 상호작용이 아닌 일을 해야 하는 경우에는 가능하면 보이지 않는 곳에서 처리하는 것이 좋다.

위와 같은 방법 이외에도 고객의 대기시간에 대한 인식을 관리하기 위한 방법은 다양하게 존재할 수 있다. 고객의 성격유형에 따라서 차별적으로 대응한다든가 가상대기를 활용하는 방법 등이 존재한다. 하지만 서비스기업에서 다양하게 활용되는 관리법이 음식점에서 모두 가능하지는 않다. 따라서 음식점의 마케터는 음식점의 성격에 맞는 다양한 대기에 대한 인식을 관리하는 방안을 개발하려는 노력이 필요하다.

(3) MOT(진실의 순간, 결정적 순간) 관리

스웨덴 학자 노만(Norman)이 최초로 사용한 MOT(moment of truth)는 '진실의 순간' 또는 '결정적 순간' 이라고도 하며, '고객이 기업의 직원 또는 특정 자원과 접촉하는 15초의 순간' 이다. 이 순간에 제공되는 서비스는 고객의 품질 인식에 절대적인 영향을 미치는 상황으로 정의한다. 진실의 순간은 서비스 품질 인식에 결정적인 역할을 하기 때문에 결정적 순간으로도 불린다. 결정적 순간은 서비스 제공자가 고객에게 서비스의 품질을 보여줄 수 있는 기회로써 지극히 짧은 순간이지만 고객의 서비스에 대한 인상을 결정한다. 또한 MOT는 인카운터(service encounter)로 통용되기도 하는데, 슈메너(Schmemmer)는 서비스 인카운터를 서비스기업의 경쟁력을 결정하는 척도라고 보았다.

서비스에서 진실의 순간 개념을 도입함으로써 성공한 스칸디나비아항공사의 얀 칼슨(Jan Carlson) 사장은 《고객을 순간에 만족시켜라: 진실의 순간》이라는 책에서 1년에 1,000만 명의 승객이 각각 5명의 스칸디나비아항공사의 직원과 접촉하였음을 강조하였다. 1회의 접촉시간이 평균 15초인 순간순간이 항공사의 성공을 좌우하기 때문에 직원들은 이와 같은 결정적 순간이 항공사의 전체 이미지를 결정한다는 사실을 인식해야 한다고 역설하였다. 결정적 순간의 개념을 도입한지 1년 만에 스칸디나비아항공사는 연 800만 달러의 적자에서 7,100만 달러의 이익을 내는 흑자 기업으로 전환하였다.

외식업체의 직원이나 기타 유형적 요소가 고객과 접촉하는 순간 발생하는 결정적 순간에 고객이 경험하는 서비스 품질이나 만족도는 곱셈의 법칙이 적용되는 것으로 알려져 있다. 이것은 많은 수의 결정적 순간에서 단 한 번만이라도 실수를 하면 한순간에 고객을 잃어버리게 된다는 의미이다. 음식점에서 단순 업무로 인하여 소홀하게 생각할 수 있는 경비원, 주차원, 전화예약 담당자 등이 한순간의 실수로 전반적으로 높게 인식되었던 서비스 품질을 최저 수준으로 떨어뜨릴 수 있다. 서비스의 제공과정에서 지속적으로 발생하는 진실의 순간(MOT), 결정적 순간 또는 서비스 접점 관리는 매우 복잡한 문제이다. 하지만 순간순간의 관리가 최적으로 결합됨으로써 서비스 품질을 높일 수 있다.

일반적으로 서비스 품질은 기술적 품질과 기능적 품질로 구분한다. 기술적 품질은 음식점에서 식사 후 느끼는 포만감 등을 사례로 들 수 있으며, 기능적 품질은 직원의 서비스 능력, 단정한 복장 등으로 표현할 수 있다. 음식점에서 서비스 접점을 효과적으로 관리하게 되면 열악한 기술적 품질이나 기능적 품질에 의하여 부정적인 인상을 가질 수 있는 상황을 극복하는 데 도움이 된다. 예를 들어, 음식이 맛이 없거나 직원의 부적절한 서비스, 지저분한 복장으로 인하여 불만족한 고객에게 계산을 하려는 순간 카운터에서 캐셔가 무료식사의 기회나 할인쿠폰 등을 제공한다거나 고객을 만족시키기 위하여 최선을 다하는 모습을 보인다면 고객은 만족도가 급격하게 높아진다.

실제로 음식점에서 서비스의 제공과정에는 여러 사람이 관여하기 때문에 지각된 품질을 통제하는 것은 매우 어렵다. 따라서 MOT를 충분히 인지하고 마지막까지 주의깊게 관리할 때 고품질의 서비스 유지가 가능하다.

3) 요인분석을 이용한 구매후 관리

인과관계도표로 잘 알려진 요인분석도(fishbone diagram)는 잘못된 결과에 대한 원인을 찾아서 연결하는 일종의 도표이다. 이것은 일본의 품질관리전문가인 카오루 이시가와에 의하여 개발되었으며 기업이 고객의 불만을 직접 추적하는 도구로도 활용한다. 물고기의 뼈 구조 형태에 문제점을 기술하는 형태의 도표로 구성되는 이것은 물고기의 머리에 해당되는 부분에는 직면하고 있는 문제점을 기술하고, 다음으로 머리에서 꼬리까지의 중심뼈를 그린 후 여기서 갈라져 나온 뼈들에 문제를 일으키는 중요 요소를 표시한다. 그리고 마지막으로 각 원인에 대한 상세한 이유를 뼈에 가지를 치듯이 기술한다.

이처럼 요인분석도를 이용하면 서비스 과정에서 문제를 일으킨다고 의심이 되는 요인과 그에 관계되는 부수적 요인들을 함께 검토하여 이 중 어떤 것이 문제를 야기하는지 확인할 수 있다.

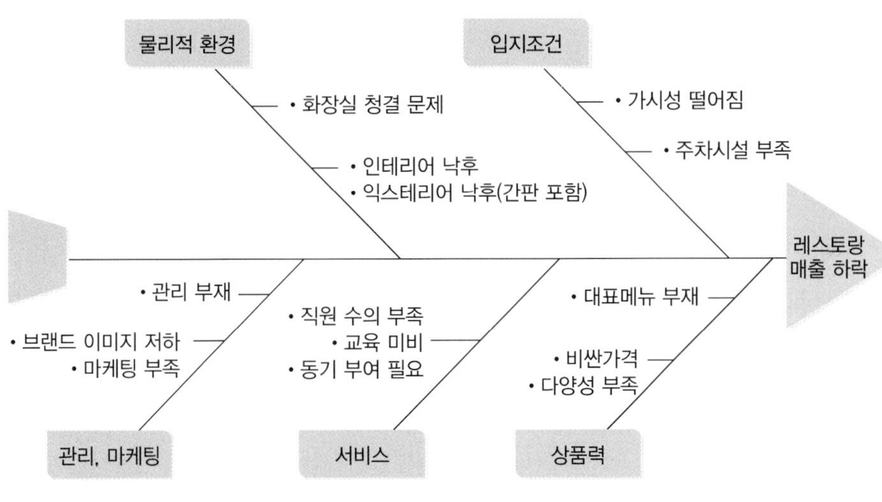

그림 5-10 음식점의 요인분석도 사례

자료: 김영갑 외(2009), 외식마케팅.

5. 서비스 프로세스의 개선

서비스 제공과정을 효과적·효율적으로 관리하는 것은 모든 외식업체가 추구하는 목표의 하나이다. 이와 같은 외식업체의 서비스 효율화를 위해서는 서비스 프로세스의 분석이 전제되어야 한다.

1) 서비스 프로세스의 분석

외식업체가 서비스 프로세스 분석을 수행함으로써 얻게 되는 이점을 살펴보면 다음과 같다. 먼저 작업을 프로세스의 형태로 표현할 수 있으며, 프로세스를 검토하기 위한 서류작업이 동시에 이루어진다. 그리고 프로세스를 한눈에 볼 수 있게 만듦과 동시에 전체 시스템의 구조와 기능을 파악할 수 있게 해준다. 또한 서비스 프로세스를 분석한다는 것은 현재의 서비스 전달 시스템의 현황을 파악한다는 점에서 의의가 있다.

2) 서비스 프로세스 분석기법

서비스 프로세스, 즉 서비스 전달 시스템은 서비스가 생성되어 고객에게 전달되기까지의 전 과정을 의미하는데, 이러한 전달 시스템을 설계하는 것은 고객만족을 위한 창조적인 과정임에 틀림없다. 서비스 프로세스를 분석하기 위한 다양한 기법이 존재하는데, 가장 일반적인 분석도구로서 서비스 청사진(service blueprint)이 이용된다. 서비스 청사진은 핵심 서비스 프로세스의 특성이 나타나도록 알아보기 쉬운 방식의 그림으로 나타낸 것이다. 직원, 고객, 기업 측에서 서비스 전달과정에서 해야 하는 각자의 역할과 서비스 프로세스와 관련된 단계와 흐름 등 서비스 전반을 이해하도록 묘사해 놓은 것

서비스 프로세스 분석의 이점

- 상품이나 작업이 서류상의 프로세스 형태로 표현되어 검토가 가능함
- 프로세스를 한눈에 볼 수 있어 전체 시스템의 구조와 기능 파악이 용이함
- 현재 서비스 프로세스의 현황분석을 통한 개선이 가능함

그림 5-11 서비스 프로세스 분석의 이점

이다. 대부분의 서비스는 동태적 시스템이기 때문에 미리 정해진 순서대로 전달되어야 한다. 따라서 잘못 설계된 프로세스는 서비스 품질을 현저하게 떨어뜨리므로 이러한 잘못을 예방하기 위하여 음식점과 같은 서비스기업에서는 주로 '플로 차트'와 같은 서비스 청사진법을 활용한다. 서비스 청사진 이외에도 '서비스 사이클', '서비스 과정도', '시간요소 분석', '요인분석도', '고객경험관리'와 같은 다양한 기법들이 존재한다.

3) 서비스 청사진 기법

건물을 신축하는 경우 설계 내역은 청사진이라는 도면에 표기되는데, 이러한 청사진은 형태와 규격 등이 표기되는 형태로 작성된다. 주로 건축에서 활용되던 청사진은 쇼스탁이 1984년 〈하버드 비즈니스리뷰〉에 처음 제안하면서 서비스 부문에 도입되었다. 그는 서비스 전달 시스템, 즉 서비스 프로세스를 시각적 도표로 표현하는 형식으로 서비스 설계에 적용가능하다는 점에 착안하여 서비스 청사진을 개발하였다. 서비스 청사진은 "서비스 시스템을 정확하게 묘사해서 그 서비스를 제공하는 데 관계되는 서로 다른 사람이 그들의 역할 및 관점에 상관없이 그 서비스를 이해하고 객관적으로 처리할 수 있도록 해 주는 그림"이라고 할 수 있다.

서비스 청사진은 구체적으로 서비스 상품 개발의 설계와 재설계의 단계에서 유용하다. 이것은 서비스 전달의 프로세스와 고객과 직원의 역할, 가시적인 서비스 구성요소 등을 동시에 보여줌으로써 서비스를 시각적으로 제시한다. 또한 서비스 청사진은 서비스를 논리적인 구성요소들로 나누어 프로세스의 각 단계와 과업, 과업이 수행되는 수단, 고객이 경험하는 서비스의 물리적 환경 등을 보여준다. 대표적인 서비스 프로세스의 분석기법인 서비스 청사진을 작성하는 단계는 다음과 같이 3단계로 구성된다.

1단계는 서비스 프로세스를 구분하는 단계이다. 고객의 눈에 보이는 활동과 눈에 보이지 않는 활동을 가시선으로 구분하여 도표를 작성한다. 가시선 아래 보이지 않는 활동은 주방에서 식사를 준비하거나 사무실에서 전화로 주문을 받는 경우 등이 해당된다. 고객의 눈에 보이는 가시선은 고객의 행동과 직원의 일선 행동으로 구성되고, 고객의 눈에 보이지 않는 선은 직원의 후방 행동과 지원 프로세스로 구성된다.

2단계는 실수 가능점(fail point)을 제시하는 단계이다. 서비스기업의 실수 가능점을 제시함으로써 실패를 미연에 예방하고 더 높은 서비스 품질을 고객에게 제공하게 된다.

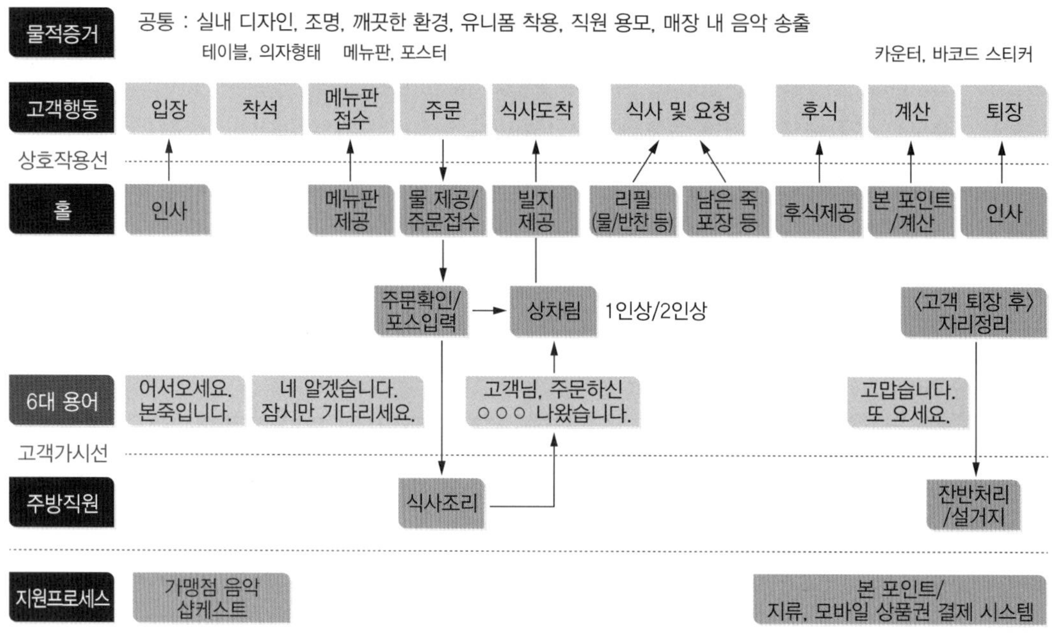

그림 5-12 '본죽'의 서비스 청사진 사례(개선 전)

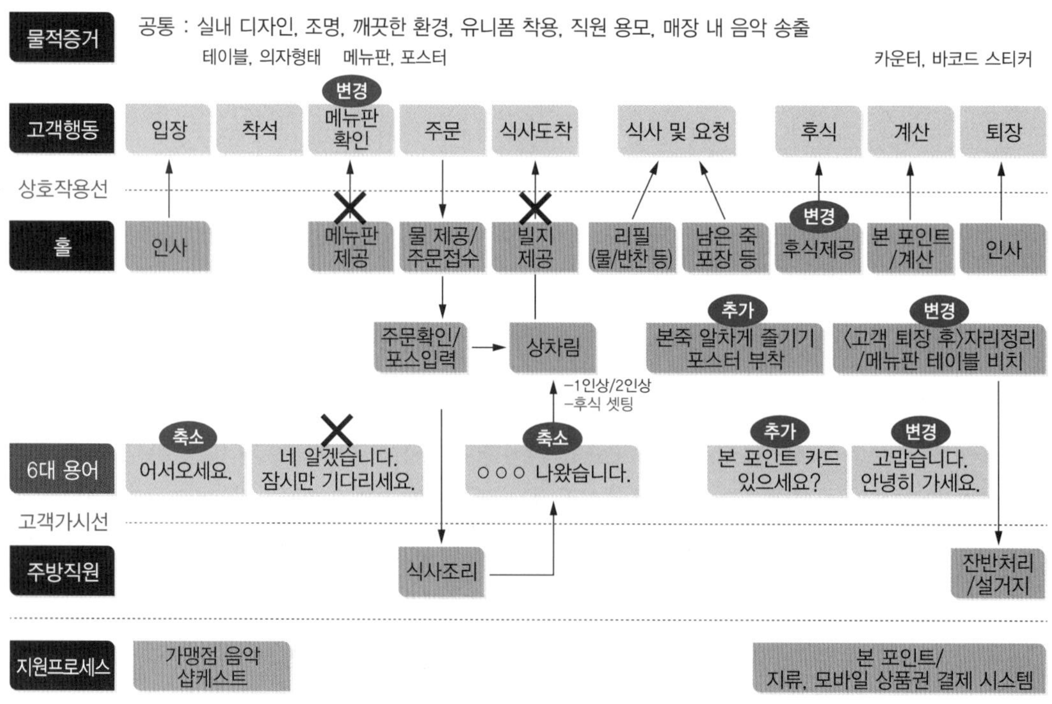

그림 5-13 '본죽'의 서비스 청사진에 의한 프로세스 개선 사례(개선 후)

표 5-3 실수 가능점과 불필요한 프로세스

구분	내용
무응대 및 인사하지 않음	누구나 쉽게 할 수 있는 인사말로 변경하고 길이를 축소함
메뉴판 제공	메뉴판을 테이블에 비치하여 직원에 제공하는 프로세스를 축소함
후식을 제공하지 않음	후식을 처음부터 제공(상차림에 포함)
남은 죽 포장	'본죽 알차게 즐기기' 포스터 부착하여 식사 후 남은 죽을 포장하여 제공함
본 포인트 카드 안내하지 않음	본 포인트 카드의 소지여부 및 포인트 적립 여부를 반드시 확인하도록 필수 용어로 추가

3단계는 성과를 분석하는 단계이다. 각각의 서비스가 수행되는 소요시간을 관측하여 비정상적인 실패나 지연이 있을 때 이를 분석한다.

예를 들면, 본죽의 경우 **그림 5-12**와 같은 서비스 프로세스에서 **표 5-3**과 같은 실수 가능점과 불필요한 서비스 프로세스를 발견하여 **그림 5-13**과 같은 서비스 프로세스로 변경함으로써 고객만족도와 가맹점의 업무 능률을 개선하였다.

4) 고객경험관리

서비스기업에 대한 고객의 충성도는 다양한 경험을 통하여 높아지기도 하고 일순간에 높았던 충성도가 낮아지기도 한다. 따라서 서비스기업은 수많은 접점에서 일관성 있는 고객경험을 제공하도록 서비스 품질을 총체적으로 관리할 필요가 있다.

서비스를 경험하기 전부터 경험한 이후까지의 모든 고객접점을 분석하고 개선하는 노력은 고객만족의 관리 측면에서 반드시 필요하며 이는 서비스 청사진 기법을 이용해서도 가능하지만 '고객경험관리(CEM, customer experience management)'를 통해서도 가능하다. 고객경험관리란 제품이나 서비스에 관한 고객의 전반적인 경험을 체계적으로 관리하는 프로세스를 말한다. 고객관리(CRM, customer relationship management)의 다음단계로 고객의 거래 단계를 제품탐색에서부터 구매 사용 단계에 이르기까지 파악하여 고객이 무엇을 보고 느끼는지를 분석하고 문제점을 개선하여 더 나은 고객경험을 창출하는 것을 일컫는다.

CEM에 대한 기업의 관심이 점점 높아지는 데에는 복잡해지는 고객의 요구와 더불어 구매 결정에 있어 제품이나 서비스 품질뿐만 아니라 고객들의 감정적인 특성과 같은 주관적인 면 역시 부각되고 있다는 점이 강하게 작용한다.

따라서 고객정보의 효율적인 활용이 비즈니스 가치를 결정한다는 공감대를 형성하여 고객관계관리(CRM)의 보완재로서 CEM의 중요성은 더욱 커지고 있다.

CEM의 범위는 고객 세분화와 타깃고객의 선정, 고객혁신, 고객 포지셔닝, 브랜딩 전략 및 서비스 등 다양한 영역에서 적용 가능하다.

기업차별화의 포인트 : 제품(양) < 서비스(질) < 경험(감성)으로 이동

고객경험관리를 위한 절차를 살펴보면 다음과 같다.

첫째, 고객의 입장에서 부정적 서비스, 표준 서비스, 긍정적 서비스가 구체적으로 어떤 것인지를 확인할 수 있도록 서비스 표준을 마련해야 한다.

둘째, 고객 접점의 모든 프로세스를 분리하여 문제점을 찾아서 집중적으로 개선한다.

셋째, 고객의 경험을 개별적이 아닌 총체적인 극적경험으로 구성해야 한다.

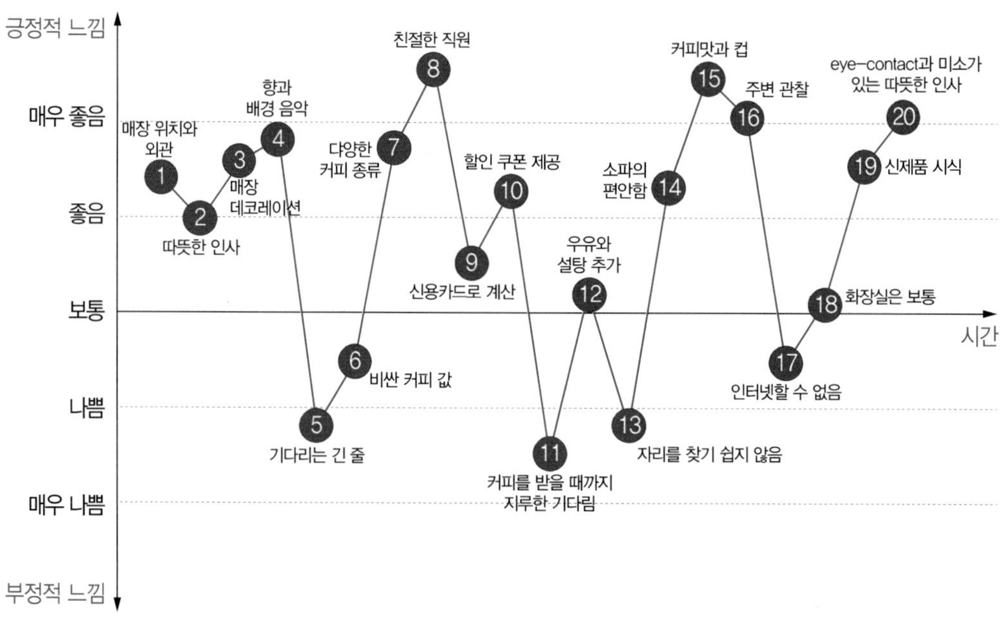

그림 5-14 스타벅스의 고객경험지도 사례

자료: 장정빈(2009), 리마커블 서비스.

고객경험지도(customer experience map)를 이용하여 고객경험관리(CEM)를 하는 '스타벅스'의 실전적 사례를 살펴보자 **그림 5-14**. '스타벅스'는 고객이 매장에 들어와서 커피를 마시고 퇴점할 때까지의 전 과정을 세부적으로 나누어 고객경험지도를 그리고 이를 기초로 문제점에 대한 개선대책을 수립, 시행하고 있다. 이는 서비스 청사진과 유사하지만 각 접점의 고객만족도를 구체화시킴으로써 현재 상태를 알 수 있도록 구성하였다.

요 약

1. 서비스 프로세스란 서비스가 전달되는 절차나 구조 또는 활동의 흐름을 말한다.
2. 서비스는 동시성과 비분리성이라는 특성 때문에 고객과 분리된 상태에서는 제공이 어려우며 고객이 직접 프로세스 과정에 참여하기 때문에 프로세스 관리가 더욱 더 중요하다.
3. 서비스를 구매하는 경우 고객은 서비스 생산과정인 프로세스에 직접 참여하게 될 뿐만 아니라 프로세스에 직접 참여하지 않는 고객의 경우에도 서비스 품질에 영향을 미치게 되므로 서비스 프로세스에 고객 참여의 중요성에 대한 제고가 필요하다.
4. 서비스 프로세스의 관리방법에는 구매가 시작되기 전의 대기관리와 구매과정에서의 접점관리(MOT관리) 등이 있다.
5. 서비스 프로세스의 개선을 통한 서비스 품질 제고는 모든 서비스기업의 목표이다. 목표 달성을 위하여 서비스 청사진 기법, 요인분석도, 서비스과정도, 시간소요분석 등 다양한 기법 등이 활용된다.
6. 고객경험관리는 제품이나 서비스에 관한 고객의 전반적인 경험을 체계적으로 관리하는 프로세스이다.

연습문제

1. 관심이 있는 음식점을 대상으로 서비스 프로세스를 검토한 후 각각의 접점에서 표준화 요소와 개인화 요소를 분류하고 구체적인 의견과 장단점, 개선점 등을 정리해 보기 바랍니다.

2. 자신이 근무하는 기업 또는 평소에 관심이 있는 서비스기업의 서비스 프로세스를 설계 순서에 입각하여 디자인을 해봅시다. 그리고 서비스 청사진도 다음 내용을 참고하여 구체적으로 그려보기 바랍니다.
   - 가시선의 구분(고객의 눈에 보이는 부분과 보이지 않는 부분을 구분함)
   - 실패 가능점 포착(서비스 과정 중 가장 많은 문제가 발생할 지점을 찾음)
   - 개선을 위한 성과분석(서비스 청사진을 이용한 개선 결과)

3. MOT의 중요성을 실제로 자신이 경험한 사례를 중심으로 정리해 보기 바랍니다.

4. 귀하가 외식업체를 이용할 때 서비스 과정에 참여하였던 경험을 정리해 보고, 해당 경험이 외식업체를 평가하는데 어떤 영향을 미치는지 설명해 보기 바랍니다.

5. 외식업체에서 대기를 해본 경험이 있습니까? 다양한 대기 경험을 정리하고 외식업체가 대기하는 동안 제공한 서비스가 외식업체의 만족도에 미친 영향을 제시해 보기 바랍니다.

6. 서비스 인카운터(service encounter)를 키워드로 한 학술지 논문 중 외식업체를 대상으로 한 논문을 3편 이상 검색하고 내용을 정리해 보기 바랍니다. 해당 논문에서 독립변수와 종속변수, 영향의 정도 및 시사점을 통해 새롭게 발견한 서비스 인카운터의 중요성을 제시해 보기 바랍니다.

01 다음 중 서비스 프로세스 개선을 위한 기법의 설명 중 적합하지 않은 것은?

① 서비스 청사진 – 서비스를 검증할 수 있지만 실패 가능점은 찾을 수 없는 방법
② 서비스과정도 – 서비스 프로세스를 순서대로 표기한 작업흐름도
③ 시간요소분석 – 비효율적인 서비스 시간 제거, 서비스 표준시간의 설정을 위한 분석
④ 요인분석도 – 서비스 과정에서 문제의 특성과 그 원인을 도식화하는 기법

02 대기관리의 기본 원칙 중 잘못된 것은?

① 무엇인가를 할 때보다 아무것도 하지 않을 때 더 길게 느껴진다.
② 구매가 시작되기 전의 대기가 더 길게 느껴진다.
③ 서비스 개시 시점을 모른 채 기다리면 더 길게 느껴진다.
④ 불공정한 대기는 더 길게 느껴진다.
⑤ 맛있는 음식점일수록 기다림은 더 길게 느껴진다.

03 MOT관리에 대한 내용 중 잘못된 것은?

① 진실의 순간 또는 결정적 순간이라고 한다.
② 스페인의 투우 용어에서 유래하였다.
③ 경영에 처음 도입한 사람은 스칸디나비아항공사의 칼슨 사장이다.
④ 고객과 서비스 직원이 접촉하는 순간적인 시간으로 보통 15분 내외를 말한다.
⑤ 일반적으로 곱셈의 법칙과 전저후고의 법칙이 적용된다.

04 서비스 프로세스의 고객참여 증대와 관련이 없는 것은?

① 고객이 수행해야 할 과업을 정의할 때는 고객의 욕구를 고려해야 한다.
② 서비스기업이 설정한 서비스 수준에 적합한 고객을 유치해야 한다.
③ 고객이 수행할 역할에 대한 교육을 시키는 것은 근본적으로 불가능하다.
④ 고객의 참여에 대한 보상이 필요하다.
⑤ 모순되는 소비자 시장 간의 분리가 필요한데 이를 '적합성 관리'라고 한다.

05 다음 중 서비스 프로세스를 설명하는 내용으로 적합하지 않은 것은?

① 서비스가 전달되는 과정을 통칭
② 서비스가 전달되는 절차나 구조 또는 활동의 흐름
③ 서비스 상품 자체를 의미하기도 하지만 서비스 전달과정인 유통의 성격을 내포함
④ 서비스 프로세스는 제조기업의 A/S에 해당되는 개념임
⑤ 서비스 프로세스관리는 제조기업의 생산관리에 해당하는 개념임

06 다음 중 서비스 프로세스에 고객참여가 중요한 이유와 관계 없는 것은?

① 서비스를 구매하는 경우 고객은 서비스 프로세스에 참여하는 내부요인에 해당된다.
② 고객의 참여는 노무적 참여만 해당되는 것이고 정신적 참여는 해당되지 않는다.
③ 서비스에 직접 참여를 하지 않는 고객에 의해서도 서비스 프로세스는 영향을 받는다.
④ 서비스 프로세스에서 고객은 임시직원, 주요직원, 능력의 원천, 혁신자 등의 역할을 수행한다.
⑤ 셀프서비스는 고객이 서비스 프로세스에 가장 많은 참여를 하는 형태이다.

07 대기관리에 대한 설명으로 옳지 않은 것은?

① 대기란 '서비스를 받을 준비가 되어 있는 시간부터 서비스가 개시되기까지의 시간'을 의미한다.
② 서비스를 받으려는 고객은 많고 서비스 시설이나 인원이 부족한 경우 대기상황이 발생한다.
③ 구매 전 프로세스 관리의 핵심은 대기관리이다.
④ 서비스의 소멸성과 비분리성으로 인하여 대기는 불가피할 수 있다.
⑤ 대기관리의 목적은 대기 자체가 발생하지 않도록 하는 것이다.

08 서비스 프로세스 개선에 대한 설명 중 잘못된 것은?

① 서비스 프로세스를 효과적·효율적으로 관리하기 위한 수단이다.
② 서비스 프로세스의 개선을 위해서는 프로세스의 분석이 선행되어야 한다.
③ 서비스 프로세스의 개선을 위해서는 무형적 프로세스를 서류 등에 유형화시켜야 한다.
④ 대기관리, MOT관리는 대표적인 개선 기법이다.
⑤ 서비스 프로세스 개선은 서비스 청사진 기법이 대표적이다.

01 (답) ①

(해설) 서비스 청사진 기법은 서비스 프로세스를 개선하기 위한 대표적인 도구로 서비스 프로세스의 구분, 실패 가능점 제시, 성과분석 단계로 구성된다.

02 (답) ⑤

(해설) 서비스의 가치가 낮을수록 대기는 더 길게 느껴진다. 따라서 가치가 높으면 대기는 짧게 인식된다. 맛있는 음식점일수록 기다리는 줄이 길어지는 이유는 고객들이 대기시간을 짧게 인식하기 때문이다.

03 (답) ④

(해설) MOT는 진실의 순간 또는 결정적 순간으로서 서비스 품질 인식에 결정적 영향을 미치는 15초의 순간을 의미한다.

04 (답) ③

(해설) 서비스 프로세스에 고객의 참여를 계획할 때는 고객들이 자신의 역할을 효율적으로 수행할 수 있는 교육 프로그램이 필요하다. 음식점에서 음식을 맛있게 먹는 방법을 알려주는 설명서나 안내판 등이 이러한 역할을 수행하는 사례이다.

05 (답) ④

(해설) 서비스 프로세스는 학문적·실무적으로 '서비스 전달 시스템'으로 사용되기도 하는데, 서비스 상품 자체를 의미하기도 하지만 서비스 전달과정인 유통의 성격을 내포하기도 한다.

06 (답) ②

(해설) 패스트푸드 레스토랑의 경우 고객들의 노무적 참여가 많다. 즉, 고객들은 직접 주문을 하고 받아서 테이블에 앉아 식사를 하며, 식사가 끝나면 직접 쓰레기통에 버리기까지 한다. 풀서비스 레스토랑에서 고객은 노무적으로는 참여가 거의 없지만 복잡한 메뉴를 주문하고 음악이나 서비스 그리고 분위기 등을 즐기는 정신적 참여도가 높아진다. 정신적 참여 역시 서비스 프로세스에서 고객의 참여에 해당된다.

07 (답) ⑤

(해설) 서비스는 수요와 공급의 불일치로 인하여 대기가 불기피한 측면이 있다. 따라서 대기관리는 대기를 최소화시키고 대기고객이 불만족을 느끼지 않도록 인식을 관리하는 데 목적이 있다.

08 (답) ④

(해설) 서비스 프로세스를 관리하는 기법으로서 대기관리와 MOT관리가 있으며, 서비스 프로세스 개선을 위한 기법으로는 청사진 기법, 요인분석도 등의 기법이 있다.

CHAPTER 6

서비스스케이프

학습 목표

1_ 외식업체를 위한 서비스스케이프의 개념과 중요성을 설명할 수 있다.
2_ 외식업체의 서비스스케이프를 구성하는 요소와 역할을 설명할 수 있다.
3_ 서비스스케이프에서의 행동모델을 설명하고 외식업체에 활용할 수 있다.
4_ 외식업체의 디자인 구성요소와 디자인 전략을 설명할 수 있다.

외식업체의 첫인상 '파사드'

소비자가 외식업체를 선택할 때 고려하는 부분으로 점포 디스플레이 영역의 중요성이 증대되고 있다. 구체적인 고려요소로 점포 내부와 외부로 구분하며, 점포 내부와 외부를 연결하는 부분의 위치를 디스플레이 영역으로 '파사드'라고 한다.

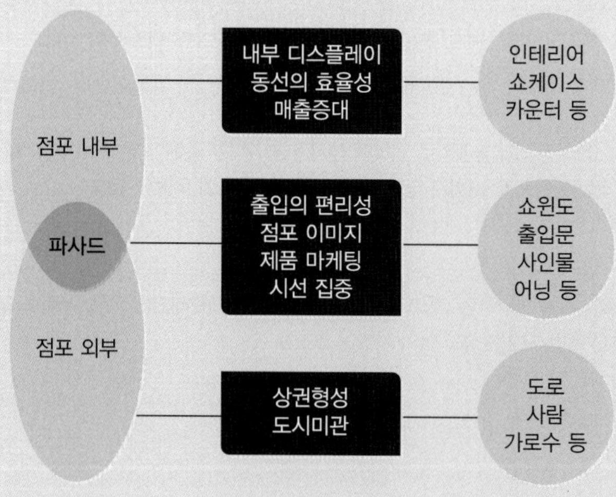

자료: 김현지 외(2009), 상업공간 디자인.

외식업체는 소비자가 과거에는 배고픔을 채우기 위해 찾던 저차원의 욕구충족 장소에서 최근에는 고차원의 욕구충족을 위하여 찾는 장소로 변모하였다. 이런 상황에서 외식업체를 선택하려는 소비자가 가장 먼저 접하게 되는 파사드는 그 중요성이 점점 커지고 있다. 그래서 최근 익스테리어(exterior) 또는 파사드(facade)라는 용어가 외식업체 디자인을 고민하는 창업자의 입에서 자주 언급된다.

건축일반론에서 익스테리어는 '문짝·뜰과 같은 건물 외부의 부속 구조물이나 그들을 포함한 공간'을 의미한다. 건축물의 인테리어에서 파사드는 '건물의 외측 전경 특히 정면, 구조 체의 표면, 건물의 외벽처리 혹은 정면도'를 이르며, 파사드라고도 부른다. 두 용어의 개념을 기준으로 하면 익스테리어가 파사드에 비하여 좀 더 포괄적인 외식업체의 외부환경을 뜻함을 알 수 있다. 따라서 주로 시내에 위치한 외식업체가 소비자를 유혹하기 위해 관심을 가져야 하는 부분이 점포의 정면에 위치한 파사드라 할 수 있다.

파사드를 좀 더 구체화하여 정의한 개념으로 파사드 디스플레이(facade display)가 있다. '건축의 정면에서 상점 전체의 이미지를 전달하기 위한 디스플레이 방법'을 의미하는 용어로서 주로 '쇼윈도의 위치, 출입구의 여분 공간, 자연광 조절 및 조명계획, 벽면 간판과 돌출 간판의 배치, 현수막의 설치, 주변 경치의 조화' 등의 요소들이 중요한 구성항목이 된다. 파사드가 중요한 것은 점포의 첫인상을 좌우하기 때문이다. 보통 사람들이 새로운 사람이나 사물을 대하면 0.017초만의 첫인상으로 많은 판단을 하는 것으로 알려져 있다. 점포 역시 이와 비슷한 양상을 보일 것이 확실하다. 그래서 점포 정면의 구성과 의장이 중요하다.

노출 콘크리드 판넬을 활용한 2층 점포 파사드 사례

파사드는 일반적으로 점포 내부의 공간구성을 연상할 수 있게 표현하도록 권장된다. 하지만 반드시 그럴 필요는 없다고 본다. 내부와 관계없이 독자적인 구성을 취하여 소비자에게 반전이라는 느낌을 주어 더욱 강력한 인상을 남기는 창의성도 필요하다. 또한 자신의 점포만이 돋보이는 것도 중요하지만 주변 환경과 조화를 이루는 것도 꼭 고려해야 한다. 인상적이면서도 점포 내부 그리고 제공될 음식과 서비스까지도 궁금하게 만드는 파사드는 외식업체를 성공으로 이끄는 가장 중요한 요소임에 틀림없다.

고객의 영혼을 사로잡는 결정적 순간(MOT)으로 어려움에 처해 있던 스칸디나비아항공사를 살려낸 얀 칼슨. 그가 만약 외식업체의 CEO이었다면 파사드로 고객의 영혼을 사로잡아야 한다고 주장하지 않았을까 생각한다.

과거에는 외식사업이 주로 소상공인의 사업영역이었지만 1990년대 들어서면서 대기업이 외식산업에 참여하고, 외국의 패밀리레스토랑까지 진출하면서 국내 외식산업의 규모는 점진적인 성장을 이루고 있다. 또한 교육 수준과 경제 수준이 향상된 소비자는 더 많은 정보와 지식을 가지고 소비가치가 높은 외식업체를 선택하는 상황에 이르렀다. 이러한 환경 속에서 외식업체는 고객의 기대에 능동적으로 대처하기 위해 효율적인 경영관리와 서비스관리를 해야 한다. 특히 최근 들어 감성적인 소비를 추구하는 고객은 환경품질에 관심을 집중시키고 있으며 동시에 분위기의 쾌적성에 대한 요구도 높아지고 있다. 따라서 외식업체는 고객만족과 서비스 품질 향상을 위하여 많은 관심을 기울이고, 설계 및 초기투자를 강화하고 있다.

이와 같이 다차원적인 소비가치의 중요성이 증대되면서 외식업체를 이용하는 소비자들이 소비가치를 어떤 시점에 평가하느냐를 이해하는 것이 필요하다. 상식적으로 볼 때, 모든 상품과 서비스를 구매하고 나서야 소비가치를 정확하게 평가할 가능성이 가장 높다. 하지만 소비자들은 상품과 서비스를 경험하기 전에도 소비가치를 평가하고 소비행동을 하는 경우가 많다. 즉, 유형의 상품을 구매할 때는 사전에 상품을 체험하고 구매할 수 있지만 서비스라는 무형의 상품을 판매하는 외식업체에서는 환경이라는 유형의 단서를 이용해서 소비가치를 미리 평가하고 구매를 결정한다.

외식업체의 물리적 환경은 고객들의 서비스 품질과 만족도 인식에 영향을 미칠 수 있다는 점에서 경영자 입장에서 매우 중요한 경영자원임에 틀림없다. 이와 같은 소비자의 인식, 태도, 행동에 영향을 미치는 물리적 환경에 대한 개념적 정의를 체계화 시킨 학자는 비트너(Bitner, 1992)이다. 그는 자연적이고 사회적인 요소와 영향을 배제하고 인공적으로 만들어진 물리적 증거만을 별도로 서비스스케이프(servicescape)라고 정의하였으며, 서비스스케이프가 소비자의 행동에 어떤 영향을 미치는지 검증하고자 하였다.

1. 서비스스케이프의 개요

1) 서비스스케이프의 개념

서비스스케이프(servicescape, 물리적 환경)란 외식업체가 고객과 상호작용을 하면서 서비스를 전달하는 환경으로 자연환경의 경치 등을 뜻하는 접미사 scape에 서비스(service)를 합성하여 '인간이 창조한 환경'을 의미한다. 다시 말해, 무형의 서비스를 전달하는 데 사용되는 모든 유형적 요소를 포함하는 개념이며 중요한 마케팅 도구의 하나이다.

서비스스케이프는 고객뿐만 아니라 종업원의 인식과 행동에도 영향을 미친다. 만약 아르바이트를 한 경험이 있다면 자신이 근무했던 기업의 서비스스케이프가 자신의 인식과 행동에 어떠한 영향을 미쳤는지 상기해 볼 수 있을 것이다.

이와 같이 고객 및 직원의 긍정적인 태도와 행동을 유발하는 데 필요한 서비스스케이프는 서비스경영 분야에서 다양한 용어로 표현되고 있다. 예를 들면, '분위기', '유형재', '물리적 증거', '물리적 환경', '상황', '유형적 단서' 등이 그것이다. 표현이 어떻든 서비스스케이프가 고객의 인식과 태도에 영향을 미쳐 구매를 유발하고 결과적으로 고객만족으로 연결된다는 점에는 많은 학자가 일치된 견해를 나타내고 있다.

현대 마케팅의 대가로 알려진 필립 코틀러(1973)는 소비자들이 구매의사결정을 위하여 활용하는 환경적 단서로서 '시각, 후각, 청각, 촉각을 포함한 분위기'라는 개념을 제시한 바 있다. 그 이후에 서비스스케이프를 구성하는 요인에 대한 연구가 다수 이루어졌다. 특히 비트너는 서비스스케이프라는 단어를 처음 사용하였으며 "사람은 환경심리학적 연구를 바탕으로 환경적인 자극이 주어지면 내면적인 변화를 거쳐 행동으로 표현하게 된다"고 지적하면서 직원과 고객에게 미치는 영향에 관한 서비스스케이프의 이론

표 6-1 비트너(1992)에 의한 서비스스케이프 구성요소

환경적 조건들 (ambient conditions)	공간적 배치와 기능 (spatial layout and functionality)	사인, 심벌, 인공물 (sign, symbols and artifacts)
환경의 배경적인 특성을 포함. 오감에 영향 미침 •기온 •조명 •소음 •음악 •색깔 •향기 등	서비스 접점환경은 목적을 가진 환경이기 때문에 물리적 환경의 공간적 배치와 기능은 특히 중요함 •공간적 배치: 정렬, 크기 및 모양 그리고 기계, 장비, 가구들 간의 공간적 관계들 •기능성: 실행을 용이하게 하고 목표를 달성하기 위한 동일한 항목들의 능력	구조물의 외부와 내부에 나타난 사인은 명백한 정보발신자임 •사인: 표식들(예, 회사이름, 부서이름), 지시적 목적들(예, 입구들, 출구들), 행동규칙들을 전달(예, 금연, 어린이는 어른을 동반해야 함) •다른 환경적 대상들: 건축에 사용된 재료들의 질, 공예품, 벽에 걸린 인증서들과 사건들의 존재, 바닥 포장들, 개인적 물품들 등

자료: Bitner(1992), Sercicescapes: The impact of Physical Surroundings on Coustomers and Empolyees.

적 모형을 제시하였다. 그는 서비스스케이프를 "서비스 접점에서의 서비스 환경"이라고 하면서 "인간에 의해 만들어진 물리적 환경"으로 정의하기도 하였다. 그는 행동에 영향을 미치고 이미지를 만들어내는 서비스스케이프의 영향이 서비스산업에서도 영향을 미치고 있다고 주장하면서 서비스스케이프의 범위로 '환경적 조건, 공간/기능 조건, 사인·심벌·인공물'이 있다고 하였다.

그 외에도 서비스스케이프의 구성요소에 대한 분류는 **표 6-2**와 같다.

고객의 구매의사결정에 영향을 주는 서비스스케이프는 서비스 상품을 차별 시켜주는 역할도 한다. 또한 서비스 직원의 태도와 생산성에 영향을 주는 유형의 요소로도 작용하며 서비스 품질에 대한 단서로서 고객의 기대와 평가에 영향을 미친다.

표 6-2 서비스스케이프 구성요소

학자	내용
베이커 (Baker, 1987)	• 주변 요소(온도, 색상, 음악, 조명, 향기 등) • 디자인 요소(건축미, 색상, 레이아웃, 안정성 등) • 사회적 요소(고객과 직원의 특징과 행동 등)
비트너 (Bitner, 1992)	• 주변 환경(온도, 공기 상태, 소음, 음악, 향기 등) • 공간의 배치 및 기능성(설비 배치, 설비 장치, 가구 등) • 사인·심벌·인공물(도형/기호, 개인적 조형물, 장식의 스타일 등)
이유재·김우철 (1998)	• 공간의 접근성 • 미적 매력성 • 시설물의 청결성 • 편의성
이형룡·왕상·김태구 (2002)	• 오락성 • 공간성 • 쾌적성 • 청결성 • 편의성 • 심미성
김성혁·최승만·권상미 (2009)	• 청결성 • 매력성 • 편리성 • 오락성
최영환·최화열·김성훈 (2012)	• 디자인 환경 • 인적환경 • 감각적 환경 • 쾌적한 환경

서비스스케이프는 성공적인 외식업체의 경영을 위해서 매우 중요한데 서비스의 무형적인 특성으로 인하여 체험이나 신뢰와 같은 요인들이 중요한 작용을 한다. 따라서 서비스 개념(콘셉트)과 일치하도록 설계해야 한다.

2) 서비스스케이프의 중요성

서비스스케이프는 고객 및 종업원의 인식과 태도 그리고 행동에 영향을 미치기 때문에 서비스기업은 비전, 미션, 전략을 수립할 때 설정한 서비스 개념과 서비스스케이프가 일치하도록 설계하고 실현하여야 한다. 예를 들어, 셀프서비스가 주를 이루는 외식업체의 경우 서비스를 제공하는 종업원을 대신하여 직관적인 디자인을 많이 활용해야 한다. 직관적인 디자인을 통해 고객이 스스로 어떻게 행동해야 하는지를 전달할 수 있기 때문이다. 그와는 반대로 풀서비스를 제공하는 외식업체의 경우는 고객이 프라이버시를 존중받으면서 권위를 느낄 수 있도록 설계가 되어야 한다.

서비스스케이프 속에서 고객과 직원은 사회적 상호작용을 하므로 서비스스케이프를 설계할 때 이를 충분히 고려해야 있다. 서비스스케이프에서 만족을 느끼면 고객은 마음껏 즐기고 돈을 지불하려는 욕망이 생긴다. 직원도 지속적으로 열심히 근무하며 기업에 남으려는 욕망이 생기므로 고객과 직원 모두 상호작용적 행동을 활성화 하게 된다.

서비스스케이프가 인식과 태도를 통해 구매행동에 직접적인 영향을 주기 때문에 외식업체는 서비스스케이프의 설계에 집중하게 된다. 설계를 통해 만들어진 서비스스케이프는 지속적으로 관리되어야 하며, 관리 점검을 위해 미스터리 쇼핑과 같은 제도를 활용하기도 한다. 특히 고객에게 관심을 끌기 위하여 만들어진 서비스스케이프가 오히

1. 서비스 기대의 결정요인으로 서비스 품질과 고객만족에 영향

2. 서비스의 동시성은 고객이 서비스공간체류하는 시간을 길게 함

3. 기업이미지, 고객(만족도 등) 및 직원의 행동(직무만족 등)에 영향 줌

4. 고객 구매행동에 직접적으로 영향을 미쳐 외식업체의 매출 영향

그림 6-1 서비스스케이프의 중요성

려 고객들에게 불편함을 주고 있지는 않는지 파악하기 위해 미스터리 쇼핑은 필수불가결한 관리수단이다.

3) 서비스스케이프의 영향

고객은 외식업체의 서비스스케이프 차원을 인지하고 정서적인 기분이나 태도를 결정하며 생리적인 반응을 나타내게 된다. 무엇보다도 서비스스케이프는 고객의 만족에 미치는 다양한 요소 중에서도 그 중요성이 가장 크다고 할 수 있다. 서비스스케이프는 고객의 태도나 구매만족 그리고 구매 후 행동에 상당한 영향을 미친다. 서비스스케이프가 외식업체에 미치는 영향에 대하여 자세히 살펴보면 **그림 6-2**와 같다.

(1) 구매 결정에 영향

분위기가 심리에 미치는 영향을 고려할 때 서비스스케이프가 외식업체의 서비스 품질 인식에 미치는 영향은 매우 크다. 예를 들면, 소비자가 외식업체를 선택할 때 음식보다는 분위기를 기준으로 방문을 결정하는 경우가 많다.

어떤 구매 상황에서는 매장의 음악, 향기 또는 인테리어와 머천다이징 등이 서비스 상품 자체보다 구매결정에 더 큰 영향을 준다. 서비스스케이프는 서비스를 소비자의 마음 속에 포지셔닝하여 상품 그 자체보다 구매결정에 더 큰 영향을 미치며, 고객의 태도와 이미지 형성에 직접적으로 영향을 주는 중요한 역할을 한다.

(2) 서비스 무형성의 극복

외식업체는 고객이 정해진 공간에서 서비스를 소비하기 때문에 서비스스케이프가 매우 중요하다. 특히 서비스스케이프는 서비스에 대한 경험이 전혀 없거나 적은 고객에게 더 많은 영향을 미친다. 또한 서비스의 특성인 무형성을 극복하기 위해서는 서비스의 서비스스케이프가 서비스 품질에 대해 고민하는 고객들에게 서비스 상품을 이해하거나 평가하는 데 도움을 준다. 예를 들어, 처음 방문하는 외식업체의 경우 음식을 먹어 보지 않았고 서비스를 경험한 적도 없기 때문에 외부환경만을 보고서 구매를 결정하는 경우가 이러한 사례에 해당된다.

구매 결정에 영향

서비스 무형성의 극복

이미지 형성

직원 행동의 영향

그림 6-2 서비스스케이프의 영향

(3) 이미지 형성

서비스스케이프는 고객의 첫인상을 끌거나 고객의 기대를 설정하는 역할을 한다. 외식업체의 색상, 조명, 음향, 실내공기, 온도, 공간배치, 가구 스타일, 향기 등과 같은 서비스스케이프는 서비스에 대한 고객 감정을 형성하는 데 도움을 준다. 따라서 외식업체는 궁극적으로 서비스 자체에 대한 긍정적 인식을 창조하기 위하여 서비스스케이프를 잘 조성해야 한다.

(4) 직원행동에 영향

서비스스케이프는 고객뿐만 아니라 기업 내부고객, 즉 직원에게도 많은 영향을 준다. 제조업과는 다르게 서비스업에서는 서비스 제공과정에서 서비스 제공자는 고객과의 직접적 커뮤니케이션을 통해 고객의 감정에도 영향을 준다. 쾌적한 근무환경은 직원의 일에 대한 만족도를 높이고 직원의 생산성을 높이며 동료 직원과의 조화로움에도 긍정적인 영향을 미친다. 자신이 근무하는 기업의 서비스스케이프가 근무만족도와 직장의 충성도에 어떤 영향을 미치는지 곰곰이 생각해 보면 그 가치를 충분히 이해할 수 있다.

2. 서비스스케이프의 구성요소 및 역할

서비스스케이프의 구성 요소를 비트너(1992)의 연구에 근거하여 '주변요소, 공간 배치와 기능성, 사인·심벌·조형물' 로 나누어 자세히 살펴본 후 서비스스케이프의 역할을 다룬다.

1) 서비스스케이프의 구성요소

(1) 주변요소

주변요소란 물리적 환경의 배경적 특성으로 온도, 조명, 소음, 음악, 전망 등을 의미한다. 외식업체의 주위환경 변수는 온도와 습도, 조명, 소음, 공기질, 향기, 색상과 같은 실내외의 풍경과 전망 등과 같은 배경적 특성을 갖으며 인간의 오감에 영향을 미친다고 할 수 있는 요소들로 구성되어 있다.

예를 들면, 고파장의 색상을 이용한 외식업체와 저파장 색상을 이용한 외식업체는 서로 다른 감성을 자극한다. 붉은색, 노란색, 오렌지색과 같은 고파장의 색상은 고객들의 강한 흥미와 각성을 불러일으키는데 반하여 파란색, 초록색 계열의 저파장 색상은 차분한 분위기를 연상시키는 역할을 한다.

음악의 경우에도 고객행동에 영향을 미치는데, 외식업체에서 음악이 빠르고 시끄러우면 체류시간이 줄어들고 조용한 음악은 오래 머물게 하면서 매출을 상승시키는 결과의 연구들이 발표된 바 있다. 또한 고객의 나이에 따라 음악의 볼륨과 빠름에 대한 선호도가 다르다는 사실도 밝혀진 바 있다.

주변요소는 고객의 만족도와 매출성과에 영향을 미침과 동시에 직원의 업무성과와 만족에도 영향을 미친다. 즉, 열악한 환경에서 근무하는 경우보다 쾌적한 환경에서 근무하는 경우 업무성과와 만족도가 높게 나타난다.

(2) 공간배치 및 기능성

공간배치와 기능성 변수는 가구의 배치, 장비와 기계의 크기와 형태와 관련되어 있으며, 기능성은 성취하려는 목표와 성취를 용이하게 하기 위한 품목들의 기능을 말한다. 좀 더 구체적으로 살펴보면 공간배치는 장비, 기기류, 가구 등의 크기와 모양 그리고 배열 방법과 그들의 공간적 관계를 의미한다. 그리고 기능성은 장비, 기기류, 가구 등이 외식업체의 성과와 목표를 달성하도록 촉진하는 능력을 말한다.

이와 같은 외식업체의 디자인 요소로서 공간배치와 기능성은 고객의 행동에 영향을 미친다. 예를 들면, 식사하는 공간을 협소하게 만들거나 공간을 전체적으로 개방형으로 구성하면 고객의 체류시간이 줄어든다. 패스트푸드점에서 딱딱하고 작은 의자를 제공하고 테이블 간격을 좁게 만드는 이유는 이러한 공간배치와 기능성을 고려한 설계이다.

주위환경	• 실내온도와 습도, 조명, 소음, 음악, 냄새, 색상, 실 · 내외의 풍경과 전망 • 등과 같은 환경의 배경적 특성을 가짐 • 인간의 오감에 영향을 미침
공간배치와 기능성	• 식탁의 위치, 가구 스타일, 장비와 기계의 크기, 형태 그리고 배열하는 • 방법과 관련성이 있음 • 기능성은 성취하려는 목표와 성취를 용이하게 하기 위한 품목들의 기능임
사인 · 심볼 · 조형물	• 고객들에게 장소의 명시적 · 묵시적 정보를 제공함 • 부착된 표지판은 명시적 커뮤니케이션의 역할임

그림 6-3 서비스스케이프의 구성요소

(3) 사인·심벌·인공물

사인·심벌·인공물은 고객에게 장소의 명시적·묵시적 정보를 제공하는 기능을 한다. 즉, 외식업체와 고객 간의 커뮤니케이션을 위해서 반드시 필요한 서비스스케이프 요소이다. 특히 사인·심벌·인공물 등은 외식업체가 고객에게 제공하는 특별한 의미를 가지는 서비스의 일부이기도 하다.

좀 더 구체적으로 살펴보면, 외식업체의 로고가 그려진 간판이나 다양한 게시물은 점포의 콘셉트와 이미지를 전달하는 중요한 역할을 한다. 또한 바닥, 벽, 천장 등의 내부 인테리어와 점포 내부를 장식한 다양한 조형물은 외식업체의 미적 이미지는 물론이고 차별화된 상징성을 전달하는 매체로서 작용한다.

예를 들면, 외식업체의 바닥이 카펫이고 흰색의 깔끔한 테이블보, 은은한 간접조명이 갖추어져 있다면 높은 가격의 풀서비스가 제공될 것이라는 상징적 의미가 고객에게 전달될 것이다. 외식업체의 외형을 대표하는 파사드에서도 이런 기능이 작용한다.

2) 서비스스케이프의 역할

이미 살펴본 바와 같이 경제가 발전하고 소비자의 욕구가 높아짐에 따라 외식업체에서 서비스스케이프의 중요성은 날로 증가하고 있다. 그 이유를 좀 더 구체적으로 살펴보기 위하여 서비스스케이프의 역할을 체계화하는 것이 필요하므로 '패키지, 편의 제공,

패키지	서비스를 싸서 내부의 것을 외부적 이미지로 전달하는 제품의 패키지와 같은 역할
편의 제공	물리적 환경은 환경 내에서 활동하는 사람의 성과를 돕는 역할을 함. 예) 키즈카페
사회화	고객과 종업원으로 하여금 기대된 역할, 행동, 관계를 하도록 도움
차별화	물리적 환경을 통한 경쟁자와 차별화와 이를 통한 세분화 가능

그림 6-4 서비스스케이프의 역할

자료 : 이유재(2009), 서비스 마케팅.

사회화, 차별화'와 같은 구분을 통해 살펴보면 **그림 6-4**와 같다.

(1) 패키지

서비스스케이프는 제품의 패키지와 같이 서비스를 포장하여 내부의 가치를 이미지로 전달하는 역할을 한다. 외식업체의 서비스스케이프는 광고처럼 고객의 첫인상을 끌거나 고객의 기대를 설정하는 역할을 한다. 이것은 서비스의 무형성을 시각적으로 제시하는 것으로 실내장식이나 직원의 옷차림, 화장실의 청소 확인 표시, 영수증의 디자인 등 모든 서비스의 물리적인 환경은 유형적 단서로서 외식업체를 포장하는 역할을 한다.

(2) 편의 제공

서비스스케이프는 환경 내에서 활동하는 사람의 성과를 높이는 역할을 한다. 여기서 사람이란 고객과 직원 모두를 의미한다. 최근 선풍적인 인기를 끌고 있는 키즈카페는 아이를 데리고 일반 카페나 외식업체를 찾기 쉽지 않은 젊은 엄마가 편안하게 아이와 함께 할 수 있는 공간을 제공하고 있다. 키즈카페의 경우 아이의 놀이공간과 엄마를 위한 안락한 카페테리아를 분리하여 아이는 안전하게 엄마는 마음 편히 휴식과 식사를 즐길 수 있도록 하였다. 즉, 서비스스케이프가 어떻게 구성하느냐에 따라서 직원도 고객도 색다른 편의를 느끼게 될 수 있다는 점을 명심해야 한다.

(3) 사회화

잘 갖추어진 서비스스케이프는 고객과 직원으로 하여금 기대된 역할, 행동, 관계를 돕기 때문에 서비스스케이프는 고객이나 종업원을 사회화시키는 역할을 한다. 직원은 서비스스케이프로 인해 자신의 지위를 인지하게 되며, 고객에게 서비스스케이프의 설계는 자신의 역할이 무엇인가, 어느 부분에 있어야 하는가, 어떻게 행동해야 하는가 등을 암시한다.

(4) 차별화

서비스스케이프를 통하여 기업은 경쟁자와 차별화할 수 있으며 이를 통해 시장을 세분화 할 수도 있다. 외식업체의 경우 조명, 음악 선곡, 실내장식 등을 통해 기업의 주요 타깃 고객층을 선택할 수 있다. 예를 들어, 1970~1980년대의 분위기가 주를 이루는 외식업체는 중장년층이 선호할 것이며, 모던하고 심플한 분위기의 외식업체는 청년층이 선호할 가능성이 높다.

3) 서비스스케이프의 구분

서비스스케이프는 물리적인 환경을 통하여 고객과 직원의 행동에 영향을 미치기 때문에 외식업체의 서비스 콘셉트와 일치하는 느낌이 들 수 있는 이미지를 주도록 설계해야 한다. 그런 차원에서 서비스 환경 내의 참여자와 서비스스케이프를 기준으로 서비스스케이프를 구분해 볼 수 있는데 셀프서비스, 대인서비스, 원격서비스 등이 있다.

서비스의 많은 부분을 고객이 직접 담당해야 하는 셀프서비스는 서비스스케이프를 직관적으로 디자인하여 소비자의 원활한 행동을 유도해야 한다. 예를 들어, 패스트푸드 외식업체는 카운터의 디자인을 통해서 고객이 주문을 편리하게 할 수 있도록 하며, 식사 후 쓰레기 처리와 기타 외식업체 내에서의 서비스를 직관적으로 알 수 있게 디자인한다.

상호(대인)서비스는 셀프서비스에 비하여 직원과 고객 사이에 상호작용이 많이 일어나는 서비스 유형이다. 예를 들어, 에버랜드와 같은 놀이공원에서는 서비스스케이프가 고객에게는 환상적인 경험을 선사하고 직원에게는 무대로 주어진다. 외식업체의 경우도 파인다이닝과 같이 풀서비스를 제공하는 곳의 서비스스케이프는 고급스런 분위기를 창

표 6-3 서비스스케이프의 구분

구분	특징
셀프서비스	사용자 접점에서의 직관적 디자인을 활용하여 고객의 행동을 유도 예) 패스트푸드 외식업체의 카운터, 휴지통 안내 표시 등
상호(대인)서비스	개인화 정도에 따라 차이는 있지만 고객과 종업원 간 상호작용이 물리적 환경에 의해 영향을 받게 됨 예) 변호사, 의사와 같은 전문서비스의 경우 권위적인 분위기, 테마파크의 경우 물리적 환경이 고객에게는 환상적 경험을 직원에게는 무대를 선사함
원격서비스	고객들이 업체를 직접 방문하지 않음 예) 인터넷 쇼핑몰, 콜센터 같은 원격서비스기업의 경우 물리적 환경은 종업원 만족(동기유발), 운영의 효율성에 초점이 맞추어짐

자료 : 이유재(2009), 서비스 마케팅.

출하는 데 반하여 간단한 식사를 할 수 있는 곳은 심플한 분위기를 연출하는 것에 그친다.

원격서비스의 경우는 고객이 외식업체를 직접 방문하지 않는 상황에서의 서비스스케이프를 의미한다. 이때는 고객이 아닌 직원의 만족, 동기유발, 운영의 효율성 등이 물리적 설계에서 가장 신경써야 할 부분이다.

3. 서비스스케이프에서의 행동모델

서비스스케이프에 대한 전략적 결정을 위해서는 이러한 요소들이 소비자행동에 어떠한 영향을 미치는지 알아보는 것은 매우 중요하다. 서비스스케이프가 소비자행동에 미치는 영향을 설명하는 포괄적인 모형으로는 비트너의 자극-조직-반응(stimulus-organism-response)의 프레임워크를 기초로 한다. 여기에서 자극은 서비스스케이프의 여러 요소를 의미하고, 조직은 고객과 직원, 반응은 서비스 현장에서의 여러 행동을 의미한다. 여기에서 기본적인 가정은 서비스스케이프의 여러 차원과 요소들이 고객과 직원의 심리에 영향을 미치며 따라서 여러 행동과 반응을 일으킨다는 것이다.

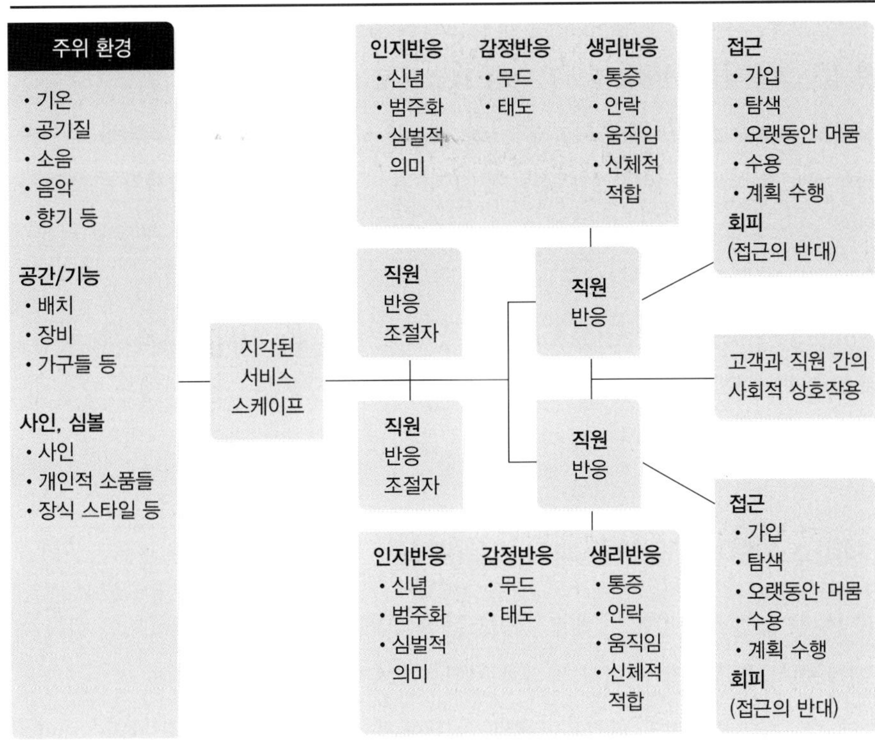

그림 6-5 서비스스케이프의 행동모델

1) 서비스스케이프의 환경적 차원(자극)

서비스스케이프는 외식기업이 서비스 제공과정을 촉진시키고 직원과 고객의 원활한 상호작용을 끌어내기 위해서 사용하는 모든 객관적·물리적 요소를 말한다. 서비스스케이프를 구성하는 요소들은 크게 주위 환경, 공간과 기능성, 사인과 심벌 등 크게 세 가지 유형으로 분류한다.

주위 환경은 기온, 공기질, 소음, 음악, 향기 등으로 구성된다. 이러한 주위 환경은 오감을 자극하여 소비자의 기분과 생각, 행동에 크게 작용하기 때문에 외식업체 경영자는 이러한 요소를 놓치지 않도록 해야 한다. 예를 들어, 분위기 있는 고급 외식업체에서 흘러나오는 음악이 댄스음악이라면 분위기에 맞지 않다고 생각할 것이다. 이와 같이 매장의 배경음악과 소비자의 행동에 대한 연구도 활발히 기술되고 있다.

공간과 기능은 소비자의 욕구를 채워줄 수 있는 부분이므로 중요하다. 서비스 제공을 위한 도구, 기기, 가구 등이 어떻게 배치되어 있는지 그리고 그 기능은 소비자와 직원의 업무 효율화를 위해서 잘 구성되어 있는지 잘 살펴보아야 한다.

사인과 심벌은 전달되어야 하는 의미나 지켜야 할 규칙들을 표시함으로써 고객과 직원에게 전달해 준다. 이러한 의미전달에 있어서도 그 디자인이 외식업체의 콘셉트와 잘 맞추어 있어야 그 의미가 더 잘 전달될 수 있으며 외식업체의 특성인 무형성 극복에도 도움이 될 수 있다.

여기에서 이러한 물리적인 요소들은 각각 반응하는 것이 아니라 전체적인 분위기와 기분으로 반응한다. 이러한 전체적인 반응을 서비스스케이프 소비자행동 모형에서는 '지각된 서비스스케이프'라고 한다.

2) 서비스스케이프에 대한 내적 반응(조직)

소비자행동 모델에서 말하는 대로 서비스는 직원과 고객, 서비스스케이프의 여러 자극에 대해 인지적·감정적·생리적 반응과 사람의 행동을 나타낸다. 서비스 현장에서의 콘셉트에 잘 맞는 물리적인 환경은 고객과 직원에게 신뢰감을 심어준다. 서비스스케이프에서 이미지는 인지적 반응을 긍정적으로 이끌어낼 수 있도록 직원의 옷차림, 매장의 분위기 등의 요소로 서비스 기대를 결정할 수도 있다.

서비스스케이프에서의 이미지는 고객의 긍정적·감정적 반응이 있도록 현장에서 기쁨과 즐거움을 주는 서비스를 하는 것이 필요하며, 설계에 따라서 다양한 고객의 생리적 반응을 이끌어낼 수 있다. 예를 들어, 패스트푸드 외식업체의 딱딱한 의자는 음식을 빨리 먹고 나가게 유도할 수 있으며, 커피전문점의 편안한 소파는 고객으로 하여금 더 머물러 있고 싶게 만들기도 한다.

3) 서비스스케이프에서의 행동(반응)

고객은 어떤 외식업체든 접근 또는 회피의 행동을 보인다. 접근행동이란 어떤 장소에 대해서 긍정적인 행동, 즉 관계를 맺고 오래 머무르고 싶고, 무엇인가 하고 싶은 행동을 유발하게 되며, 회피행동은 그와 반대로 어떤 장소에 대한 부정적인 행동, 즉 피하고 싶고 빨리 떠나서 관계를 맺고 싶지 않은 행동을 하게 되는 것을 말한다. 연구에 의하면, 소비자의 회피행동은 서비스스케이프에 지대한 영향을 많이 받는다고 하면서 서비스스케이프가 원하는 고객의 접근행동을 유발시키도록 해야 한다고 하였다.

서비스스케이프는 소비자 개인의 행동과 직원 개인의 행동뿐 아니라 고객과 직원의 상호작용에도 영향을 미친다고 하였다. 고객과 직원 간의 물리적인 거리, 좌석 배치, 공간의 규모와 같은 요소들은 사회적 상호작용을 하는 데 많은 영향을 미친다. 따라서 고객에게 서비스 현장에서 좋은 경험을 제공하고 직원과 소통하며 교류할 수 있는 노력을 촉진하는 것도 필요로 한다. '스타벅스'의 오감마케팅 사례도 여기에 좋은 예가 될 수 있다.

4. 외식업체의 디자인 구성요소

외식업체의 내부와 외부는 업종에 적합한 콘셉트를 설정하고, 객석수와 좌석 회전율, 메뉴의 내용, 영업의 성격에 따라 목표고객에게 어느 정도의 가격으로 어떻게 상품과 서비스를 제공할 것인지 결정한 이후에 서비스스케이프 구성요소에 대한 실현이 가능하다. 명확하고 일관된 콘셉트가 수립되어 목표하는 서비스스케이프가 계획되었다고 하더라도 실제 인테리어와 익스테리어로 구현하는 것은 다른 문제로 인식될 수 있기 때문이다.

서비스스케이프가 구체적인 형태로 구현되려면 디자인이 필요하다. 따라서 디자인 구성요소 측면에서 서비스스케이프를 검토할 필요가 있으므로 외식업체의 디자인 구성요소를 시각디자인, 제품디자인, 공간디자인, 웹디자인으로 나누어 살펴보면 **표 6-4**와 같다.

지금까지 살펴본 서비스스케이프와 디자인 구성요소를 고려하여 외식업체의 디자인에 대한 착안사항을 살펴보면 다음과 같다.

표 6-4 외식업체의 디자인 구성요소

구분	세부 항목
시각디자인	로고, 심벌, 색채, 캐릭터, 전용서체, 시그니처, 유니폼, 사무집기, 패키지, 간판, 수송물, 유도사인물
제품디자인	식기, 커트러리, 푸드 스타일링, 테이블린넨, 센터피스, 메뉴판
공간디자인	점포 정면, 대기실 인테리어, 실내 섬유 및 직물, 실내 가구, 조명, 인테리어 색상, 바닥재, 소품 및 액세서리, 외관 환경디자인, 벽지, 테이블 및 의자, 파티션
웹디자인	웹상의 로고, 웹상의 심벌, 웹컬러, 서체, 이미지(음식사진), 스타일 & 이미지, 인터페이스, 기술, 멀티콘텐츠, 레이아웃, 아이콘과 메뉴바, 네비게이션, 배너

자료 : 김인화(2012), 레스토랑 디자인 구성요소가 디자인 수행도에 미치는 영향에 관한 연구.

1) 외식업체의 외부 환경

외식업체가 어떤 종류의 음식을 판매하는 공간인지, 음식의 가격대는 어느 정도인지, 맛은 어떤지 혹은 편안하고 아늑한 분위기 인지 등을 소비자는 점포 외관의 이미지를 통하여 결정한다. 따라서 점포의 콘셉트를 목표고객이 한눈에 파악할 수 있도록 디자인되어야 한다. 그러기 위하여 간판은 멀리서도 눈에 잘 띄어야 하고, 주위 환경과 조화를 이루면서 경쟁업소와 차별성이 있어야 한다. 또한 목표고객층이 선호하는 자재와 색상을 사용하여 고객의 호기심을 유발해야 한다. 메뉴모형 케이스를 설치하여 업종과 메뉴의 특성을 잘 보여주는 것도 한 가지 방법이 될 수 있다. 외식업체의 외부 환경요소에 해당하는 파사드와 주차장을 중심으로 세부적으로 살펴본다.

(1) 파사드

파사드(facade)의 어원은 라틴어 'Facies'의 얼굴(face)과 겉모양(appearence)이라는 뜻을 가지고 있다. 파사드는 건물의 현관이 위치하는 정면(front)과 거리에 접하는 면으로 외식업체가 판매하는 음식은 물론이고 분위기와 서비스 수준을 전달하는 가장 중요한 요소이면서 외식업체와 고객이 최초로 대면하는 접점이다. 따라서 파사드는 시각적으로 정보를 전달하는 물리적 경계 역할을 한다. 그리고 내·외부 공간의 연결을 통해 점포의 콘셉트, 점포와 상품 이미지 등의 정보를 전달하여 고객 유입 정도를 결정하는 역할을 한다.

파사드는 사람이 모이는 공간의 디자인 요소로 기능적·감각적·감성적으로 어필할 수 있어야 한다. 외식업체의 첫인상이라 할 수 있는 파사드는 다른 경쟁업체와 차별화 시키는 요소이면서 그 업체가 가지고 있는 핵심 이미지를 전달한다. 파사드가 소비자의 감성을 자극해야 하는 이유는 가고 싶고 머물고 싶은 장소로 인식되어야 하기 때문이다. 다른 곳과의 차별성, 호기심 자극, 일관된 주제, 한눈에 부각되어 시선을 집중하게 만드는 요소들이 통합적으로 포함되어야 하는 이유이기도 하다.

파사드가 개성적이고 독창적이어서 통행객의 발길을 멈추어 점포로 유도하기 위해서는 AIDMA 법칙(Attention-관심, Interest-흥미, Desire-욕망, Memory-기억, Action-구매행동)에 따라야 한다. 상점의 이미지는 지나가는 고객의 시선을 유도한다. 그리고 상점의 이미지를 통하여 상품의 가격, 서비스, 품질 수준에 대한 상상을 하게 된다. 이러한 상점의 이미지는 사용한 자재나 조명, 상점의 전면 크기, 디스플레이 유형, 판매음식의 종류에 따라 달라진다. 파사드는 일반적으로 간판, 출입구, 메뉴 진열 케이스 등으로 구성된다.

① 간판

간판은 상품에 대한 정보를 전달하는 데 그치지 않고 외식업체의 전반적인 이미지를 전달할 수 있어야 한다. 간판의 그래픽과 디자인을 결정할 때에는 두 가지를 주의해야 한다. 첫째는 목표고객이고, 둘째는 목표고객이 방문하는 핵심요소이다. 간판은 목표고객과 그들이 원하는 가치 사이에서 징검다리 역할을 한다.

외식업체의 간판은 점포 이미지를 심어주는 역할뿐만 아니라 간판을 통하여 고객이 점포를 발견하고 가장 먼저 점포를 인식하게 만드는 역할을 한다는 점에 유의해야 한다. 또한 고객은 간판을 보고 업종을 짐작하고 분위기를 상상하여 점포의 이용 여부를 결정하게 된다. 따라서 간판은 가격이나 미적인 면에만 치중해서는 곤란하다.

② 출입구

출입구는 고객이 외식업체를 출입하는 데 심리적으로나 물리적으로 부담이 가지 않아야 한다. 가능하면 넓은 것이 좋지만, 물리적으로 어려운 경우 벽을 유리로 만들어서 넓어 보이게 하는 방법도 있다. 일반적으로 현관을 설계할 때는 출입구의 수, 위치, 방향, 크기, 비상구 등을 고려하고, 추가적으로 출입방식을 전후 미닫이, 좌우 미닫이, 회전, 자동문 중에서 선택해야 한다. 특히 출입구는 여름이나 겨울의 내외부 온도 차이로 인한 불편을 줄이기 위하여 이중문 등을 설치하기도 한다.

③ **메뉴 진열 케이스**

메뉴 진열 케이스는 외식업체의 대표메뉴나 고객을 유인하기 위한 전략상품(세일품목, 계절상품, 신상품, 기획 상품 등)을 진열하여 잠재고객의 관심을 끄는 역할을 한다. 메뉴 진열 케이스에 진열하는 상품은 고객의 구매욕구를 파악하여 선택한다. 계절의 변화나 신메뉴 출시 때 주기적으로 바꾸는 관심도 필요하다.

최근에 외부가격표시제가 실시되면서 주요 메뉴와 최종지불가격이 점포의 출입구에 표시되고 있지만, 장기적으로는 메뉴 진열 케이스와 같은 구체적인 판매촉진도구가 활성화 되어야 할 것이다.

(2) 주차장

외식업체에서 주차서비스를 제공하는 것은 필수이다. 다만 주차장 확보가 어려운 경우, 인근 공영주차장을 이용하거나 발렛 파킹 서비스를 제공한다. 주차장의 확보는 점포의 수준과 방문하는 고객의 특성을 고려한다. 인근에서 도보로 찾아오는 고객이 대부분인 외식업체에서 주차장이나 주차서비스를 제공할 필요는 없다. 자동차를 이용하여 찾아와야만 하는 상권과 입지에서 사업을 하는 경우라면 주차장은 사업성패를 좌우하는 요소가 될 수 있다.

2) 내부 환경

영업공간과 조리공간으로 구분되는 점포 내부는 고객은 물론이고 직원들도 행복한 시간을 보낼 수 있도록 분위기를 연출하고 기능적인 효율성도 함께 고려해야 한다.

(1) 영업공간

외식업체의 영업공간(hall)은 점포의 콘셉트에 적절한 레이아웃과 실내 분위기를 계획하는 것이 중요하다. 세부적인 내용은 공간 설계, 탁자와 의자 배치, 분위기, 계산대, 화장실의 순서로 살펴본다.

① **공간 설계**

영업공간의 레이아웃은 고객만족과 수익성 달성을 위한 적절한 배치와 동선의 설계가 무엇보다 중요하다. 먼저 레이아웃의 경우 고급 외식업체일수록 복잡한 구조로 프라이버시를 존중하는 측면을 고려하고, 패스트푸드점의 경우 빠른 좌석회전이 이루어지도록 단순한 레이아웃을 추구한다. 외식업체의 영업공간은 서빙하는 직원이 일하기 편한 동선과 레이아웃을 생각한 후에 객단가와 목표고객층에 맞는 디자인을 계획하는 것이 좋다. 단체고객이 많은 업종인 경우 좌석을 탄력적으로 운영할 수 있도록 공간을 설계한다.

영업공간의 동선은 고객 동선과 종업원 동선이 상호 교차하지 않아야 한다. 고객에게는 순서에 따라 음식이 제공되어 편하게 식사를 하고 대화할 수 있도록, 종업원은 원활하게 서비스를 할 수 있도록 동선이 구성되어야 한다. 서비스 동선을 단순화하고 보행거리를 단축하기 위하여 주방의 위치를 고려하고, 빠르고 원활하게 고객응대가 가능하도록 서비스 동선을 단순화시켜 종업원의 보행거리를 단축한다.

② **탁자와 의자 배치**

외식업체에서 테이블과 의자의 배치는 곧 식사 장면을 연출하는 것이다. 비슷한 업종의 외식업체라도 목표고객의 욕구에 따라서 테이블의 크기와 높이, 형태, 배열 등이 전혀 다르게 이루어진다. 외식업체는 점심과 저녁처럼 한정된 시간에만 고객이 집중되므로 탁자와 의자를 적절하게 배치해야 목표 매출액을 달성할 수 있다.

외식업체는 효율적인 점포운영을 위하여 탁자를 1인용, 2인용, 4인용처럼 다양하게 배치하는 것이 필요하다. 또한 좌식이냐 입식이냐에 따라 좌석회전율을 다르게 할 수 있으며, 좌석 간의 프라이버시가 확보된 자리와 개방적인 자리에 따라서 기능적·심리적 차이도 발생한다는 점을 고려한다. 또한 의자 배치는 곧 고객의 시선 위치와 높이를 정하는 것이므로 탁자 높이와 천장 높이, 파티션 높이 등과 함께 결정해야 한다.

③ **분위기**

외식업체의 분위기란 고객이 외식업체에 도착하여 식사를 마치고 나갈 때까지의 모든 과정에서 접하는 유·무형의 사건을 의미한다. 또한 고객에게 감동을 줄 수 있는 모든 유무형의 요소를 칭하기도 한다. 고객이 외식업체에서 머무르는 시간이 길수록 분위기는 오감에 많은 영향을 준다. 이와 같은 분위기는 건축가, 컨설턴트, 인테리어 디자이너가 함께 만들어내는 기능적·물리적·심리적 요소와 의장 등을 포함한다.

외식업체는 동일한 상품을 판매하더라도 내부인테리어(interior)나 익스테리어(exterior), 직원의 서비스를 차별적으로 디자인한다. 이는 같은 상품이라도 장소에 따

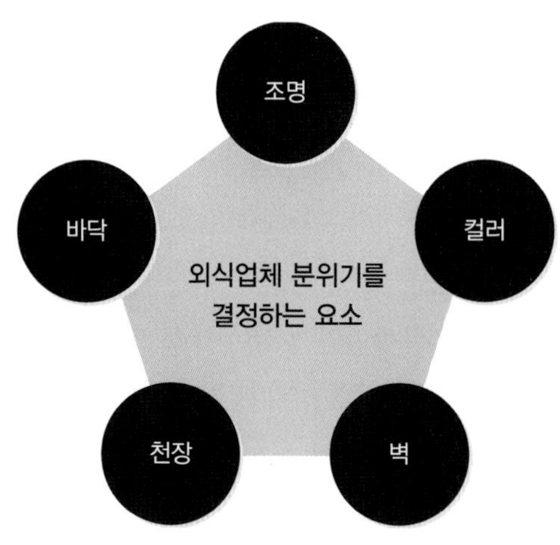

그림 6-6 분위기를 결정하는 요소

라서 가격이 다르게 매겨지는 것을 소비자들이 인정하기 때문이다. 자판기의 커피, 노점상의 커피, 카페에서 판매하는 커피는 모두 같은 상품이지만 소비자는 다른 금액을 지불하고 구매한다.

외식업체의 분위기를 창출하는 인테리어의 주안점은 '멋진 점포'가 아니다. '어떻게 해야 고객의 구매욕구를 높일 수 있는가?'가 중요하다. 따라서 내부의 모든 장식과 조명, 집기, 장비 등 모든 것이 이 포인트에 맞추어져야 한다. 외식업체의 이상적인 분위기는 고객은 식사가 편하고 행복해야 하며, 직원은 효율적으로 일할 수 있다면 가장 이상적이다. 외식업체의 분위기를 좌우하는 요소들을 조명, 색상, 벽, 천장, 바닥의 순으로 살펴본다.

첫째, 조명에 따라 동일한 인테리어의 외식업체라도 고객이 느끼는 감성은 전혀 달라질 수 있다. 조명이 실내분위기를 최종적으로 완성하므로 외식업체 디자인의 초기부터 전략적으로 접근해야 한다. 외부의 조명은 고객을 내부로 끌어들이도록 유도하고, 내부의 조명은 고객이 상품을 구입하고자 할 때 또는 서비스를 제공받을 때 편안하게 느끼도록 설계되어야 한다.

고급스런 외식업체처럼 고객이 장시간 머무르는 점포의 경우 조명의 색온도와 설치높이를 낮추며 간접조명을 병행해야 한다. 왜냐하면 테이블마다 아늑한 느낌을 줄 수 있기 때문이다. 그러나 패스트푸드처럼 고객 회전이 빨라야 하는 외식업체에서는 조명의 색온도와 조도(밝기), 조명의 설치높이를 높여 밝고 활기찬 느낌을 주어야 한다. 조명방식도 직접조명으로 한다. 한편 주·야간으로 실내·외의 조명방식과 조도(밝기)를 조절할 수 있도록 계획한다. 영업시간대에 따라 외식업체의 조명을 조절하여 실내분위기를 바꿀 수 있다면 주·야간의 매출에도 영향을 미칠 수 있다.

예를 들면, 업종에 따라 차이는 있지만 식사를 주로 하는 업소에서는 조도가 밝은 것이 좋으며, 주류를 판매하는 업소는 어두운 조명이 조화를 이룬다. 색온도가 낮은 조명은 사람의 마음을 안정시키는 효과가 있는 반면 색온도가 높은 조명은 심리적인 긴장감을 높이고 활동적이 되게 만든다.

둘째, 외식업체의 색상은 점포의 분위기와 이미지를 창조하여 고객의 관심을 끌 수 있어야 한다. 색은 사람의 시선을 끌기도 하지만 개인의 경험과 본능을 통하여 마음속에 각인된 감성적 이미지에 영향을 미친다. 색상은 마감재의 형태나 질감, 패턴 등과 결합하여 감성에 영향을 미치며, 마감재나 색의 조합과 배색을 통하여 목표고객이 선호하는 이미지를 만들어준다. 그러므로 외식업체는 업종, 서비스 형태 및 전통적인 면을 고려하여 각 공간의 분위기와 이미지를 창출할 수 있는 색채구성을 계획하는 것이 바람직하다. 예를 들면, 부드럽고 따뜻한 톤은 전통적인 메뉴를 제공하는 고급 외식업체에 어울리며, 패스트푸드점에서는 좌석회전율을 높이기 위해 강렬한 색채를 사용하는 것이 좋다. 고객이 들어오고 싶은 마음이 들도록 고객의 호기심을 자극해야 한다.

셋째, 벽은 인간의 시선과 동작을 차단하고 공기의 움직임을 제어할 수 있는 공간을 형성한다. 외식업체의 벽은 수직적 구성요소로서 공간 구성요소 중 가장 많은 면적을 차지하고 가장 먼저 눈에 띄는 부분이다. 벽이 눈높이보다 높으면 그 공간은 폐쇄적이 되며, 눈높이보다 낮으면 개방적인 공간이 된다. 일반적으로 1,700~1,800mm 이상의 높이는 시각적으로 프라이버시가 보장되는 높이이며, 개방적 벽체는 눈높이보다는 낮은 벽체로 900~1,200mm 정도의 높이이다. 60mm 이하의 낮은 벽체는 편안하고 안락한 분위기를 요구하는 공간에 주로 사용된다.

넷째, 천장은 바닥과 함께 실내 공간을 구성하는 수평적 요소이다. 다양한 형태나 패턴 처리로 공간의 형태를 변화시킬 수 있다. 천장이 낮으면 실내가 포근하고 아늑한 느낌을 줄 수 있으며, 천장이 높으면 시원함과 확대감을 줄 수 있다. 천장은 많은 실내 설비가 배치되는데, 전기조명, 통신, 공조시설, 소방장치 등을 체계화해서 산만하지 않게 처리한다. 벽과 천장의 마감재를 통일하면 공간이 넓어 보이는 효과를 줄 수 있다.

다섯째, 바닥은 천장과 함께 실내 공간을 구성하는 수평적 요소로서 인간의 감각 중

시각, 촉각과 관계를 갖는 요소이다. 따라서 신체와 직접 접촉하는 부분들이 인간의 촉각을 만족시킬 수 있어야 한다. 외식업체 바닥의 재질은 매장 분위기 연출뿐만 아니라 기능적인 측면도 고려해야 한다. 또한 흠집이 나기 쉽고, 한 번 공사하면 교체하기도 어려우며 비용이 많이 소요되므로 신중해야 한다. 내구성이 강하고 음식물이 쏟아져도 쉽게 닦을 수 있는 재질을 사용한다.

④ 계산대

외식업체의 계산대(counter)는 고객의 안내부터 시작하여 점포 내에서 냉·난방, 조명, 음향 등을 조절하는 다기능적인 공간이다. 일반적으로 카드단말기 등을 배치하고 서비스나 부가가치를 높이기 위한 포장이나 정보전달 등 커뮤니케이션 공간으로 이용되기도 한다. 외식업체에서는 신용카드 이용자가 많으므로 서명하기 용이한 높이의 계산대가 있어야 한다. 또한 고객에게 적극적인 서비스와 커뮤니케이션을 하기 쉽고, 고객이 인지하기 쉬운 위치에 설치하는 것이 좋다. 계산대의 위치는 출입구 근처로서 전체 고객의 동향을 잘 살필 수 있는 곳이 적절하며, 전기와 설비계통 등을 전체적으로 조절할 수 있는 스위치가 설치되는 점을 고려해야 한다.

⑤ 화장실

최근에는 외식업체의 화장실 인테리어도 청결하고 고급스럽게 변화하고 있다. 아무리 외식업체의 음식이 훌륭하여도 화장실이 지저분하다면 고객은 청결하지 못한 업체라는 이미지를 가지게 된다. 화장실의 이미지는 중요한 점포 경쟁력이라는 생각이 사람에게 많이 확산되고 있다. 화장실은 외식업체의 시각적인 이미지를 평가하는 데 절대적인 영향을 미치기 때문이다.

(2) 조리공간

① 조리공간의 구성

외식업체의 조리공간(kitchen area)은 주방면적과 동선, 주방바닥과 벽, 주방천장, 주방동선, 주방색상의 순으로 살펴본다.

첫째, 외식업체의 전체 면적에 대해 적당한 주방면적의 배분이 필요하다. 필요이상으로 주방면적이 넓다면 객석수 감소에 따른 매출 손실이 발생할 것이다. 반대로 매출을 중시하여 주방면적을 좁게 한다면 주방의 대처능력 부족으로 고객의 불만이 생길 것이고 매출은 하락할 것이다. 따라서 업종에 따른 적당한 주방의 면적을 결정하는 것이 중요하다.

일반적으로 주방면적에 대한 기준은 없지만, 일반 외식업체의 경우 객석을 70%, 주방을 30%로 나누기도 한다. 다만 객단가가 낮고 좌석회전율이 높은 업종의 경우는 객석과 주방의 비율을 75:25의 비율로 하기도 한다. 주방의 동선은 작업의 흐름대로 각 구역이 배열되어야 한다.

둘째, 주방 내의 시공 중 가장 까다로운 부분이 바닥과 벽이다. 주방에서는 물을 사용하므로 방수가 중요하다. 바닥은 미끄럽지 않으면서 청소가 용이해야 한다. 특히 주방바닥에는 가스, 전기, 상하수도 등의 배관이 묻혀 있고 무거운 기기들이 설치되므로 하중에 견딜 수 있어야 하고 부패가 일어나지 않아야 한다. 또한 배수 상태가 양호하여 물이 고이지 않도록 배수관 지름이 20cm는 되어야 한다. 바닥은 경사 처리가 되어 건조 상태가 항상 유지되어야 하고 바닥의 재질은 수분, 손상, 세균 번식에 강해야 한다.

셋째, 주방의 천장은 가연성 물질이 쌓이게 되면 화재의 위험성이 높으므로 마감재는 불연성의 재료, 내열성 및 내습성이 강한 것을 사용한다. 주방의 높이는 2.5m 정도는 되어야 하며, 공기의 순환이 잘 되는 조건이라면 2.2m 정도까지도 무난하다.

넷째, 주방의 색상은 근무하는 직원의 피로 감소, 사기 증진, 생산력에 영향을 미치는 요소로 좋은 색상은 사고 감소에도 영향을 미친다. 사물과 주변의 색상과 명암이 같을 때 사람들은 주변 사물을 쉽게 구분하기 어려워 단색상이나 단조로운 색상을 사용하면 사고율이 높고 직원의 사기가 낮아지기도 한다. 따뜻한 색상은 일반적으로 작업공간에서는 잘 사용하지 않는다. 이러한 색상은 어느 정도 시간이 지나면 눈이 피로함을 느끼게 하기 때문이다. 반대로 푸른색이나 녹색계열은 눈의 피로를 덜어주는 역할을 한다.

② **조리공간의 설계**

주방의 설계는 점포의 업종, 업태, 서비스방법 등 외식업체만이 가지고 있는 조리기능의 특성을 이해한 후에 결정해야 한다. 외식업체는 음식과 서비스를 고객에게 제공하는 장소이다. 주방의 디자인이나 레이아웃에 관하여 이전에는 중요하게 생각하지 않았지만 최근에는 오픈주방을 이용하는 점포가 늘어나면서 조리과정을 퍼포먼스로 보여주며 점포의 중심적인 역할이 강조되고 있다.

주방 설계는 우선 점포의 메뉴 구성을 고려한 이후에 착수한다. 메뉴의 조리법이나 서비스에 따라 주방의 동선도 변하기 때문이다. 예를 들어, 화덕에 굽는 피자를 메인으로 하는 이탈리안 외식업체라면 화덕을 객석에서 잘 보이게 배치하면 인테리어 연출 효과도 있어 매출을 올리는 데 기여할 수 있다. 주방의 레이아웃은 단순히 보기 좋은 배열보다는 주방에서 어떤 작업을 할 것인지를 분명히 하고 디자인해야 한다. 또한 작업 진행의 능률을 생각하여 조리사, 조리장비, 조리방법, 이용 식자재 등에 대한 고려도 필요하다.

주방을 계획하는 전체적인 목적은 고객만족을 위해 직원의 행동을 최소화하고 주방의 특성을 고려함과 동시에 주방 장비를 효율적으로 운영하는 데 있다.

주방의 위치와 규모를 정할 때 불필요하게 큰 주방은 홀의 좌석수를 감소시키며, 주방 내에서는 작업 동선이 커져 피로감을 높인다. 일반적인 외식업체에서는 4인석 테이블 1개가 1년에 1,000만 원 내외의 매출을 좌우하므로 주방의 규모를 잘 계획해야 매출을 높일 수 있다.

5. 외식업체의 디자인 전략

외식업체의 서비스스케이프 디자인은 매출과 같은 성과지표에 큰 영향을 미친다. 제한된 공간을 어떻게 디자인하느냐에 따라서 좌석의 회전율을 높이기도 하고 낮추기도 한다. 예를 들어, 좁은 탁자와 딱딱한 재질의 의자는 좌석회전율을 높이는 역할을 한다. 빠른 템포의 음악도 같은 효과를 내는 서비스스케이프 전략의 하나이다.

서비스스케이프의 효율적인 계획을 위해서는 소비자의 심리를 비롯하여 태도와 행동을 이해하는 것이 선행되어야 한다. 이러한 이해를 바탕으로 외식업체의 생산성을 높이고 결과적으로 이익을 극대화시킬 수 있다. 다만 외식업체의 단기간의 이익을 추구하는 것이 최종목표가 되어서는 곤란하다. 서비스스케이프의 계획은 직원의 만족과 고객만족에 영향을 미치고 궁극적으로 외식업체의 높은 성과로 연결되는 구조로 이루어져야 한다. 이와 같은 목적 달성을 위한 외식업체 디자인전략을 위한 명제들을 정리하면 **표 6-5**와 같다.

표 6-5 디자인 전략을 위한 명제

서비스스케이프 구성요소	구분	내용
주변 요소	색채	고객의 주의를 끌고 유인하기 위해서는 외식업체 외부를 따뜻한 색채와 밝은 조명으로 디자인함
		높은 회전율을 추구하는 외식업체는 따뜻한 색채와 밝은 조명으로 디자인함
	음악	높은 회전율을 추구하는 외식업체는 음악의 볼륨과 템포를 높고 빠르게 함
		낮은 볼륨의 느린 음악으로 소비자가 머무는 시간을 늘려 매출을 높임
		고객층의 연령에 따라서 음악의 속도와 볼륨을 적절히 조절함
공간배치와 기능성	공간배치	높은 회전율과 빠른 서비스를 추구하는 외식업체는 개방형 공간, 좁은 좌석, 고정 좌석 배치가 유효함
	기능성	서비스 품질을 높이기 위해서는 동선의 단순화, 넓은 통로, 장치의 효율적 배치가 필요함
사인·심벌·인공물	디자인	사인·심벌·인공물은 상품, 서비스와 일치하도록 통합적으로 디자인해야 소비자들이 서비스 품질을 높게 인식함

자료: 전병길·고동우(2002), 레스토랑 디자인 요소로서 물리적 환경의 기능.

요 약

1. 서비스스케이프(servicescape)는 서비스에 자연환경을 의미하는 접미사 scape를 합성하여 '인간이 창조한 환경'이라는 뜻이다. 다시 말해 서비스가 전달되고 서비스기업과 고객의 상호작용이 이루어지는 환경을 일컫는다. 마케팅 도구의 일환으로 무형적인 서비스를 전달하는 데 동원되는 모든 유형적 요소를 포함한다.
2. 비트너(Bitner)는 서비스스케이프를 "서비스 시설 그 자체"로서 "인간에 의해 만들어진 서비스스케이프"으로 정의하기도 하였다. 서비스스케이프는 서비스 상품을 차별화시키는 역할을 하기 때문에 고객의 구매의사결정에 영향을 미쳐 서비스 품질에 대한 단서로서 고객의 기대와 평가에 영향을 줄 뿐만 아니라 서비스 종업원의 태도와 생산성에 영향을 주는 유형의 요소로도 작용한다.
3. 서비스스케이프의 구성요소로는 주변요소, 공간배치와 기능성, 사인/심벌/조형물의 3개 차원으로 분류한다. 서비스스케이프는 서비스 개념(콘셉트)과 일치하도록 설계되어야 한다.
4. 서비스스케이프는 서비스 품질, 고객만족에 영향을 미치는 서비스 기대의 결정요인, 서비스기업에서는 생산과 소비가 동시에 이루어지므로 고객이 서비스 공간에 장시간 체류한다. 기업 이미지, 고객만족도 및 종업원의 직무만족 등에도 영향을 미친다. 고객구매행동에 직접적 영향을 미치는 것과 같은 중요성으로 인하여 그 가치가 더욱 강조된다.
5. 서비스스케이프가 소비자행동에 미치는 영향을 설명하는 포괄적인 모형으로는 비트너의 자극-조직-반응(stimulus-organism-response)의 프레임워크가 있다. 자극은 서비스스케이프의 여러 가지 요소를 의미하고, 조직은 고객과 직원, 반응은 서비스 현장에서의 여러 행동을 의미한다.
6. 서비스스케이프가 구체적인 형태로 구현되려면 디자인이 필요하다. 따라서 디자인 구성요소 측면에서 서비스스케이프를 검토할 필요가 있으므로 외식업체의 디자인 구성요소를 시각디자인, 제품디자인, 공간디자인, 웹디자인으로 나눌 수 있다.
7. 서비스스케이프의 디자인은 매출과 같은 성과지표에 큰 영향을 미친다. 제한된 공간을 어떻게 디자인하느냐에 따라서 좌석의 회전율을 높이기도 하고 낮추기도 한다. 서비스스케이프의 효율적인 계획을 위해서는 소비자의 심리를 비롯하여 태도와 행동을 이해하는 것이 선행되어야 한다.

연습문제

1. 외식업체 입장에서 서비스스케이프의 개념, 중요성, 역할 등을 구체적인 외식업체 사례와 이미지 자료를 이용하여 설명해 보기 바랍니다.

2. 외식업체의 서비스스케이프에서 외부 환경은 파사드에 의해 좌우된다고 할 수 있습니다. 그동안 국내 레스토랑은 소규모로 운영되면서 내부 환경에 비하여 외부 환경에 대한 중요성을 간과한 경향이 있습니다. 향후 음식점의 경쟁 증대와 고급화 경향에 따라 파사드의 중요성이 증대될 것으로 예상됩니다. 파사드의 중요성, 갖추어야 할 속성, 성공적인 파사드 사례 등을 정리해 보기 바랍니다.

3. 외식업체의 서비스스케이프가 중요함을 충분히 이해하는 계기가 되었습니다. 다만 콘셉트를 설정하고 차별화된 인테리어를 추구하다 보면 상당한 창업비용이 소요되고, 더 큰 문제는 이러한 인테리어도 결국 2년 정도 지나면 트렌드에 뒤처지는 경향이 있습니다. 계속 재투자를 하기에는 많은 어려움이 예상되는데 이런 문제를 어떻게 해결할 수 있을까요?

4. 서비스스케이프의 디자인은 디자이너나 창업자 등 이해관계인의 안목에 의하여 창조된다고 할 수 있습니다. 인테리어 디자이너의 안목이 중요할 수도 있고, 창업자 자신의 안목이 중요할 수도 있습니다. 안목은 전문화된 지식과 경험을 통해 만들어지는 것이므로 다양한 인테리어 현장을 경험하는 것이 무엇보다 중요합니다. 전문가들이 국내외 다양한 음식점을 방문하고 기록으로 남기는 것은 바로 이런 이유 때문일 것입니다. 하지만 최근에는 직접 현장을 탐방하지 않더라도 전문잡지나 인터넷의 정보를 통해 간접적인 경험을 할 수 있고 인테리어 트렌드를 익힐 수 있습니다. 그렇다면 인터넷에서 인테리어에 대한 정보를 얻을 수 있는 전문잡지 또는 카페, 블로그, 맛집 소개, 기타 사이트 정보를 수집하여 제시해 보기 바랍니다.

5. 비트너가 제시한 서비스스케이프는 인공적인 물리적 환경에 국한되어 있다고 합니다. 서비스스케이프를 사회적 영역과 자연적 영역까지 확장시키기 위하여 제시되는 사회적 서비스스케이프와 회복적 서비스스케이프 개념을 파악하고 외식업체에 어떤 시사점을 제공할 수 있을지 제시해 보기 바랍니다.

01 다음 중 음식점의 서비스스케이프를 구성하는 요소로 적합하지 않은 것은?

① 주변요소 ② 공간배치와 기능성
③ 서비스 시설 ④ 사인/심벌/조형물

02 다음 중 음식점의 서비스스케이프 중 외부환경 요소에 해당되지 않은 것은?

① 간판 ② 파사드
③ 표지판 ④ 주방시설

03 다음 중 음식점의 서비스스케이프가 미치는 영향에 해당되지 않는 것은?

① 구매결정에 영향 ② 서비스 유형성의 극복
③ 이미지 형성 ④ 직원행동에 영향

04 서비스스케이프의 역할에 대한 설명 중 잘못된 것은?

① 편의제공: 고객의 편의만을 고려하는 역할
② 패키지: 서비스를 포장해서 외부적 이미지로 전달하는 패키지 역할
③ 사회화: 고객과 종업원으로 하여금 기대된 역할, 행동, 관계를 갖도록 도움
④ 차별화: 경쟁자와의 차별을 통한 시장 세분화

05 음식점 내부환경에서 카운터에 대한 설명으로 적합하지 않은 것은?

① 한눈에 매장의 상황을 파악할 수 있는 위치에 있어야 한다.
② 들어오는 고객과 나가는 고객이 혼재되어 복잡하지 않도록 유의해야 한다.
③ 냉난방 스위치와 전원 스위치는 카운터에 결집되어 있어야 한다.
④ 매장 규모와 관계없이 카운터는 최소화하는 것이 효율적이다.

06 주방에 대한 설명 중 잘못된 것은?

① 배식구와 퇴식구를 통합하여 공간의 효율성을 높인다.
② 트랜치와 바닥의 경사가 적합하여 물빠짐이 원활해야 한다.
③ 팬트리 공간이 적정한 위치에 있어서 주방작업이 원활해야 한다.
④ 홀 서비스에 적합한 최적의 위치여야 한다.

07 **음식점 창업을 위해 고려해야 하는 인테리어의 속성에 대한 설명 중 잘못된 것은?**

① 고객지향적인 인테리어에 초점을 둔다.

② 최소의 비용으로 기능 위주의 인테리어를 통해 효율을 높인다.

③ 외부 환경과 홀은 감성지향적으로, 주방과 휴게실 등은 기능지향적으로 설계한다.

④ 독특하고 차별화된 인테리어는 음식점의 경쟁력을 높이는 수단이다.

EXPLAIN 해설

01 (답) ③

(해설) 음식점의 서비스스케이프는 주변 요소, 공간배치와 기능성, 사인/심벌/조형물 요소로 구분된다.

02 (답) ④

(해설) 파사드는 외부의 간판, 입구, 메뉴 진열장 등을 포괄하는 용어로 외부 환경의 통칭으로도 사용될 수 있다. 주방시설은 내부 환경에 포함된다.

03 (답) ②

(해설) 서비스스케이프는 서비스의 무형성 극복에 영향을 미친다.

04 (답) ①

(해설) 편의제공 역할은 단순히 고객만의 편의가 아닌 음식점에서 활동하는 모든 사람의 편의를 고려하는 역할이어야 한다.

05 (답) ④

(해설) 카운터는 매장의 규모를 고려하여 적절한 크기와 기능을 갖추어야 한다.

06 (답) ①

(해설) 배식구와 퇴식구는 분리되어 혼잡을 피할 수 있도록 설계해야 한다.

07 (답) ②

(해설) 최소의 비용은 자칫 품질의 문제를 야기하여 추후 A/S에 더 많은 비용을 지출하게 만들수도 있다. 특히 기능성과 심시성의 조화를 통해 내부인력의 효율과 고객의 감성을 만족시킬 수 있는 인테리어를 추구하는 것이 가장 이상적일 수 있다.

SERVICE MANAGEMENT
FOR FOOD SERVICE INDUSTRY

PART 3

서비스 전략

CHAPTER 7

서비스 마케팅

학습 목표

1_ 마케팅의 정의와 역사를 설명할 수 있다.

2_ 마케팅을 구체적으로 이해하기 위한 기본개념인 욕구와 가치를 설명할 수 있다.

3_ 서비스기업에서 마케팅이 필요한 이유를 설명할 수 있다.

4_ 고객을 만족시키기 위하여 서비스기업이 제공하는 마케팅 수단으로서의 7P를 설명할 수 있다.

5_ 전략적 마케팅 체계는 어떻게 구성되어 있는지 설명할 수 있다.

'와가마마(Wagamama)'의 서비스 마케팅

마케팅의 정의는 학자나 문헌에 따라서 매우 다양하다. 하지만 대부분의 정의를 잘 정리하다 보면 결론은 '매매를 활성화시키기 위한 총체적 활동'임을 알 수 있다. 이와 같은 마케팅의 정의를 우리는 Marketing의 어원을 통해서도 쉽게 이해할 수 있다.

Marketing은 'market'과 'ing'의 합성어이다. 여기서 market은 동사로는 '시장에서 매매하다'를 의미한다. 따라서 marketing은 '시장에서 매매하는 활동의 현재진행형'으로 볼 수 있다.

'시장에서의 매매행위를 활성화시키는 총체적 활동'이라는 의미의 마케팅을 가장 성공적으로 수행하고 있는 '와가마마(Wagamama)'라는 외식업체를 통해 좀 더 구체적인 마케팅 활동을 이해해 보기로 한다. Wagamama는 영국에 본부를 둔 퓨전 일식 레스토랑으로 영국, 아일랜드, 두바이, 미국, 호주, 뉴질랜드, 이집트, 유럽, 터키 등에 전 세계 체인을 보유하고 있다. 현지의 인기는 매우 높은 편이다.

매니저: 조직의 성공을 좌우하는 핵심 인력

레스토랑의 구성은 kitchen의 chef, floor의 server, bar의 bartender 그리고 매니저로 구성된다. 매일 12시 10분 전 쯤, 매니저는 전 스텝의 미팅을 소집하고 그날에 대한 브리핑, 음식 준비상태, 청소상태 등을 점검하고 Wagamama의 룰에 대해 반복, 강조한다. 매니저의 역할은 레스토랑이 자연스럽고 빠른 손님 전환을 돕는 데 있다. 즉, 매니저의 역할에 따라 그 레스토랑의 하루 매출이나 이미지가 크게 변화를 겪게 된다.

통합적 이미지 컨트롤: 세계적인 힘은 통일성 구축으로부터

전 세계 어느 Wagamama를 가더라도 똑같은 서비스와 편안함을 느낄 수 있다. 나라마다 조금씩 다른 메뉴와 요리 방식을 가진다고 들었지만 기본적인 이미지는 같다. 'Positive Eating + Positive Living'이라는 슬로건 아래 모든 디자인 요소, 인테리어 요소, 음식의 데커레이션/영양소가 통일성을 가지고 손님들을 맞이한다. Wagamama의 별 모양 로고만 봐도 얼른 달려가 식사하고 싶다는 생각을 하게 만든다. 디자인이 강한 기업이다.

고객 관리: 처음 찾은 고객에게 보이지 않는 끈을 연결

한번 찾아온 고객이 지속적으로 매장을 다시 찾게 하기 위해서는 고객을 기다리기보다는 찾아가 손을 내밀어야 한다. 작은 레스토랑이었지만 이런 점을 게을리하지 않는다. 호주의 Wagamama는 frequent noodlers 카드를 발급해 고객을 관리한다. $100 구매 시 100point가 적립되는데 나중에 메인 요리($20 상당) 하나를 무료로 제공받을 수 있다. 매우 작은 혜택이라 생각할 수도 있겠지만 대부분 고객과 레스토랑을 이어주는 강력한 무기로 변모되면서 재방문율을 효과적으로 높인다. 쌓인 포인트로는 Wagamama 요리책이나 기념 티셔츠도 구입할 수 있어 인기가 좋다.

프로모션: 작지만 손님을 끄는 엄청난 힘

Wagamama는 이메일, 명함식 쿠폰 전달 등의 Wagamama 자체 프로그램과 레스토랑이 위치한 QV Square 자체에서 운영되는 프로모션을 동시에 활용한다. 또한 너무 많은 고객으로 인해 많은 시간을 지체했거나 불만을 가진 고객 발견 시 매니저나 스텝의 재량으로 프로모션 쿠폰이 제공된다. 역시나 공짜 싫어하는 고객이 없듯이 쿠폰을 들고 나가는 고객의 입가에는 미소가 가득하다. 대부분 충성고객인 이들은 쿠폰 사용을 위해 반드시 돌아온다.

정기적인 음식 업데이트: 똑같은 듯 늘 새롭게

매일 똑같은 음식은 레스토랑 마니아도 질리게 한다. Wagamama에서는 specials라는 별도 메뉴로 색다른 음식을 계절별로 제공한다.

미스터리 다이너스: 내 귀속의 도청장치

Wagamama만의 색깔을 안팎으로 꾸준히 지켜갈 수 있었던 힘은 Mystery Diners라는 제도 때문이다. 디자인 콘셉트야 본사에서 정해서 전 세계로 송고하면 그만이겠지만 개별 레스토랑이 Wagamama의 취지를 잘 지키고 있는지 확인할 방법은 찾기 쉽지 않다. 매달 초 2명의 Mystery Diners가 각 레스토랑을 방문한다. 손님과 똑같이 행세하면서 음식은 몇 분 안에 나왔는지, 음식의 데커레이션은 어땠는지, 맛은 어땠는지, 서버는 웃으면 친절하게 설명을 했는지, 새로운 메뉴를 몇 번 권유했는지, 화장실은 깨끗했는지 등을 체크한다. 모든 내용은 본사에 접수되고 점수화되고 순위화된다.

정기적인 매니저 회의: 우리는 한가족

영국계 레스토랑이 넓은 호주 땅에서 동일한 콘셉트와 음식을 제공한다는 것은 쉬운 일이 아니다. 그것을 보완하는 것은 대화의 힘이다. 영국에서 온 마케팅 이사 한 명과 멜번/브리즈번 지점을 관할하는 마케팅 디렉터 한 명이 1~2달에 한 번씩 레스토랑을 방문하고 매니저 미팅을 갖는다. 매출, 프로모션, 음식 상태, 서비스 상태를 재점검하고 바로 잡으려고 노력한다. 잦은 대화는 전 세계 체인점을 하나로 묶어 소속감과 책임의식을 부여한다.

업무의 메뉴얼화와 반복 교육: 교육할수록 매출과 서비스는 향상

모든 신입직원은 입사 후 두꺼운 매뉴얼을 건네받는다. 내가 속한 조직이 어떻게 구성되고 내 위치가 어디인지 어떤 일을 해야 하는지 매뉴얼을 통해 전부 배우게 된다. 12가지 룰이라는 것도 있는데 모든 직원이 숙지해야 하는 Wagamama의 철학이자 규칙이다.

스텝에 대한 혜택: 감사합니다! 저에게까지 신경 써 주셔서

Wagamama에서는 임시직이라 하더라도 매우 다양한 복지혜택을 제공한다. 레스토랑에 대한 인식이나 문화가 우리나라와 많이 다르고 호주 내에서도 레스토랑마다 차이가 있지만, Wagamama에서는 단 한 달을 일해도 연금, 보험, 월급, 팁이 제공된다.

자료: http://mongheeart.tistory.com/525

'마케팅의 아버지'라 불리는 마케팅의 대가 코틀러(Kotler)는 서비스기업의 마케팅을 다음과 같이 말하고 있다. "고객이 왕인 시대의 모든 기업은 고객을 만족시키는 것이 최우선 과제입니다. 어떻게 고객을 만족시킬 수 있을까요? 그것은 바로 마케팅을 알고 실행함으로써 가능합니다. 기업의 경영자는 성공을 위하여 마케팅과 친숙해질 필요가

있습니다." 코틀러의 말에서 '고객이 중요하고 왕처럼 모셔야 한다'는 의미는 모든 고객에게 그렇게 해야 한다는 것은 아니다. 기업의 경영자에게도 왕을 선택할 권리는 있다. 경영자는 신중하게 고객을 선택해야 한다. 기업이 가장 잘 모실 수 있고 또 그렇게 했을 때 만족할 수 있는 고객을 선택해야 하는 것이다. 그렇게 선택된 고객과 가장 효과적이며 효율적으로 관계를 맺고, 그러한 관계를 지속적으로 유지하기 위해서 경영자는 경쟁기업보다 더 큰 가치를 고객에게 제공할 수 있는 수단인 마케팅 믹스를 창조할 수 있어야 한다.

오늘날의 마케팅은 단순한 기업의 기능 그 이상의 의미를 갖는다. 마케팅은 사고방식이고 철학인 동시에 기업과 경영자의 마음을 구조화하는 수단이다. 마케팅은 해당 직무의 담당자만이 수행하는 직무가 아니라 모든 직원이 수행함으로써 고객을 만족시키는 직무에 해당된다.

외식업체의 경영자는 성공을 위하여 고객이 필요로 하는 가치와 만족을 창조하는 끊임없는 노력이 필요하며, 기업이 성공하기 위한 다양한 요인이 존재하지만 성공한 기업이 가진 공통점을 자세히 살펴보면 고객에게 초점을 맞추고 강력한 마케팅 활동을 지속적으로 펼치고 있다는 것이다. 후대에 물려 줄 수 있는 성공한 외식업체는 마케팅에 의해 창조된다고 해도 과언이 아니다.

1. 마케팅의 정의

무어(Moore)는 마케팅을 "고객이 보고, 만지고, 듣고, 냄새 맡는 모든 것"이라고 하였다. 함주한은 마케팅을 "소비자와 기업 간의 매매가 활발하게 전개될 수 있도록 하는 일련의 행위"라고 하였으며, 드러커(Drucker)는 마케팅을 "개인과 집단이 제품과 가치를 창조하고 타인과의 교환을 통하여 그들의 욕구와 욕망을 충족시키는 사회적 또는 관리적 과정"이라고 정의했다. 드러커는 또한 "판매가 불필요하게 만드는 활동"이라고 설명한다.

결과적으로 마케팅은 "고객을 잘 알고 이해하여 제품과 서비스를 그들에게 맞춤으로써 저절로 판매되게 만드는 활동"으로 정리할 수 있다. 따라서 마케팅을 하려면 고객을 이해한 후 목표고객을 정하는 과정, 목표고객이 원하는 제품과 서비스를 생산하는

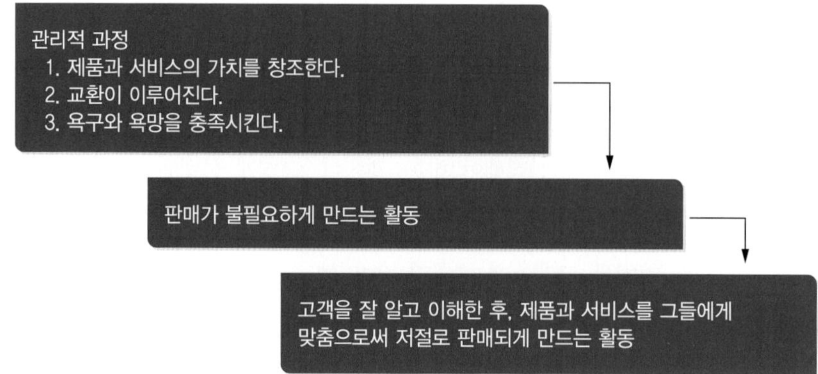

그림 7-1 피터 드러커의 마케팅 정의

과정, 생산된 제품과 서비스를 고객이 구매한 후 만족하게 만드는 과정을 순차적으로 할 수 있는 능력을 갖추어야 한다.

이상의 마케팅의 정의 이외에 다양한 마케팅의 정의를 추가로 살펴보면 다음과 같다.

마케팅의 정의

마케팅은 조직이나 개인이 자신의 목적을 달성하기 위한 교환을 창출하고 유지할 수 있도록 시장을 정의하고 관리하는 과정이다.

-한국마케팅학회(KMA)

마케팅이란 개인이나 조직의 목적을 충족시켜 주는 교환을 창조하기 위한 아이디어, 제품, 서비스의 창안, 가격결정, 촉진, 유통을 계획하고 실행하는 과정이다.

-미국마케팅학회(AMA)

마케팅이란 개인과 집단이 제품과 가치를 창조하고 타인과의 교환을 통하여 그들의 욕구와 욕망을 충족시키는 사회적 또는 관리적 과정이다. 마케팅의 목적은 판매를 불필요하게 만드는 것이다. 즉 마케팅은 고객을 잘 알고 이해하여 제품과 서비스를 그들에게 맞춤으로써 저절로 판매되게 만드는 것이다.

-피터 드러커(Peter Drucker)

마케팅은 환대 및 여행기업이 고객의 욕구와 필요 그리고 조직의 목표를 충족시키도록 고안된 활동을 계획, 조사, 실행, 통제, 평가하는 지속적이고 순차적인 과정이다.

-알라스티어 모리슨(Alastair M. Morrison)

마케팅은 서비스기업에 생명을 불어넣는 가장 중요한 도구이다. 철저한 계획, 실행, 통제가 따르는 마케팅을 통해 기업은 수많은 고객을 불러들일 수 있고, 재방문도 가능하게 만들 수 있다. 마케팅을 통하여 경영자는 고객을 행복하게 해줄 뿐만 아니라 기업의 이해관계자 역시 행복하게 만드는 도구가 바로 마케팅이다. 마케팅은 경영자나 관리자 뿐만 아니라 기업의 종사자 모두 관심을 기울여야 하는 매우 중요한 경영활동의 일환이다. 따라서 서비스기업의 경영자와 관리자는 열정을 가지고 마케팅에 임해야 하며, 그것이 종사자들에게 충분히 전달되도록 노력해야만 한다. 모든 직원이 하루도 빠짐없이 마케팅 활동에 전력을 다하도록 관심을 가져야만 사업에서 성공할 수 있다.

특히 서비스기업은 제조업과 서비스업의 모든 특성을 동시에 가지고 있다. 즉, 서비스기업은 유형적이고 물리적인 다양한 제품과 무형적인 특성으로서 서비스가 적절하게 결합될 때 최고의 가치를 고객에게 전달할 수 있다. 고객이 기업의 다양한 유무형의 제품을 구매하기 위하여 대상을 선택할 때 저차원의 욕구를 넘어서는 상위의 체험을 경험할 수 있어야 기업이 추구하는 목표를 달성할 수 있다.

서비스 마케팅의 필수 요소에는 기업의 목표고객에게 아주 뛰어난 가치를 제공하는 경험을 창조하고, 이어서 핵심 메시지를 목표고객과 직원들에게 전달하는 일련의 행위가 포함된다. 성공한 기업의 경영자와 관리자는 그들이 고객에게 집중적이고 효과적으로 수행했던 마케팅 경험을 상호 간에 공유하고 있음을 알 수 있다. 실제로 서비스 마케팅은 항상 즐기면서 도전하는 것이 요구된다. 일반적으로 경영자가 고객을 위해 최고의 가치를 제공하려는 마케팅 계획은 거의 단기간에 그 효과가 사라진다고 알려져 있다. 이러한 결과는 고객이 항상 변화하고 있음을 알려주는 대표적인 사례이다. 따라서 마케팅 계획도 항상 변화시킬 필요가 있다는 사실을 기억해야 한다.

2. 마케팅을 이해하기 위한 기본개념

인간의 욕구와 제품, 가치와 만족, 교환 그리고 관계마케팅에 대한 개념을 명확하게 파악하지 않고서 마케팅을 이해하고 실행에 옮기는 것은 불가능하다. 특히 자동차의 엔진과 같이 마케팅을 가능케 하는 힘의 원천이라 할 수 있는 3가지 수준의 욕구는 서비스기업의 마케터가 반드시 이해하고 있어야 하는 중요한 개념이다.

1) 인간의 3가지 욕구

인간의 욕구는 마케팅을 가능하게 만드는 힘의 원천이다. 이러한 욕구는 본원적 욕구(needs), 구체적 욕구(wants), 수요(demands)로 구성된다. 마케팅을 이해하기 위해서는 인간의 3가지 욕구에 대한 명확한 이해가 선행되어야 한다.

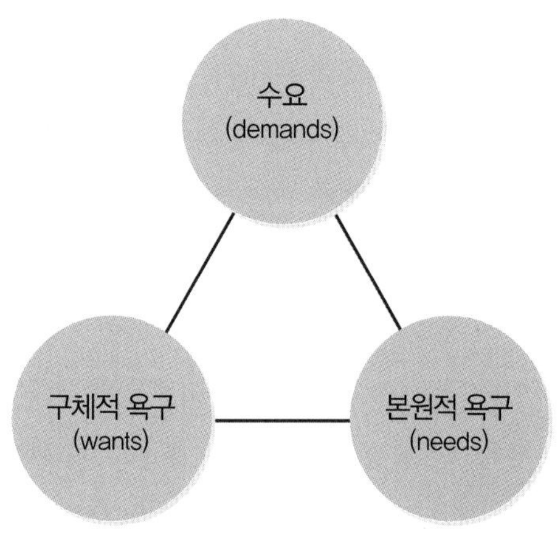

그림 7-2 인간의 3가지 욕구

먼저 본원적 욕구는 인간의 최저 수준의 욕구로서 생리적·본능적인 욕구이다. 예를 들어 인간이 배고픔을 느끼는 순간 먹고 싶다는 욕구를 느끼게 된다면 이를 니즈(needs)라고 할 수 있다. 보통 니즈는 자연스럽게 발생하고 지속성을 갖는 경우가 많다. 이어서 구체적 욕구는 방향성이 있는 구체화된 욕구로서 상당히 체계적이다. 이는 개인의 성향과 가치관 그리고 환경 등에 따라서 다르게 나타나는 특징이 있다. 다만 니즈와 달리 원츠(wants)는 정해진 시간이 지나면 소멸한다. 따라서 본원적 욕구인 니즈와 구별된다. 예를 들면, 배가 고파서 먹고 싶다는 욕구는 니즈에 해당하고, '식당에서 김치찌개를 먹고 싶다'라고 구체적으로 생각하게 되는 것은 원츠라고 할 수 있다.

3가지 욕구 중 수요(demands)는 원츠에 구매력이 추가된 욕구라고 할 수 있다. 김치찌개와 같은 원츠에 음식점을 이용할 수 있는 돈과 의지가 추가되면 수요가 된다. 따라서 수요는 구매력을 포함하는 좀 더 포괄적인 욕구의 개념이다. 소비자가 돈이 있어서 구매력을 확보한다면 수요가 되는 것이고, 한편 돈이 있는 소비자라도 구매할 의지가

표 7-1 니즈와 원츠의 차이

니즈(needs)	원츠(wants)
생리적·본능적 욕구	방향성이 있고 구체화된 욕구
모든 사람에서 유사하고 자연스럽게 발생	개인의 성향과 환경에 따라 다름
지속성을 가짐	정해진 시간이 지나면 소멸함
배고픔	김치찌개

없다면 수요가 안 된다. 결과적으로 마케팅의 직접적인 관심은 세 가지의 욕구 중에서도 수요에 집중하게 된다.

마케터는 지금까지 살펴본 인간의 3가지 욕구를 제대로 이해할 필요가 있다. 소비자의 욕구를 정확히 알아내고, 적절히 대응하는 경우에만 고객을 만족시키고 감동시킬 수 있기 때문이다. 예를 들어, 중장년층이 음식점을 선택하는 경우와 청년층이 음식점을 선택하는 경우의 욕구를 동일하게 이해해서는 곤란하다. 배고픔을 해결하려는 니즈는 같다고 하더라도 원츠와 수요 측면에서 중장년층은 편안한 공간과 고급스러운 메뉴의 음식점을 찾는데 반하여 청년층은 서비스 수준은 낮고 저렴한 자신의 구매수준에 적합한 음식점에 초점을 맞출 수 있다. 이와 같이 고객의 진정한 욕구를 정확하게 파악하려는 노력은 끊임없이 이루어져야 한다.

2) 제품 또는 서비스

일반적으로 제품(또는 서비스)이란 "소비자의 욕구를 충족시킬 수 있는 그 어떤 것"이라고 정의내릴 수 있다. 소비자의 욕구를 충족시킬 수 있다는 것은 유형의 제품일 수도 있고, 무형의 서비스일 수도 있다. 마케터는 제품이나 서비스가 소비자에게 더욱 매력적으로 보이게 하려고 노력한다. 결국 제품은 소비자의 니즈와 원츠를 충족시켜주는 그 어떤 제공물을 의미한다. 실제로 제공물은 앞서 언급한 제품과 서비스 이외에 아이디어나 경험이 될 수도 있고 모든 것의 결합체가 될 수도 있다.

3) 가치와 만족

마케터가 시장에서 목표고객에게 가치와 만족을 제공할 수만 있다면 그 제품과 서비스는 매우 성공적으로 교환이 이루어진다. 그렇다면 가치는 무엇이고, 만족은 어떤 상태를 말하는 것일까. 가치는 소비자가 얻을 수 있는 것과 해당 소비자가 지불하는 비용의 비율을 의미한다. 소비자는 효용 또는 품질을 얻는 대가로 가격이라는 비용을 지불한다. 결과적으로 가치는 효용(품질)과 비용(가격) 사이에 존재하는 비율이라고 할 수 있으며, 이를 공식으로 표현하면 다음과 같다.

가치 = 효용 / 비용 = 품질 / 가격

위 공식을 보면, 마케터는 가치를 높이기 위하여 효용(품질)을 높이는 방법을 선택하거나 그것이 불가능하다면 가격(비용)을 낮추는 노력을 할 수 있다. 예를 들면, 음식점에서 새롭게 개발한 메뉴의 가치를 높이기 위하여 두 가지 선택을 할 수 있다. 첫 번째는 만약 경쟁점과 같은 가격을 받는다고 가정하면 더 많은 양의 제공하거나 아니면 더 좋은 식재료를 사용하는 것이다. 두 번째는 경쟁점과 같은 양의 동일한 식재료를 사용한다면 가격을 낮춤으로써 소비자가 가치를 높게 인식하게 할 수 있다.

가치에 이어서 만족에 대하여 살펴보자. 만족은 구매를 하기 전에 기대하였던 성과와 구매 후에 얻은 성과 사이의 차이를 의미한다. 구체적으로 그 차이는 기쁨과 실망에 대한 개인적 감정으로 표출된다. 결국 만족이란 인지된 성과와 기대 사이에 존재하는 관계라고 할 수 있으며, 이를 공식으로 표현하면 다음과 같다.

만족 = 기대한 성과 ≤ 경험한 성과
불만족 = 기대한 성과 > 경험한 성과

위 공식에 따르면, 만족을 높이기 위하여 서비스기업은 소비자가 기대한 서비스 수준보다 높은 수준의 서비스를 제공할 때 소비자 만족을 달성할 수 있다. 예를 들면, 소비자가 음식점에 들어가기 전에 가격은 1만 원쯤 될 것이고 서비스 수준은 중간 정도라고 기대하였는데, 실제로 음식점을 이용한 결과 가격은 9천 원이고 서비스 수준은 높았다면 소비자는 만족을 느끼게 된다.

4) 교환

마케터는 자신의 제품이나 서비스를 소비자에게 제공하고 자신이 원하는 반대급부로써 이익을 얻으려고 한다. 마케팅은 모든 기업이 경쟁사보다 목표고객의 욕구를 더 잘 충족시켜줄 수 있는 제품이나 서비스를 개발한 후 이익의 실현이 가능하고 소비자가 받아들일 수 있는 가격에 판매하여 기업의 목표를 달성하도록 도와준다. 이것은 판매자와 소비자의 입장에서 보면 각각 판매행위와 구매행위로 구분되지만 제3자의 입장에서 보면 교환행위이다. 따라서 교환은 타인에게 대가를 지불하고 원하는 자원을 얻는 과정이라고 할 수 있다. 교환을 통하여 각각의 거래당사자들은 교환 이전에 비하여 높은 효용을 얻는다. 만약 교환 후보다 교환 이전에 효용이 증대되지 않는다면 교환은 발생하지 않게 된다. 기업의 생산 활동은 생산 이전보다 더 높은 가치를 창조하는 것과 마찬가지로 마케팅에서의 관심대상인 교환도 가치창조의 한 과정이라고 보면 된다.

5) 고객관계마케팅

기업과 소비자 간의 교환이 이루어지므로 가치가 창출되면 계속적인 거래가 이루어지게 된다. 이때 기업과 소비자 사이의 우호적인 관계가 성립된다. 기업은 기존고객과 우호적 관계를 계속 유지하므로 소비자가 지속적으로 거래를 유지하도록 노력한다. 이와 같이 우호적이면서 지속적인 관계를 창출하여 매출을 발생시키고 브랜드 충성도를 높이는 활동을 관계마케팅이라고 한다. 교환과정에서 소비자가 만족하게 되고 이러한 만족이 재구매로 이어지기 때문에 기업과 소비자 사이의 지속적인 가치지향적 관계가 형성되어 관계마케팅이 가능하게 되는 것이다.

3. 마케팅 철학의 변화

소비자는 다양한 사회생활을 영위하면서 서비스기업을 이용하게 될 많은 기회에 직면한다. 그러한 상황에서 소비자는 더 높은 만족을 위하여 어떤 기업 또는 점포를 선택해야 할지, 또 설사 점포를 선택하였다 하더라도 어떤 상품을 선택해야 할지 끊임없이 고민한다. 다양한 선택의 기로에서 소비자는 결정을 내릴 수밖에 없다.

소비자는 매일 언론매체와 인터넷 사이트, 메일, SNS 등을 통하여 수많은 광고와 홍보 등을 접한다. 그리고 다수의 사람과 많은 커뮤니케이션을 한다. 길을 걸으며 항상 접하는 독창적이면서 다양한 간판을 볼 수 있으며, 버스와 택시에 부착된 광고를 보기도 한다. 휴대전화를 통하여 광고성 메시지를 하루에도 수십 통씩 받는다. 휴대전화 번호가 노출되어 이곳저곳에서 상품판매를 위한 전화가 걸려오는 것도 낯선 일이 아니다. 많은 기업이 제품과 서비스를 판매하기 위하여 다양한 노력을 기울인다. 공급이 수요를 초과하면서 기업 간의 경쟁은 더욱 치열해지고 다양한 제품의 출시는 소비자들의 선택을 어렵게 만들고 있다. 또한 소비자를 설득하려는 점포들의 노력은 상상을 초월한다.

이상의 다양한 현상은 기업이 수행하는 마케팅 활동의 결과물이다. 그러한 활동은

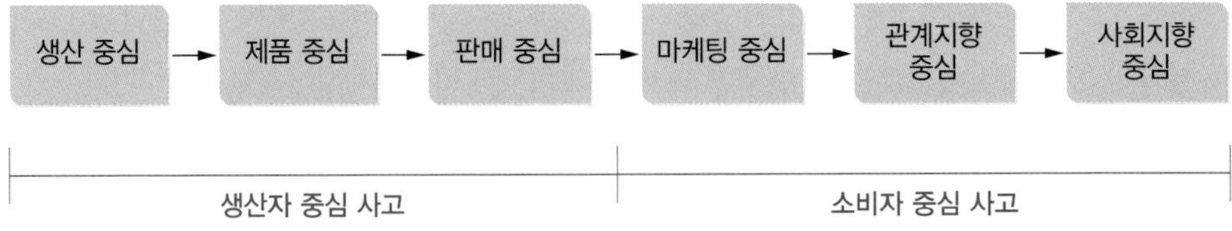

그림 7-3 마케팅 콘셉트의 변천과정

제품과 서비스가 다양한 경로를 통하여 생산자로부터 소비자에게로 이동하는데 있어서 당연히 필요하다. 결과적으로 기업의 마케팅(marketing)은 조직의 목표를 수립하고 이를 달성할 목적의 활동을 계획, 실행, 통제하는 관리과정으로 이러한 마케팅관리 활동이 추구하는 지향점은 사회가 발전하면서 지속적으로 변해왔다. 시대에 따른 마케팅 철학 또는 지향점의 변화를 살펴보자.

1) 생산 중심의 마케팅 철학

산업혁명이 일어나면서 생산이란 개념이 만들어지고 '생산 중심의 마케팅 시대'가 도래하였다. 당시에는 기업이 제품을 만들기만 하면 팔리던 시대라 대량생산을 통해 소비자가 원하는 수량만 맞추면 되었다. 그러한 시대의 기업 마케팅관리 목표는 '이익극대화'에 있었다. 실제로 이때는 마케팅이라는 개념보다는 영업이라는 개념이 더 필요했던 시대이다. 기업은 고객의 편의나 만족도를 높이기 위한 활동보다는 유통망을 늘리려고 더 노력했다.

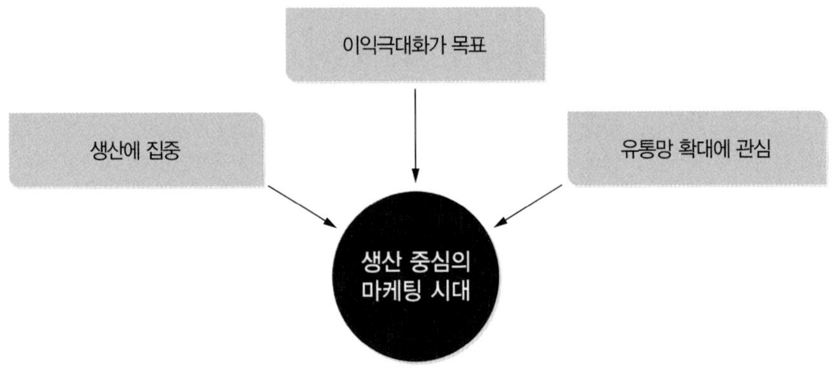

그림 7-4 생산 중심의 마케팅 철학

2) 제품 중심의 마케팅 철학

생산한 제품이 판매가 되지 않으면서 기업은 '제품 중심의 마케팅'에 관심을 가지게 되었다. 이 시대도 생산 중심의 마케팅 철학과 동일하게 고객보다는 기업의 조직에 더 관심이 집중되었다. 다만 과다한 생산으로 인하여 공급이 수요를 초과하게 되면서 기업은 생산한 제품이나 서비스가 판매되지 않고 재고로 남는 상황에 직면하였다. 따라서 기업은 소비자의 욕구를 파악하고 그 욕구를 만족시킬 수 있는 제품을 생산하여 판매해야 한다는 생각을 가지게 되었다. 기업은 혁신적이고 품질이 탁월한 제품을 만들기 위해 노력했다.

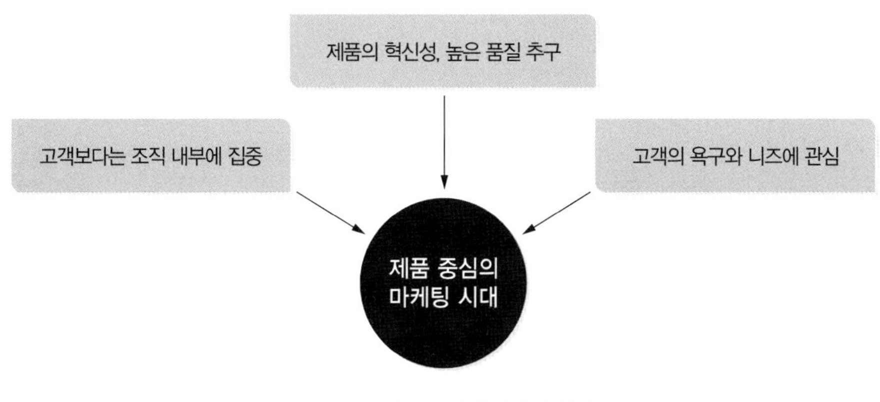

그림 7-5 제품 중심의 마케팅 철학

3) 판매 중심의 마케팅 철학

제품 중심의 사고로는 더 이상의 판매가 이루어지지 않게 되면서 판매 중심 마케팅 철학의 시대가 도래하였다. 기업은 공격적인 촉진활동에 관심을 가지게 되었다. 이 시대에는 고객과 적극적으로 접촉하여 구매를 하도록 설득하는 활동이 매우 중요했다. 이 시대의 기업은 과잉시설을 판매하기 위하여 광고와 홍보에 집중하고 다양한 할인상품을 만들어서 어떻게든 수요를 창출하려고 노력하였다. 상품과 서비스의 판매에만 집중하였기 때문에 고객과의 장기적인 관계를 맺고 유지하는 데 관심을 가지지는 않는다. 결과적으로 소비자의 욕구를 충족시키지 못하였기 때문에 시장에서 퇴출되는 기업이 속출하였다.

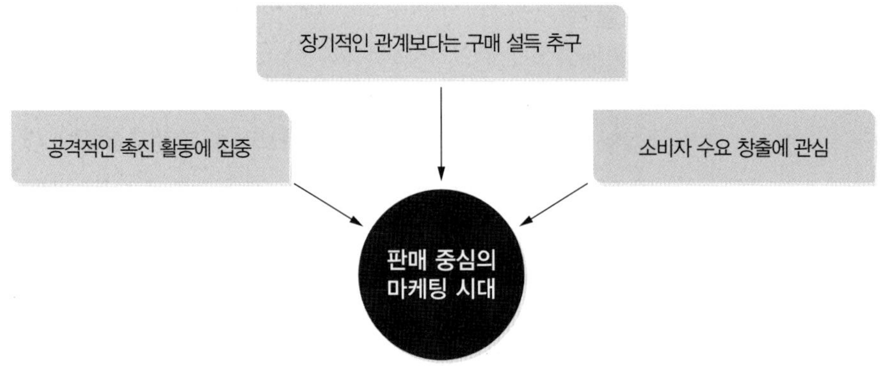

그림 7-6 판매 중심의 마케팅 철학

4) 마케팅 중심의 철학

판매 중심의 마케팅 철학도 약효가 떨어지면서 진정한 마케팅 중심의 철학이 대두되었다. 이 시대에는 제품이나 서비스의 판매는 잠재소비자의 욕구를 만족시켜야 한다고 생각했다. 따라서 마케팅 철학은 소비자 지향적인 경영원리로서 잠재적인 소비자의 수요에 합치하는 제품과 서비스를 제공함과 동시에 시장과 고객의 정보를 끊임없이 수집, 분석하여 시장 기회를 탐색하고 조직의 모든 활동을 통합, 조정하는 활동이라고 보았다. 제품 중심 철학의 목적이 매출의 증대를 통한 이익의 확보라면 마케팅 중심의 철학은 고객만족을 통한 이익의 증대라는 점에서 큰 차이를 발견할 수 있다.

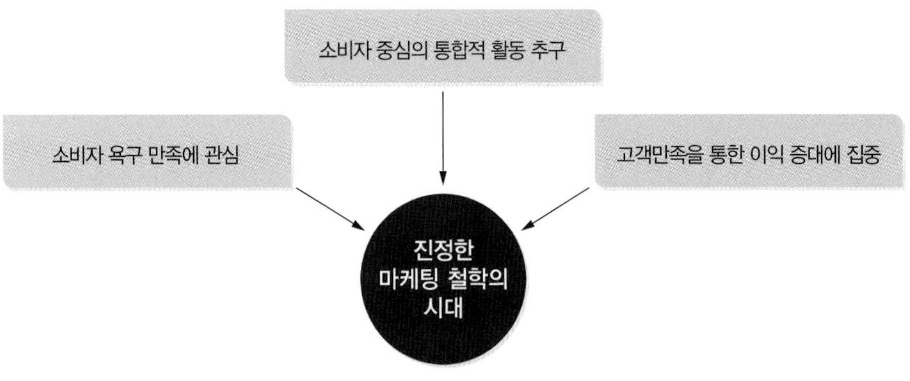

그림 7-7 마케팅 중심의 마케팅 철학

5) 관계지향성과 사회지향적 마케팅 철학

관계지향성 중심의 마케팅 철학은 기존의 마케팅 활동이 주로 신규고객을 창출하는 데 집중되었던 것에 대한 의문에서 출발하였다. 신규고객보다는 기존고객에 관심을 가지고 투자하는 것이 훨씬 더 효과적이고 효율적이라는 연구결과가 나오면서 고객관계관리(CRM, customer relationship management)의 중요성이 강조된 시대이다.

마지막으로 사회지향적 마케팅 철학의 시대이다. 최근에 이르러 과연 고객만족이 마케팅관리 활동에 있어 최우선과제 인가에 대한 의문이 제기되고 있다. 이제는 고객 중심적인 사고에서 사회 중심적인 사고로 전환해야 한다는 의미이다. 탄소 배출량을 고려한 제품의 생산과 그린마케팅의 대두 등이 이러한 사회 중심적인 마케팅 활동을 촉구하고 있다. 특히 소비자활동이 활발해지면서 사회지향적 마케팅 활동은 더욱 더 중요해지리라 예상된다.

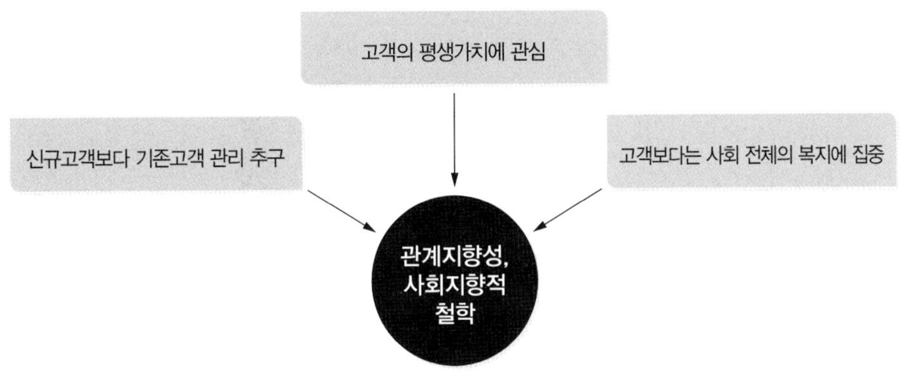

그림 7-8 관계지향성, 사회지향적 마케팅 철학

4. 서비스 마케팅이 필요한 이유

과거에는 서비스기업을 운영하는 데 있어서 마케팅이 필수적인 업무이기보다는 기업을 운영하는 데 필요한 하나의 옵션에 불과했다. 마케팅이란 개념보다는 판매나 영업이라는 개념이 필요한 활동으로 인식되는 시기도 있었다. 하지만 경쟁이 치열한 환경이 만들어지면서 마케팅은 다른 기업과의 경쟁에서 우위를 지키고, 더 높은 수익률을 달성하기 위해서 반드시 수행해야 하는 필수적인 업무가 되었다. 기업의 경영자와 관리자는 경쟁우위를 유지하고 수익성을 확보하기 위하여 고객을 유인하는 데 필요한 마케팅 활동을 하고, 고객에게 멋진 경험을 제공해야만 하는 과제를 안고 있다. 마케팅에 성공하기 위해서는 목표고객을 탐색하고 그들의 특성을 이해할 수 있어야 한다. 그리고 목표고객에게 가치를 제공할 수 있는 다양한 마케팅 믹스를 창출해야만 한다.

서비스기업의 경영자와 관리자는 고객과 장기적인 관계를 형성하기 위하여 노력해야 한다. 포럼 컴퍼니의 조사에 따르면, 신규고객을 창출하는 데 소요되는 비용에 비하여 단골고객을 유지하는 데 소요되는 비용이 20% 수준이라고 한다. 기업이 고객유지율을 5%만 증가시켜도 이익을 25~85% 증대시킬 수 있다. 이외에도 최근 많은 연구 결과, 기업에서 훌륭한 정도의 서비스를 제공해서는 고객을 만족시키기 힘들다는 것을 파악할 수 있다. 최상의 서비스만이 생존경쟁에서 살아남을 수 있는 방법이다. 최근에 방문했던 기업의 경험을 떠올려보자 만약 그 기업을 나올 때, 그저 '훌륭하군'이라고 말했다면 머지않은 시기에 재방문을 생각하지는 않았을 것이다. 그 이유는 우리 주변에는 훌륭한 정도의 서비스를 제공하는 기업이 너무나 많기 때문이다. 반면에 우리가 기업을 나오면서 '정말 특별하군'이라고 말한 곳은 머지않은 시기에 다시 방문하게 될 것이며, 즐거웠던 시간을 다른 사람들에게 전파하고 적극적으로 방문해 볼 것을 권유하게 된다는 사실을 되새겨야 한다.

앞으로 독자들은 이 책에서 다루게 될 서비스 마케팅 전략을 충분히 활용하여 기업을 경영한다면 최고의 고객만족을 제공하게 될 것이다. 또한 많은 고객을 유치하는 데도 도움이 될 것이다.

국내·외의 서비스기업은 치열한 경쟁 속에서 운영되고 있는 관계로 고객을 유치하기 위해서 매우 공격적인 마케팅 활동을 하고 있다. 그들은 광고 에이전시와 홍보기업에서 일했던 경험이 있는 관리자를 고용하기도 하며, 마케팅 활동에 많은 비용을 지출하기도 한다. 반면에 독립점포나 소규모 체인의 경영자는 커다란 마케팅 자원을 가지고 있지 못하다. 이러한 기업의 관리자는 그들이 가진 자원을 더욱 효율적으로 사용할 수 있어야만 하기 때문에 서비스 마케팅에 대한 전반적인 지식과 함께 다양한 경험을 기반으로 한 창조적인 마케팅 전략을 끊임없이 찾아야만 한다. 결과적으로 마케팅이 필요한 이유는 목표고객을 이해하고, 그들이 제품과 서비스를 구매하도록 만들기 위한 다양한 마케팅 믹스를 창출하여 기업의 목표를 달성하기 위함이다. 이를 위한 마케팅 믹스의 개념을 살펴보면 다음과 같다.

5. 서비스 마케팅 믹스

서비스기업의 목표시장 안에서 마케팅 목표를 달성하기 위하여 이용할 수 있는 수단의 묶음을 마케팅 믹스(marketing mix, 7P)라고 한다. 일반적으로 마케팅 믹스는 제품(product), 가격(price), 유통경로(place), 촉진(promotion)과 같은 4가지 P로 이루어졌다고 해서 4P라고 부른다. 하지만 서비스가 핵심을 이루는 기업의 서비스 마케팅 믹스는 통상 4P에 3P(process, physical evidence, people)를 더해 확장된 마케팅 믹스(7P)로 다룬다.

서비스기업의 마케팅 전략이 성공하려면 4P 또는 7P가 전략에 적합하도록 유기적으로 결합되어 소비자에게 제공되어야 한다. 성공한 기업은 자신이 설정한 목표고객을 사로잡는 제품과 서비스를 만들어내고 고객이 기꺼이 지불할 수 있는 가격을 제시하면서도 수익성을 확보할 수 있는 시스템을 갖추고 있다. 또한 촉진활동을 포함한 다양한 마케팅 커뮤니케이션을 통해 브랜드 가치를 높이고 있다. 이러한 마케팅 믹스를 세부적으로 살펴보면 다음과 같다.

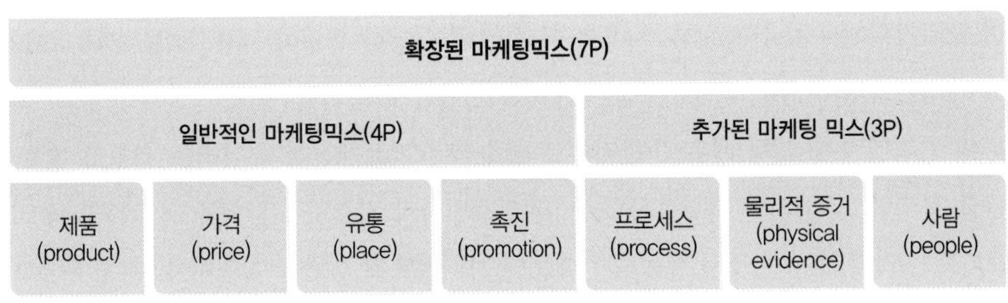

그림 7-9 서비스 마케팅 믹스

1) 제품

서비스기업의 제품(product)은 크게 두 가지로 나눌 수 있다. 물리적 환경과 같은 유형의 제품과 서비스와 같은 무형의 제품이다. 제품이란 고객에게 가치를 창출할 수 있는 모든 요소를 의미한다. 특히 서비스 제품은 눈에 보이지 않기 때문에 이를 고객에게 가시적으로 보여줄 수 있도록 하는 것이 대단히 중요하다. 즉, 무형의 서비스를 유형화 하는 노력이 필요하다. 따라서 철저한 품질관리와 고객만족을 통하여 브랜드 이미지를 제고시켜야 한다. 또한 소비자들에게 서비스 제품구매에 따른 불안감을 줄여 주어야 하고, 서비스 품질 보증제도 등의 도입을 통해서 서비스 품질을 가시적으로 확인시켜 주는 등의 다양한 유형화 노력을 지속적으로 해야 한다.

2) 가격

가격(price)이란 서비스를 구매하거나 소비하면서 고객이 지불하는 돈, 시간, 기타 노력 등을 모두 포함하는 개념이다. 물론 이러한 정의는 매우 광의에 해당되고 협의의 개념은 제품이나 서비스를 구매하기 위하여 지불하는 화폐의 가치만을 의미하기도 한다. 특히 가격은 마케팅 믹스 중 유일하게 기업의 수입과 관련이 되어 있는 요소이며, 나머지 마케팅 믹스는 모두 비용을 유발하는 요소이다. 따라서 마케터에게 가장 중요한 과제가 바로 가격을 결정하고 경쟁기업과의 가격경쟁에 대한 의사결정이라고 할 수 있다.

가격이란 명칭은 유형의 제품인 경우에는 비교적 통일되어 있지만 무형성이 강한 서비스의 경우에는 요금, 입장료, 사용료 등과 같이 다양한 명칭이 사용되기도 한다. 그리고 서비스의 경우에는 원가요소를 객관적으로 정확히 측정할 수 없는 경우가 많기 때문에 가격결정 구조가 매우 주관적이고 산술적이라서 계산하기 어려운 경우도 많다. 따라서 서비스기업의 가격결정 구조에 따른 소비자의 가격인식은 매우 복잡하다. 무엇보다도 심리적 요인이 크게 작용하기 때문에 가격전략에 심혈을 기울여야 한다. 무엇보다도 서비스기업의 가격은 수익성관리(yield management)에 따른 전략적 결정이 중요하므로 일반적인 기업과 많은 차이를 보이는 점에 유의해야 한다.

3) 유통

서비스기업의 마케팅에서 유통(place)은 크게 두 가지 개념으로 정의할 수 있다. 하나는 기업을 이용하는 소비자를 유치하기 위한 유통 경로이고 다른 하나는 기업의 물리적 시설이 위치하는 입지를 선택하는 개념이다. 즉, 제품을 판매하는 경로와 소비자의 접근성을 고려하는 개념으로 구분된다. 유통은 고객에게 언제, 어디에서, 어떻게 제품과 서비스를 전달할 것인지에 관한 문제이다. 예를 들어, 대부분의 서비스기업은 소비자를 유치하기 위하여 가맹점이나 대리점을 중요한 유통경로로 활용하고 있다.

서비스 마케팅에서 유통은 종종 입지로 해석되기도 한다. 유형적인 제품에 비하여 서비스는 보관하거나 저장이 불가능하기 때문에 서비스를 전달하는 장소 내지 입지(location)가 매우 중요하다. 특히 서비스기업이나 음식점 등은 서비스를 제공받는 고객이 접근하기 편리한 곳에 위치하는 것이 핵심 경쟁력이기도 하다. 따라서 서비스기업의 마케팅 믹스에서 유통은 입지와도 연결되어 있다. 서비스기업이나 외식 비즈니스에서 '첫째도 입지, 둘째도 입지, 셋째도 입지'라는 격언은 입지의 중요성이 얼마나 큰지를 알려준다.

4) 촉진

촉진(promotion)이란 서비스기업이 고객에게 특정 제품과 서비스를 알리고 선호도를 높이기 위해 실행하는 모든 커뮤니케이션 활동을 말한다. 기업은 현재의 고객은 물론이고 미래의 가망고객과도 지속적으로 의사소통을 해야 하므로 마케터는 커뮤니케이터로서의 역할에도 많은 관심을 기울여야 한다. 서비스기업의 촉진활동은 서비스의 무형성을 전제로 이루어지기 때문에 서비스를 직접적으로 보여줄 수 없고 서비스를 소비함으로써 얻게 되는 혜택이나 결과를 강조하는 촉진활동이 주를 이룬다. 또한 물리적 차별화가 어렵기 때문에 심리적 차별화를 통해 포지셔닝 활동을 전개하기도 한다. 기업의 전체적인 마케팅 커뮤니케이션 활동은 광고, 판매촉진, 홍보, 인적 판매로 이루어지는데, 이러한 네 가지 활동을 촉진 믹스라고 한다.

5) 과정

서비스는 여러 과정(process)을 통해 생산되고 소비자에게 전달된다. 따라서 서비스의 효율성을 높이고 고객만족을 증대하기 위한 서비스 생산 및 전달 시스템 설계가 대단히 중요하다. 아울러 서비스 비즈니스의 경우 고객이 생산과정에 직접 참여하기 때문에 적정한 서비스 전달단계의 수와 고객의 참여 수준을 결정하는 것이 대단히 중요한 과제이다. 또한 고객이 서비스 품질을 느끼게 되는 서비스 접점관리(service encounter)가 강조된다.

6) 물리적 증거

서비스는 눈에 보이지 않기 때문에 물리적 증거(physical evidence)를 통해 서비스기업과 그 기업이 제공하는 서비스 품질을 고객에게 전하려 한다. 물리적 증거란 서비스가 전달되고 서비스기업과 고객의 상호작용이 이루어지는 환경을 말하며, 마케팅 도구의 하나로 무형적인 서비스를 전달하는 데 동원되는 모든 유형적 요소를 포함한다. 또한 서비스 제품을 차별화시키는 역할을 한다. 또한 고객의 구매의사결정에 영향을 미치며, 서비스 품질에 대한 단서로서 고객의 기대와 평가에 영향을 준다. 뿐만 아니라 이것은 서비스 직원의 태도와 생산성에 영향을 주는 유형의 요소로 작용한다. 이러한 물리적 증거는 크게 물리적 환경과 기타 유형적 요소(other tangibles)로 구성되며, 물리적 환경은 다시 외부 환경과 내부 환경으로 나눌 수 있다.

7) 사람

서비스는 직원의 행위를 통해 고객에게 전달되기 때문에 직원들은 서비스의 생산자이자 전달자이다. 대부분의 성공적인 서비스기업이 인적자원(people)에 대한 중요성을 인식하고 이들에 대한 교육훈련을 끊임없이 강조하는 것이 이러한 이유 때문이다. 최근에 많은 기업이 서비스 품질을 일정하게 유지하고 생산성을 증대하기 위해 자동화된 설비를 통해 인적 역할을 대신하고 있지만 이러한 노력이 고객만족이라는 목표와 충돌을 일으키지 않는지 면밀히 검토해야 한다. 이외에도 손님 역시 사람으로서 직원과 함께 서비스의 생산에 참여한다는 점에서 단순히 구매자의 역할만 하는 제조기업에서 마케팅 믹스와 다른 특징을 갖는다.

종종 서비스기업의 경영자나 관리자가 마케팅과 광고를 동일한 개념으로 이해하는 경우가 있다. 그러나 광고는 단지 마케팅 믹스의 한 부문에 속하는 판매촉진의 일부에 불과하다. 그리고 상황에 따라서는 서비스 비즈니스에서 마케팅 믹스 중 광고를 전혀 사용하지 않을 수도 있다. 예를 들어, 일부 기업의 관리자들이 고객을 위한 가치창조를 위하여 마케팅 믹스의 다른 요소로 충분히 성과를 낼 수 있는 경우도 많다. 수년 동안 비즈니스를 수행하면서 긍정적인 구전효과로 광고가 필요치 않게 될 수 있기 때문이다. 또 한편으로는 소규모 기업의 경우 광고를 집행할 만한 비용이 없어 광고를 하지 못하는 경우도 있다. 마케팅으로부터 얻는 효익을 극대화하기 위하여 경영자는 마케팅 믹스의 모든 요소를 이해하고 활용할 필요가 있다. 메뉴를 구성하는 식재료가 다양한 것처럼, 기업의 경영자는 마케팅 계획을 수립하기 위한 7P를 어떻게 활용할지를 결정해야 한다. 마케팅 믹스는 각각 별개의 것처럼 인식되기도 하지만 실제로는 서로 매우 밀접한 관계를 가지고 있다. 예를 들면, 6성급의 서비스기업을 성공시키기 위한 마케팅 믹스와 비즈니스 서비스기업을 성공시키기 위한 마케팅 믹스는 확연하게 차이가 나기 때문이다.

이 책은 서비스기업의 경영자가 올바른 마케팅 전략을 수립하는 데 도움이 되는 것에 목적을 두고 있다. 또한 성공적인 마케팅 믹스를 만드는 데 도움이 되는 도구들을 제공할 것이며, 경쟁자와 차별화되는 독창적인 무엇인가를 만드는 데 도움을 줄 것이다. 단지 고객을 위하여 단순히 색다른 경험을 제공하는 것은 의미가 없다는 것도 알게 될 것이다.

서비스기업이 성공하기 위해서 차별화는 매우 중요한 요소이다. 하지만 아무리 뛰어난 차별성을 가지더라도 결국 경쟁기업은 차별화된 기업의 우수한 점을 벤치마킹하여 따라하게 될 것이다. 인적자원과 기술이 충분히 발전한 현대사회에서 영원한 차별화는 실제로 불가능할지도 모른다. 따라서 경영자는 지속적인 혁신만이 영원한 차별성을 유지하도록 만드는 유일한 방법임을 잊지 말아야 한다.

6. 고객가치의 창조

많은 기업의 높은 가치는 낮은 가격과 연결되어 있다고 믿는다. 그러나 가치는 항상 낮은 가격만을 의미하는 것은 아니다. 명품의 사례에서 보듯이 높은 가격이 높은 가치와 연결되는 경우도 있다. 가치는 객관성보다는 주관성에 의존하는 경우가 많다. 따라서 서비스기업의 경우 객관적인 가치보다는 가치인식에 더 집중하기도 한다. 가치인식에 집중하기 위해서는 먼저 고객의 마음속에 있는 '가치' 또는 '매우 높은 가치' 또는 '적정한 가치' 등의 정의를 이해하는 것이 필요하다. 경영자가 생각하는 가치와 고객이 생각하는 가치 사이에 차이가 존재할 수 있기 때문이다. 예를 들어, 전통적으로 고객은 서비스기업에서 판매하는 제품이나 서비스의 품질이 매력적이고 가격이 합리적이라고 생각할 때 더 큰 가치를 인식한다. 그러나 인식된 가치는 생각했던 가격보다 높은 경우 감소하는 경향이 있다. 서비스기업에서 고객이 기대하는 것보다 높은 최상의 조합을 만들기 위하여 품질, 서비스 그리고 가격 등의 요소들을 다루어야 할 필요가 있을 것이다. 결국 서비스기업 경영자는 고객이 "내가 지불한 돈만큼의 가치를 얻었다"라고 느끼기를 원한다. 실제로 시장에서 고객은 그렇게 느꼈을 때만 해당 서비스기업을 재방문하게 될 것이기 때문이다. 그리고 고객은 가치가 있다고 느낀 서비스기업에 대하여 다른 사람에게 알리려고 노력할 것이다.

앞으로 다루게 될 '가격결정'의 내용에 따르면 고객은 지불하는 가격에 따라서 제품의 품질과 서비스를 판단하는 경향이 있음을 알 수 있다. 일반적으로 이러한 상황은 가격이 적절하다고 판단할 때 최상의 결과가 된다. 그러나 거시적 관점에서 지역사회의 수많은 서비스기업 중 한 곳이 더 많은 고객을 방문하도록 만들고 높은 가치를 인식하도록 만들기 위해서는 다른 서비스기업에서는 제공하지 않는 유·무형의 차별화된 효익을 제공해야만 한다. 예를 들어, 어떤 고객은 서비스기업의 독특한 분위기 때문에 방문하기도 하고, 편리한 발렛파킹이 제공되어서 또는 그외 다양한 이유로 방문하기도 한다. 어떤 고객은 정형화되어 있지 않은 서비스를 기꺼이 준비해 주는 서비스기업의 의지에 매료되어 방문하기도 한다. 결과적으로 고객을 끌어들이는 비법은 쉽게 드러나며 그리고 고객은 그것들을 위하여 기꺼이 금액을 지불할 용의가 있다.

가치지각(perceived value)

가치지각이란 서비스기업이 제공하는 제품이나 서비스의 품질지각과 정비례 관계에 있다. 그러나 고객이 서비스기업에 지불하는 가격과는 반비례 관계를 갖는다. 즉, 이를 공식으로 표현하면 다음과 같다.

가치지각 = 품질지각 / 가격

따라서 가치지각을 높이려면 품질지각을 높이거나 아니면 가격을 낮추는 노력이 필요하다. 저가격 전략을 쓰는 경우가 아니라면 결국 가치지각을 높이기 위해서는 품질의 지각을 높이는 전략만이 유효하게 된다.

서비스기업에서 고객이 이러한 가치 요소들을 고려하여 가격을 지불한다는 것을 알고 있다 하더라도 서비스기업 경영자가 고객의 필요와 욕구를 정확하게 파악하지 못한다면 정확한 가격을 설정하는 것은 실제로 불가능하다. 가치를 창조하기 위한 또 다른 방법도 있을 수 있다. 아무도 가지지 못한 것을 제공하는 것이다. 즉, 다른 서비스기업에서는 경험할 수 없는 새로운 가치를 제공하려는 노력이 여기에 해당된다. 그러한 노력의 일환으로 가장 많이 활용되는 효과적인 기술 중 하나는 오래된 제품을 새롭게 바꾸는 것이다.

차별화의 개념

차별화는 독특함을 추구하는 과정이다. 그것은 상당한 노력이 요구되며 고객에게 가치를 제공함으로써 경쟁자보다 더 우월한 위치를 점하게 해준다.

고객에게 서비스기업의 직원이 제공하는 서비스는 가치를 구성하는 매우 중요한 요인 중 하나이다. 또한 그것은 서비스기업을 차별화시킬 수 있는 매우 중요한 영역이기도 하다. 만약 서비스기업에서 서비스를 잘하고 그것을 지속적으로 유지할 수 있다면 차별화에 이어 고객으로부터 찬사를 받게 될 것이다. 성공적인 마케팅을 위해서는 서비스기업 조직 내의 서비스문화를 새롭게 창조해야만 한다. 그 문화는 서빙과 고객만족에 초점이 맞추어져야 하고, 모든 직원이 그 문화를 기꺼이 받아들이고 경영자도 그 중요성을 인식함과 동시에 고객만족을 위하여 노력한 직원에게는 보상을 해주어야 한다. 무엇보다도 서비스기업의 경영자는 특별하고 지속적인 가치를 고객에게 제공하기 위해서 '마케팅 콘셉트'를 적용할 필요가 있다.

이러한 콘셉트는 세 가지로 구성된다.

첫째, 기업의 모든 직원은 고객 중심적이어야만 한다. 서비스기업은 서비스를 판매하는 곳이다.

둘째, 마케팅은 조직에서 통합적으로 수행되어야만 한다. 모든 사람이 마케팅과 고객 중심적인 사항들을 기꺼이 받아들여야만 한다.

셋째, 경영자는 기업의 목표를 설정해야만 한다.

만약 서비스기업의 경영자가 고객가치를 감소시킴으로써 일시적으로 이익을 증대시키는 의사결정을 할 경우 결과적으로 그러한 의사결정은 고객가치와 이익을 지속적으로 감소시키는 결과를 초래할지도 모른다. 따라서 서비스기업의 경영자는 목표를 명확히 설정하고 이를 집중적으로 관리하는 노력이 필요하다.

마케팅 콘셉트

마케팅 콘셉트는 **고객중심적 사고**와 조직과 기업목표를 결합한 **통합적 마케팅**으로 구성된다.

고객가치가 창조되었을 때 서비스기업은 그것들을 얻기 위하여 지불한 비용보다 더 많은 이익을 얻게 된다. 이러한 이익은 지나치게 공을 들이거나 값비싼 비용을 치러야만 얻는 것은 결코 아니다. 이익을 높이는 것은 서비스기업의 식음부서에서 스테이크에 특별한 소스를 첨가하여 스페셜 메뉴를 만든 후 가격을 올리는 것과 같이 아주 간단할 수도 있다. 또한 그것은 10,000원의 원가를 들여서 50,000원에 판매할 수 있는 특별한 제품을 만드는 것이 될 수도 있다. 혹은 원가를 절감하면서도 고객의 가치를 감소시키지 않는 서비스 전달 시스템을 개발하는 것도 포함된다. 좋은 마케팅은 결코 많은 비용을 필요로 하지 않는다. 좋은 마케팅은 결과적으로 관심과 집중 그리고 열정이라는 투자를 통하여 만들어진다. 다만 많은 시간이 요구될지도 모른다. 그럼에도 불구하고 지금부터 모든 서비스기업 경영자들과 함께 새로운 서비스기업 마케팅의 세계를 경험해 보고자 한다.

7. 마케팅의 전략적 체계

마케팅 활동은 지속적으로 변화를 거듭하는 환경 속에서 다양한 소비자는 물론이고 경쟁기업과의 상호작용을 통하여 이루어진다. 따라서 서비스기업의 마케터는 다양하면서도 지속적으로 변화하는 소비자의 욕구와 트렌드 그리고 새로운 경쟁자나 제품의 출현에 대응하여야 한다. 또한 사회문화적, 인구통계학적 변화 속에서 새로운 제품과 시장 및 목표고객의 개발 등과 같은 마케팅 활동 역시 변화와 혁신을 지속적으로 이뤄야 한다. 전략적 마케팅은 계속해서 변화하는 마케팅 환경 속에서 소비자의 필요와 욕구를 발견하고 적극적으로 대응하여 기회를 포착하는 과정이다. 이와 함께 위협에 대비할 수 있는 마케팅 계획을 수립하고 이를 효과적이고 효율적으로 실행할 수 있는 방안을 모색하는 것도 포함된다.

전략적 마케팅

서비스기업의 전략적 마케팅이란 서비스기업이 추구하는 비전, 미션, 핵심가치 등을 달성하기 위하여 제품과 서비스시장을 결정하고 그 시장을 세분화하여 표적시장을 결정한 후 포지셔닝하는 과정이다. 또한 제품, 가격, 유통, 촉진 등의 마케팅 믹스 요소를 관리하는 활동을 포함한다.

결과적으로 전략적 마케팅을 효과적으로 수행하기 위해서 이에 필요한 전략체계가 요구된다. 마케팅 전략수립의 출발점은 기업의 비전, 미션, 핵심가치이다. 기업이 장기적으로 이루고자 하는 목표를 가지고 있지 않다면 구체적인 마케팅 계획을 수립하는 것은 불가능하다.

1) 비전 등의 정의

서비스기업이 추구하는 목적을 달성하기 위하여 비전과 미션 그리고 핵심가치를 설정해야 한다. 이들은 서비스기업의 조직원들을 동기유발시키는 최상위의 행동강령이다. 구체적으로 각각의 내용을 정리하면 다음과 같다.

첫째, 비전은 조직원들에게 영감을 주는 서비스기업의 최상위 목적이다. 경영자가 서비스기업을 경영하는 가장 큰 목적이 비전으로 규정되어야 한다. 예를 들어, '본아이에프㈜' 의 비전은 “행복한 삶을 창조하는 지식 프랜차이즈 그룹”이다. 행복한 삶은 본을 통하여 내부직원, 가맹점, 고객으로 이어지는 행복의 선순환을 만들겠다는 의미이며, 지식은 프랜차이즈 역량을 더욱 더 향상시키겠다는 의미이다.

둘째, 미션은 서비스기업의 존재가치를 규정하는 내용이다. 현재 대한민국에서는 자영업자의 몰락, 갑을문화 이슈 등 그 동안 쌓인 울분들이 터져나오고 있다. 이러한 시기에 ‘본아이에프㈜’는 “본으로 행복을 돕는 사람들”이라는 미션을 바탕으로 사람들의 힘이 되고 위로가 되는 프랜차이즈가 되기 위해 노력하고 있다. 예를 들면, 가맹점 대표로 이루어진 ‘본사모(본을 사랑하는 사람들의 모임)’를 조직하여 가맹점의 소리에 귀 기울이고 본사의 중요 결정사항이 있을 때에도 의견을 반영하고 있으며 본사 수익에 앞서 가맹점의 원가절감을 위해 노력하고 있다.

셋째, 핵심가치는 서비스기업의 모든 조직원이 행복하게 일하기 위해 준수해야 할 행동수칙과도 같은데 ‘본아이에프㈜’ 본죽 가맹점의 핵심가치는 ‘본’과 ‘정성’이다. 본이란 한자로 근본 ‘本’인 본을 사용하며 ‘원칙’과 ‘신뢰’를 뜻한다. 원칙을 지키고 신뢰를 키워가는 것으로 본을 정의하였으며 여기에는 한그릇 한그릇 어머니의 정성 또한 깃들여져야 한다는 의미로 ‘본’과 ‘정성’을 핵심가치로 삼고 있다. 여기서 괄목할 만한 점은 이러한 가맹점의 미션, 비전, 핵심가치를 가맹점 대표들이 스스로 세웠다는 데 있다.

핵심가치는 조직원이 행복하게 일할 수 있는 행동수칙임과 동시에 서비스기업의 조직문화를 만드는 데도 기여한다. 인간관계에서 발생할 수 있는 문제를 해결하는 지침이 되어 조직원뿐만 아니라 고객과의 장기적인 관계 관리에도 큰 영향을 미친다.

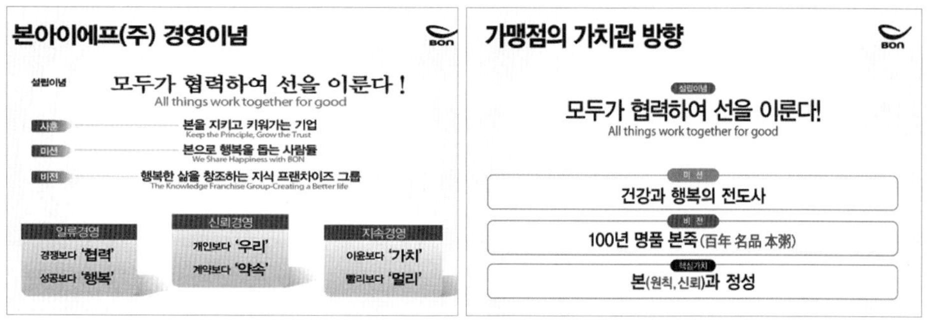

그림 7–10　‘본아이에프(주)’의 핵심가치

2) 마케팅 조사

(1) 환경분석

마케팅 상황분석에 해당되는 환경분석은 서비스기업의 기존 전략을 변경하거나 새롭게 진입할 시장을 결정하기 위하여 실시한다. 기업 환경 속에서 모든 변화의 시작은 환경을 구성하고 있는 다양한 요소의 변화에서 기인한다. 환경분석이라는 절차를 통하여 어떤 사건이 우리 주변에서 일어나고 있으며, 향후 어떤 일이 발생할지를 예측하는 것은 서비스기업의 생존과 밀접한 관계가 있다. 따라서 불확실성이 매우 높은 기업환경의 예측은 서비스기업의 위험관리에 핵심적인 요소임에 틀림없다. 서비스기업의 환경은 미시적 환경과 거시적 환경으로 나눌 수 있다. 미시적 환경에는 자사와 공급업자, 고객 등이 있으며, 거시적 환경에는 경쟁업체, 인구통계, 경제적 환경, 기술적 환경, 정치적 환경, 사회문화적 환경, 법률적 환경, 자연적 환경 등이 있다.

> 기업의 환경요인
>
> • 거시환경: 거시환경 요인은 사회구성원 모두에게 광범위한 영향을 미치는 요인으로 인구 통계적 변수, 경제적 환경, 정치적 환경, 사회문화적 환경, 법률적 환경, 기술적 환경, 자연적 환경 등이 이에 해당된다.
> • 미시환경: 서비스기업 내에 있으면서 마케팅 프로그램에 영향을 미치는 요인들을 말한다. 식음료부, 구매부, 홍보부, 시설부, 회계부서 등의 활동은 모두 서비스기업의 이익에 영향을 미치는 내부 환경에 해당된다.

(2) 강점과 약점, 기회와 위협(SWOP)

SWOP는 서비스기업이 직면하는 내부의 강점(strength)과 약점(weakness), 외부의 기회(opportunity)와 위협요인(threat)을 분석하는 것은 기회요인을 적절이 활용하는 방안을 찾고 위협요인에 대한 대책을 강구하기 위한 것이다. 또한 서비스기업의 강점을 활용하고 약점을 보완하는 효과적이고 효율적인 기업 활동을 전개하는 데도 필요하다. 서비스기업은 기회요인과 강점요인을 결합하여 우호적 환경을 적극 활용하는 공격적 전략을 수립할 수도 있고, 위협요인과 약점요인을 결합하여 비우호적 환경을 탈피하기 위한 방어적 전략을 세울 수도 있다.

3) 마케팅 목표 및 STP전략

(1) 목표와 전략수립

서비스기업은 그 자체의 목표와 전략을 가지고 있다. 마케팅 전략은 이러한 서비스기업의 목표와 전략에 부합되도록 일관성 있게 수립되어야 한다. 마케팅 목표는 기업의 전략을 실행하기 위한 도구이며 마케팅 전략은 마케팅 목표를 달성하기 위한 수단이라고 할 수 있다. 마케팅 목표는 기업의 목표 및 전략과 일관성을 유지하면서 측정 가능한 형태로 수립됨과 동시에 달성 가능한 수준을 충분히 고려하여 너무 낮거나 너무 높게 설정되지 않도록 유의하여야 한다.

(2) 소비자분석과 시장세분화

마케팅의 STP(segmentation, targeting, positioning)전략은 시장을 세분화한 후 표적시장을 결정하고 그 표적시장 내에서 서비스기업이나 서비스기업의 주요 제품을 어떻게 포지셔닝시킬 것인가에 대한 계획을 의미한다. 따라서 STP전략의 첫 번째 단계는 시장세분화(segmentation)이다. 기업이 모든 시장에서 모든 고객을 대상으로 사업을 한다는 것은 현재와 같이 치열한 시장 환경에서는 거의 불가능 일이다. 가장 효과적이고 효율적인 마케팅 전략은 자신의 장점과 시장의 기회를 가장 잘 활용할 수 있는 시장을 선택하여 집중적으로 공략해야 한다. 서비스기업은 소비자의 욕구와 선호를 추적하고 이에 대응하기 위한 노력이 최우선의 과제이지만 매우 다양한 소비자의 개인적 욕구를 모두 충족시키는 것은 비용과 관리상 많은 어려움이 따른다. 따라서 기업은 욕구와 선호도가 유사한 소비자들을 집단화하여 고객 집단별로 공통된 욕구와 취향을 충족시키려고 노력한다. 이를 위하여 공통된 욕구와 선호도를 갖는 소비자 집단을 세분시장이라 하며 이렇게 소비자 집단을 나누는 과정을 시장세분화라고 한다. 일반적으로 시장은 지리적, 인구 통계적, 심리적, 행동변수적 특징 등을 이용하여 세분화되는데 상세한 내용은 추후에 다루기로 한다.

(3) 목표시장의 선정

마케팅의 STP전략의 두 번째 단계인 표적시장의 결정은 세분화된 시장 중에서 시장의 크기, 성장률, 수익성 등을 충분히 고려하여 서비스기업의 입장에서 매력도가 가장 높은 시장을 선정하는 과정이다. 기업은 한정된 자원을 가장 효과적 효율적으로 사용하기 위하여 시장을 세분화한다고 했다. 이렇게 세분화된 시장에서 기업은 자원과 능력 그리고 시장 환경을 고려할 때 가장 공략이 수월한 고객집단을 찾게 된다. 자신의 강점을 최대한 발휘할 수 있으며 시장의 매력도가 높은 세분시장을 선택하게 되는데 이러한 선택행위를 목표시장 또는 표적시장의 선정(targeting)이라고 한다. 서비스기업은 주기적으로 다양한 세분시장을 평가하고 표적시장을 조정함으로써 경쟁력을 강화하고 시장점유율을 높이기 위하여 노력해야 한다.

(4) 포지셔닝

마케팅의 STP전략 마지막 단계에 해당되는 포지셔닝(positioning)은 일반적으로 마케팅에서 가장 이해하기 힘든 개념이다. 포지셔닝을 정확히 이해하기 위해서는 포지션과 포지셔닝이란 단어 자체의 뜻을 정확하게 이해하는 것이 선행되어야 한다. 포지션(position)이란 위치를 정적인 상태로 표현하는 것으로 자사와 경쟁사의 제품이나 서비스가 어디에 어느 정도 차이가 존재하는지를 단면적으로 나타내는 것이고, 포지셔닝은 동적인 개념으로 목표시장인 고객의 마음과 머릿속에 자사의 세품이나 서비스가 경쟁사보다 유리한 위치에 자리 잡게 만드는 점진적이고 동적인 과정을 의미한다. 이러한 포지셔닝은 경쟁사 제품과 차별화된 위상을 구축하기 위한 것으로 차별화된 위상은 제품에 대한 지각, 인지, 느낌, 태도, 이미지 등이 혼합되어 구축된다. 서비스기업의 차별화는 물리적 특성, 서비스, 직원, 입지, 이미지 등을 이용하여 추구할 수 있다.

4) 마케팅 믹스 개발

이미 앞에서 마케팅 믹스는 '목표시장을 대상으로 효과적이고 효율적인 마케팅 활동을 위해 여러 가지 요소들을 혼합하는 활동'임을 확인한 바 있다. 마케팅 믹스의 개발이란 마케팅 믹스 변수들에 대한 구체적인 계획을 의미한다. 여기서 마케팅 믹스는 목표시장의 욕구와 선호를 효과적으로 충족시키기 위하여 기업이 제공하는 마케팅 수단의 핵심요소임을 알 수 있다. 좀 더 구체적으로 표현하면 유형적인 제품의 마케팅 목표를 달성하기 위하여 이용할 수 있는 수단들의 묶음을 마케팅 믹스라고 하는 것처럼 서비스가 핵심을 이루는 서비스기업의 서비스 마케팅 목표(매출액 증대, 이윤 증대, 고객만족도 제고 등)를 달성하기 위하여 이용할 수 있는 수단들의 묶음이 서비스 마케팅 믹스이다. 서비스 재화의 특성이 잘 반영된 서비스 마케팅 믹스 7P는 7가지 수단(product, price, place, promotion, process, physical evidence, people)으로 구분된다. 따라서 서비스기업 기업은 이러한 7가지 수단을 이용하여 사전에 설정한 포지셔닝에 부합되도록 일관성 있게 조정하고 통합하는 전략을 수행하게 된다.

5) 마케팅 평가

많은 비용을 들여서 마케팅을 시행하였다면 마케팅 활동이 마무리된 후에 과연 마케팅이 얼마나 효과가 있었는지를 검증하는 과정은 필수이다. 대부분의 기업이 열심히 마케팅 활동을 하고 나서 결과는 막연하게 추측하는 경우가 많다. 특히 소규모 사업자일수록 이런 현상은 더 많이 발생한다. 무분별한 마케팅으로 많은 비용을 지불하다 보면 제품의 판매로 아무리 많은 이익을 내더라도 적자를 면치 못할 수 있다. 예를 들어, 100만 원의 비용을 지불하고 마케팅을 한 후 매출액이 100만 원 증가했다고 가정해 보자. 그 마케팅을 통해 기업이 얻은 이익을 매출액의 20%라고 가정하면, 기업은 마케팅으로 인하여 이익을 보기는커녕 오히려 80만 원의 손해를 본 결과가 된다. 우리 주변에 이와 같은 적자형 마케팅이 얼마나 많은지 알게 된다면 마케팅이란 이름의 큰 위험을 쉽게 발견하게 될 것이다.

지금까지 살펴본 서비스기업의 마케팅 전략의 전반적인 체계를 그림으로 표시하면 **그림 7-11**과 같다. 다만 이러한 전략체계는 마케터와 서비스기업의 상황에 따라서 변화될 수 있다.

마케팅은 단순한 판매활동이 아니다. 경영자의 수명보다 긴 시간 기업이 유지되도록 만드는 활동이다. 그러기 위해서는 기업의 목표인 경영이념이 필요하고, 소비자가 무엇을 원하는지 미리 알고 제품과 서비스를 만들어서 판매해야 한다. 판매가 끝났다고 안도해서도 안 된다. 마케팅은 제품의 판매로 끝나는 것이 아니라 고객이 평생 동안 재방문하도록 만족시켜야 하며, 지속적인 사후관리를 하는 활동이다. 그리고 모든 활동은 고객과 경영자만을 위한 것이 아닌 사회 전체를 위한 것이 되어야 한다. 이러한 모든

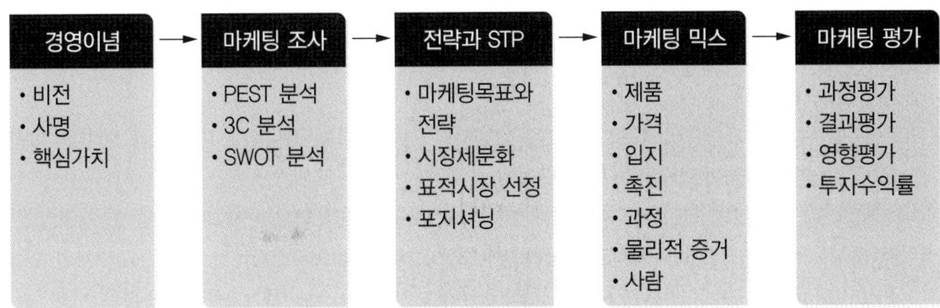

그림 7-11 서비스기업의 마케팅 전략 체계

활동이 마케팅임을 잊지 않는다면 우리는 원하는 순간까지 영원히 고객과 함께 할 수 있을 것이다.

요 약

1. 마케팅의 정의
   - 마케팅은 조직이나 개인이 자신의 목적을 달성하기 위한 교환을 창출하고 유지할 수 있도록 시장을 정의하고 관리하는 과정이다(한국마케팅학회).
   - 마케팅이란 개인과 조직의 목적을 만족시키는 교환을 창출하기 위하여 생각과 재화 및 서비스의 유통, 촉진, 가격결정, 구상을 계획하고 실행하는 과정이다(미국마케팅학회).
   - 소비자의 욕구를 조사, 그것을 신제품 계획에 반영시킴으로써 소비자가 원하는 제품을 개발 한 후, 시장에 적정한 가격으로 유통시키고, 판매촉진을 일으켜 소비자의 만족과 기업의 수익성 증대를 일으키는 활동이다.
2. 마케팅 개념과 철학의 발전단계

   마케팅의 개념과 철학은 다음과 같은 과정을 거치면서 발전하였다.

   생산 중심적 개념 → 제품 중심적 개념 → 판매 중심적 개념 → 마케팅 중심적 개념 → 사회적 마케팅 중심 개념
3. 전략적 마케팅이란

   환경분석을 통하여 제품이나 서비스 시장을 선택하고 그 시장을 세분화하여 표적시장을 결정한 후 포지셔닝하며 제품, 가격, 유통, 촉진 등의 마케팅 믹스 요소를 관리하는 것이다.
4. 환경분석이란

   마케터가 자신의 마케팅 활동과 관련된 환경요인들의 현황과 변화 추세를 파악하고 그것들이 내포하고 있는 마케팅 전략상의 시사점을 면밀히 분석하는 것으로 환경조사라고도 한다. 서비스경영의 환경분석은 3C분석(고객, 경쟁사, 자사), 거시환경분석(PEST: 정치, 경제, 사회문화, 기술적 환경), SWOT 분석방법 등이 있다.
5. STP란

   STP란 시장세분화(segmentation), 목표시장 선정(target market), 포지셔닝(positioning)을 의미하는 것으로 마케팅 환경에 대한 분석을 마치면 서비스기업은 시장을 세분화하고 목표시장을 선정한 후 소비자의 기억 속에 기업에 대한 인식을 긍정적으로 포지셔닝시키는 노력을 기울이게 된다.
6. 마케팅 믹스

   마케팅 믹스(marketing mix)란 마케팅 목표의 효과적인 달성을 위하여 마케팅 활동에서 사용되는 여러 가지 방법(4P 또는 7P)을 전체적으로 균형이 잡히도록 조정하고 구성하는 일.

   4P(product, price, place, promotion) + 추가 3P(process, physical evidence, people)

연습문제

1. 서비스 마케팅에 대한 다양한 정의를 조사해 보고 각각의 정의가 의미하는 바를 정리한 후 자신만의 서비스 마케팅의 정의를 만들기 바랍니다.

2. 마케팅의 정의에서 교환은 매우 중요한 의미를 갖는다. 교환이 발생되기 위해서는 소비자가 얻는 혜택이 지불하는 비용보다 커야 한다. 이때 혜택과 비용은 다양한 유형이 있을 수 있는데 그 내용을 정리하고 사례를 들어 설명해 보기 바랍니다.

3. 마케팅의 관점은 시대의 발전에 따라 계속해서 진화, 발전하고 있다. 시대적 상황과 마케팅 관점의 핵심 그리고 그러한 변화의 원인 등을 상세히 조사하여 보고 향후 진화될 마케팅 철학에 대하여 생각해 보기 바랍니다.

4. 귀하가 서비스기업의 마케터라고 가정하고 현재 판매하고 있는 제품 중 한 가지를 선정하여 이를 차별화함으로써 매우 독특하게 만들 수 있는 방법을 동료들과 재미있게 상의해 보기 바랍니다.

5. 국내·외 서비스기업의 비전, 사명, 핵심가치를 조사하여 비교하면서 공통점과 차이점을 제시하고, 만약 귀하가 서비스기업의 경영자라면 어떻게 비전, 사명, 핵심가치를 설정할지 제시해 보기 바랍니다.

6. 서비스기업의 공급 증가가 향후 국내의 서비스산업에 어떤 영향을 미칠지 진단해 보기 바랍니다.

QUIZ
퀴즈

01 다음 중 마케팅에 대한 설명으로 적합하지 않은 것은?

① 소비자의 필요와 욕구를 바탕으로 신제품을 개발하는 활동

② 시장에 적절한 가격으로 유통시키고 판매촉진 활동을 하는 것

③ 소비자를 만족시키고 기업의 수익성을 제고하기 위한 활동

④ 생산과 사후 서비스 등은 제외한 제품의 판매활동만을 의미하는 것

02 마케팅 개념과 철학의 발전단계로 적절한 것은?

① 생산 중심 → 제품 중심 → 판매 중심 → 마케팅 중심 → 사회적 마케팅 중심

② 제품 중심 → 생산 중심 → 판매 중심 → 마케팅 중심 → 사회적 마케팅 중심

③ 제품 중심 → 판매 중심 → 생산 중심 → 마케팅 중심 → 사회적 마케팅 중심

④ 생산 중심 → 제품 중심 → 판매 중심 → 사회적 마케팅 중심 → 마케팅 중심

03 마케팅의 출발점은 '시장조사와 분석'이다. 시장조사와 분석에 대한 설명 중 잘못된 것은?

① 시장조사 및 분석의 대상인 3C는 고객(customer), 경쟁사(competitor), 자사(company)를 의미한다.

② 고객(customer)분석의 가장 중요한 내용은 구매에 영향을 미치는 의사결정자와 같은 핵심고객을 찾는 것이다.

③ 경쟁사(competitor)를 분석하는 이유는 경쟁자를 정확하게 정의하고 이해하여 경쟁전략을 세우기 위해서이다.

④ 자사(company)를 분석하는 것은 단점보다는 장점을 찾아서 경쟁력을 확보하기 위해서이다.

04 마케팅에서 '시장 세분화'를 하는 이유가 아닌 것은?

① 모든 고객을 대상으로 모든 제품을 판매하는 것은 불가능하기 때문이다.

② 전체 시장에서 자사가 가장 경쟁력 있는 세분시장을 파악하기 위함이다.

③ 전체를 한 번에 파악하기보다 나누어서 시장을 파악하는 것이 비용이 절감되기 때문이다.

④ 치열한 경쟁환경과 소비자의 욕구가 다양화되기 때문이다.

05 다음 중 포지셔닝(positioning) 대한 설명으로 적합하지 않은 것은?

① 고객의 인식 속에 기업, 제품, 서비스의 이미지를 각인시키는 활동

② 경쟁사의 상품이나 서비스와 차별성 있는 독특한 위치를 점해야 함

③ 포지셔닝 맵을 이용하면 자신과 경쟁사의 위치를 파악할 수 있음

④ 포지셔닝 유형은 제품의 속성과 품질 및 가격에 의한 포지셔닝만 가능함

06 다음 중 시장세분화(segmentation)에 대한 설명 중 적절치 않은 것은?

① 가격(price)과 이용시간(duration)이라는 두 개의 전략적 수단을 활용한다.

② 대량 마케팅 – 제품다양화 마케팅– 표적마케팅의 순으로 변천하였다.

③ 시장세분화는 내적으로는 이질적이고 외적으로는 동질적인 집단으로 나누는 것이다.

④ 세분화된 시장은 구체적으로 측정이 가능해야 한다.

07 표적시장을 선정할 때 고려해야 할 요인으로 적합하지 않은 것은?

① 기업의 자원과 능력을 고려하여 자원이 제한적일수록 차별화 마케팅이 유효함

② 경쟁상품과의 차별성이 없는 경우일수록 차별화 마케팅이 유효함

③ 수요창출이 필요한 도입기에는 비차별화 마케팅이 유효함

④ 경쟁자가 비차별화 마케팅을 추구하는 경우 차별화 마케팅이 유효함

08 서비스 마케팅 믹스에 포함되지 않는 것은?

① product ② pride

③ process ④ physical evidence

09 다음 마케팅 믹스 중 가격(price)에 대한 설명으로 적합하지 않은 것은?

① 식사를 할 때 지불하는 음식에 대한 대가이다.

② 가격은 음식과 서비스에 대한 교환가치이다.

③ 가격은 특정 상품을 구매함으로써 얻게 되는 효용가치이다.

④ 소비자의 구매의사결정에 영향을 미치는 정도는 매우 작다.

10 다음 마케팅 믹스 중 입지(place)에 대한 설명 중 적합하지 않은 것은?

① 입지는 서비스산업에서 가장 중요한 성공요인이다.

② 서비스기업은 대체로 제조와 소비가 동시에 발생하므로 입지의 한계가 존재한다.

③ 서비스기업은 입지의 한계를 극복하기 위해 복수입지전략을 활용한다.

④ 다점포의 효율적인 운영을 위해서는 분산 제조가 유리하다.

11 마케팅 믹스 중 대표적인 촉진(promotion)방법에 해당하는 것이 아닌 것은?

① 광고(advertisement) ② 판매촉진(sales promotion)

③ 인적판매(personal selling) ④ 홍보(public relations)

⑤ 서비스 프로세스(service process)

12 서비스 프로세스에 대한 설명 중 잘못된 것은?

① 서비스기업은 서비스 프로세스가 제조기업의 제품에 해당됨

② 제조기업의 제품설계가 필요하듯 서비스기업은 서비스 프로세스 설계가 필요함

③ 서비스 프로세스에는 고객의 참여를 배제하는 것이 유리함

④ 서비스 프로세스 관리에는 대기관리와 접점관리가 중요함

EXPLAIN

해 설

01 (답) ④

(해설) 마케팅은 '소비자의 욕구를 조사하여 그것을 신제품 계획에 반영시킴으로써 소비자가 원하는 제품을 개발, 적정한 가격으로 유통시키고 판매촉진을 일으켜 소비자 만족과 기업 수익성을 동시에 만족시키는 총체적 활동'을 말한다.

02 (답) ①

(해설) 마케팅 콘셉트는 생산 중심의 콘셉트에서 제품 중심, 판매 중심, 마케팅 중심으로 발전하였으며, 최근에는 사회 전체의 이익까지를 고려하는 사회적 마케팅 콘셉트로 진화하고 있다.

03 (답) ④

(해설) 자사의 분석에서는 문제점과 단점 등을 찾아내서 이를 개선하기 위한 내용도 포함된다.

04 (답) ③

(해설) 시장을 세분화하는 것은 전체를 파악하는 것보다 비용이 절감되기 때문이 아니라 자신이 가장 경쟁력이 있는 시장을 집중적으로 공략하기 위해서이다.

05 (답) ④

(해설) 포지셔닝의 유형은 제품의 속성을 이용한 포지셔닝, 품질이나 가격에 의한 포지셔닝, 소비자 편익을 이용한 포지셔닝, 구매상황에 의한 포지셔닝, 고객층에 의한 포지셔닝 등 다양한 유형이 존재할 수 있다.

06 (답) ③

(해설) 세분화된 시장이란 내적으로는 동질적이고 외적으로는 이질적이어야 한다. 이것은 세분화된 집단이 존재할 때 집단 내부의 고객은 같은 속성을 가져야 하고, 집단이 다른 고객 간에는 속성이 틀려야 한다.

07 (답) ②

(해설) 경쟁상품과 차별성이 없다면 비차별화 마케팅이 유효하다.

08 (답) ②

(해설) 서비스 마케팅 믹스는 product, price, place, promotion, process, people, physical evidence이며, 이를 통합하여 7P라고 한다.

09 (답) ④

(해설) 마케팅 믹스 요소 중 가격은 소비자의 구매의사결정에 가장 큰 영향을 미치는 요인이다.

10 (답) ④

(해설) 서비스기업의 복수입지전략의 효율적인 운영을 위해서는 중앙제조시스템이 유리하다. 예를 들면, 외식프랜차이즈 기업의 경우 CK(중앙주방)를 활용해 효율적인 운영을 추구한다.

11 (답) ⑤

(해설) 대표적인 촉진유형은 광고, 판매촉진, 인적판매, 홍보 등이 있습니다. 서비스 프로세스는 '촉진(promotion)'이 아닌 별도의 마케팅 믹스 중 하나에 해당된다.

12 (답) ③

(해설) 서비스기업의 프로세스에는 고객의 참여가 필수이므로 참여 수준을 결정하는 것이 매우 중요하다.

CHAPTER 8

서비스 리더십

학습 목표

1_ 인적자원 관리의 개념과 특징, 체계를 설명할 수 있다.

2_ 서비스기업에서의 리더십의 의미와 중요성을 파악할 수 있도록 리더십 패러다임의 변화, 리더십 유형, 리더십 효과, 리더십 향상을 위한 자세를 설명할 수 있다.

3_ 서비스기업에서의 동기부여 개념, 동기부여 과정, 동기부여가 경영자에게 필요한 이유를 설명할 수 있다.

4_ 서비스기업에서의 권한위임의 장점과 방법에 대해서 설명할 수 있다.

타의추종을 불허하는 서비스의 근본은 최고의 권한위임

세계 최고의 서비스를 자랑하는 노드스트롬 백화점은 1978년 개점한 이래 자산 규모를 2억 2,500만 달러에서 19억 달러까지 늘리는 등 7배의 성장을 이룩했다. 이 회사의 광고 예산은 같은 업종의 평균보다 훨씬 적지만, 단위매장당 매출액은 백화점 중 최고를 기록했으며 업체 평균에 비해 3배 정도 높다.

이와 같이 높은 성과를 올리는 노드스트롬 백화점의 성공비결은 무엇일까? 한마디로 표현한다면 '타의추종을 불허하는 권한위임'라고 할 수 있다. 최고의 서비스가 바로 최고의 권한위임에서 비롯되었음을 알 수 있는 사례를 소개하면 다음과 같다.

〈사례 1〉 어느 날 중년의 여성이 공항으로 가는 길에 노드스트롬에서 옷 한 벌을 샀다. 그런데 그 여성이 공항에 도착했을 때, 비행기 표가 없음을 알게 되었다. 서두르다가 비행기표를 노드스트롬 백화점 매장에 놓고 온 것이다. 그런데 발을 동동 구르고 있는 그 여성에게 누군가 다가와서 비행기 표를 건네는 것이다. 그 사람은 바로 노드스트롬 의류매장의 여직원이었던 것이다. 고객이 놓고 간 비행기 표를 들고 부랴부랴 공항으로 달려온 것이다.

〈사례 2〉 세일이 끝난 다음날, 한 부인이 노드스트롬에 바지를 사러 왔다. 그 고객은 세일기간이 끝난 줄도 모르고 자기가 눈여겨 두었던 고급 브랜드의 바지를 사고 싶어 했는데, 마침 맞는 사이즈가 모두 팔리고 없었다. 판매사원은 백화점 내에 연락을 취해보고 노드스트롬 매장에 사이즈가 없자, 건너편 백화점에 알아보고는 고객이 원하는 바지를 정가에 사와서 세일 가격으로 고객에게 팔았다고 한다.

이러한 고객감동 사례는 노드스트롬 백화점의 경영자인 짐 노드스트롬의 말에서도 여실히 드러난다. "저희는 고객이 굿이어(Goodyear)의 타이어를 가지고 와서 200달러를 주고 산 것이라고 말해도 개의치 않습니다. 당장에 200달러를 되돌려 드립니다." 즉, 노드스토롬 백화점의 직원이라면 누구라도 고객의 문제를 해결하기 위하여 그 정도의 금액은 지출해도 된다는 의미이다.

노드스트롬 백화점에는 별도의 서비스 매뉴얼이 존재하지는 않는다. 단지 핸드북에 다음의 규칙 하나만 기록되어 있다. "모든 상황에서 스스로의 판단을 활용하라. 더 이상 다른 규칙은 없다." 많은 회사가 수많은 규칙과 방침을 쌓아 놓고 있는 데 반해 노드스트롬 백화점은 어떤 상황에서든 고객에게 최고의 서비스를 제공할 수 있게끔 직원들에게 최대한의 권한을 위임하고 있다. 바로 이런 권한위임이 사례와 같은 세계 최고의 서비스를 만들어 낸 원동력이라고 할 수 있다.

외식업체들도 노드스트롬 백화점과 같은 최고의 서비스를 제공하고 싶다면, 고객과 직접 대면하는 직원에게 모든 권한을 위임할 수 있어야 한다. 예를 들어, 외식업체에서 관리자가 없는 상황에서 고객의 클레임이 발생하였다고 가정해 보자. 서비스를 제공하던 직원은 어떤 결정을 할 수 있을까? 직원이 적절한 응대를 할 수 없었다면, 그것은 어떤 권한도 없기 때문임을 알 수 있다. 위기상황에서 고객이 만족할 만한 서비스를 제공하기 원한다면 고객접점에 있는 직원들에게 모든 권한을 위임할 수 있어야 한다.

외식업체의 경영에서 가장 자주 직면하게 되는 문제는 사람, 즉 직원들의 문제이다. 특히 외식업체는 노동집약적인 산업으로 기술의 발전으로 조리법도 간편해지고 홀의 운영에서도 많은 기기의 개발로 도움을 받고 있지만 그래도 인적인 요소인 사람을 대신할 수 있는 방법을 획기적으로 찾기는 쉽지 않은 것이 실정이다. 또한 국내·외적으로 사회복지제도의 증대와 노동법이 강화되고 있어 이직률이 높은 외식업체의 입장에서 경영자가 어려움이 많다. 그러므로 인적자원의 관리가 효율적으로 잘 하여 기업의 운영목표를 달성하는 동시에 인건비를 최소화하고 직원들의 동기부여와 조직원들의 단합을 이끌 수 있는 인적자원 관리기법으로 서비스 리더십이 매우 중요하다고 할 것이다.

1. 인적자원 관리의 개요

1) 인적자원 관리의 정의

인적자원 관리(HRM, human resources management)란 조직의 목적을 달성하기 위하여 효율적으로 활용하여야 하는 자원 중에 인적자원을 선발하고 개발하여 직원들의 활동에 대한 정당한 보상을 하고 직원들이 이직하지 않고 잘 근무할 수 있도록 관리하는 모든 활동을 말한다. 따라서 인적자원 관리는 HRP(human resource planning, 인적자원 계획), HRD(human resource development, 인적자원 개발), HRU(human resource utilization, 인적자원 활용)의 3가지 측면으로 계획적인 관리가 필요하다. 이는 직원의 채용·선발·배치부터 조직설계·개발, 교육과 훈련까지를 포괄하는 광범위한 활동에 있어 종래의 인사관리의 틀을 넘어선 더욱 포괄적인 개념이다. 외식업체의 운영은 인적자원에 의존하는 노동집약적 산업으로 외부로부터 우수인재를 확보하고 내부에서는 인재양성의 노력이 병행되어야 한다. 21세기 기업의 경쟁력은 경쟁이 심화되고 있어 우수한 인재를 선발하고 유지하는 것뿐 아니라 기업에 맞는 전문인재로 성장할 수 있도록 하는 인재경영에 달려있다고 해도 과언이 아닐 것이다.

2) 인적자원 관리의 특징과 체계

(1) 특징

산업의 발전이 가속화되고 세분화되면서 산업 간 경쟁은 계속해서 치열해지고 있다. 외식업체도 트렌드의 변화가 심하고 이러한 트렌드를 쫓는 고객의 입맛을 맞추기 위해서 치열한 경쟁을 벌이고 있다. 따라서 빠른 변화에 적응을 잘하고 외식업의 경영마인드가 있는 전문인들이 필요성이 더욱 더 높아지고 있다. 경영의 요소인 목표, 물적 자원, 전략과 정보는 모두 사람, 즉 인적자원에 의해 결정되는 만큼 인적자원 관리는 중요하다 할 것이다. 이는 관리의 주체도 사람이고 관리의 객체도 사람이기 때문이다. 그러므로 과업 중심의 사회에서 인간 중심의 사회로 그리고 과업과 인간을 동시에 추구하는 사회로 변화되고 있다.

(2) 서비스기업의 인적자원 관리 효과

서비스기업의 인적자원 관리효과는 다음과 같은 요인들이 있다.

첫 번째, 서비스를 제공하는 직원의 만족도는 서비스 품질의 결정적인 요인으로 볼 수 있다. 내부직원들의 갈등과 스트레스를 관리하면서 적당한 갈등을 형성하는 것은 직원들에게 자극제가 되는 동시에 동기를 부여하고 성과를 향상시킬 수 있는 장점을 가지고 있다. 또한 정서적 노동에 대한 저항력에 따라서 직무를 배치하고 순환시켜 사내 커뮤니케이션을 통한 스트레스를 해소하거나 스트레스 해소방법을 교류할 수 있다.

두 번째, 올바른 직원의 선발로써 고객지향적인 태도를 갖은 직원을 선발하고 그들을 모범적인 직원의 모델로 수립하여 추후의 직원선발에 응용할 수 있다.

세 번째, 교육과 훈련을 통해서 변화하는 시장상황에 대처하고 기업전략과 회사 내에서 자신의 역할의 중요성을 이해를 향상시킬 수 있다는 점이다. 교육과 훈련은 직원들의 자신감과 자부심을 향상시키며 필요한 정보와 기술을 정확히 전달할 수 있는 매우 중요한 요소이다.

네 번째, 직원들이 조직으로부터 정당한 대우를 받고 있다고 생각할 때 최대한의 능력을 발휘할 수 있으므로 정당한 성과에 대한 보상과 표창이 필요한 것이다. 따라서 정기적인 보상을 공개적으로 하고 표창제도도 만들어 같이 일하는 직원들 사이에 좋은 모범이 될 수 있도록 할 뿐 아니라 서로 자극을 시킬 수 있다는 효과가 있다.

다섯 번째, 임파워먼트, 즉 권한이양이다. 임파워먼트의 실천의 긍정적인 환경에서 다른 직원 간의 신뢰가 바탕이 되어야 하며 이를 통해서 직원은 책임감과 자신의 역량을 키울 수 있는 좋은 기회가 된다. 임파워먼트는 개인의 성장뿐 아니라 인적자원이 중요한 외식산업에서 조직의 성장을 동반할 수 있다.

2. 서비스기업에서의 리더십

사회가 빠르게 변화하고 복잡해짐에 따라서 더 많은 인과관계가 생성되고 조직에서의 리더십은 기업의 성과에 많은 영향을 미칠 수 있어 더욱 주목을 받고 있다. 조직의 리더는 구성원들이 조직의 목표를 달성하는 데 공헌할 수 있도록 직무만족을 높여주고 잠재능력을 개발시킬 수 있는 수단으로써 리더십의 발휘가 더욱 강조되고 있다. 어느 조직이나 집단을 막론하고 인간의 태도, 동기부여, 직무만족 및 성과는 리더십의 영향을 받기 마련이며 아무리 훌륭한 인적자원으로 구성된 조직이라도 구성원에게 적절한 리더십을 보여주지 못한다면 조직의 성과는 물론 조직원들의 만족 그리고 더 나아가서는 고객의 만족을 기대하기는 어렵다.

리더십은 조직의 비전을 창조하고 핵심가치를 실현하는 성취전략을 수립하며, 모든 구성원들이 실행과정에 자발적으로 참여하도록 영향력을 행사하는 능력을 말한다. 조직의 리더(leader)는 듣기를 잘 해야 한다. 주로 조직의 수장인 리더가 되면 다른 사람들의 말을 듣기보다는 자신의 생각을 말하는 경우가 더 많아질 수 있다. 그러나 직원들을 비롯한 다른 사람들의 생각을 잘 들을 수 있어야만 회사에 어떤 일이 일어나고 있으며 무엇이 필요한지 알 수 있다. 리더는 자신이 생각을 잘 설명하여 조직원이 자신의 뜻을 잘 따라올 수 있도록 해야한다. 리더는 도움을 주어야 한다. 조직원들을 잘 도와서 회사가 원하는 방향으로 조직을 이끌어가야 하는 것이다. 리더는 또 토론하는 문화를 갖도록 해야 한다는 것이다. 또한 공정한 평가가 될 수 있도록 하고 책임감을 갖는 것이 중요하겠다. 이와 같이 리더는 듣기(listening), 설명하기(explaining), 도움주기(assisting), 토론하기(discussing), 평가하기(evaluating) 그리고 마지막으로 책임감(responsible)을 갖는 것이 중요하다. 리더십의 유형에는 여러 가지가 있는데 외식산업에서 필요로 하는 리더십으로는 서비스 리더십의 유형이라 할 수 있다.

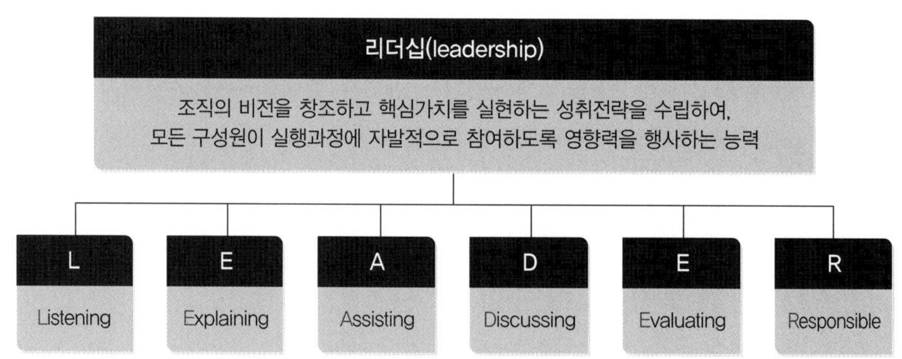

그림 8-1 서비스기업에서의 리더십

1) 리더십 패러다임의 전환

시대가 변하고 산업이 변화하면서 리더십도 같이 변화되고 있다. 산업화사회에서 서비스산업으로 그 축이 많이 이동하면서 조직에서는 부하직원에서 동료 그리고 내부고객이라는 시점으로 바뀌었다. 따라서 리더십도 수직적 구조에서 원형 조직으로 변화되고 있다.

피라미드 조직은 힘의 구조가 바탕이 된 수직적 구조로써 근속연수, 경험, 직책과 지위를 중심으로 옮겨가는 것을 볼 수 있다. 따라서 고객의 요구가 피라미드 꼭대기에 이르기까지 걸리는 시간이 너무 길다는 단점이 있으며, 그 긴 시간 정보의 가공이나 왜곡이 일어날 가능성이 커지고 신속한 고객의 응대가 어렵다.

피라미드 조직의 단점을 극복해서 나온 것이 역 피라미드 조직이다. 역 피라미드 조직은 고객의 요구에 즉각적인 응대가 가능하도록 하기 위하여 나오게 되었다. 고객의 접점에 있는 직원들을 피라미드의 상층으로 올리고 그들을 지원하도록 하는 이상적인 조직이나 현실적으로 실행이 쉽지 않다는 단점이 있다.

역 피라미드 조직의 실패로 외양적으로 고치기 힘든 결재구조는 그대로 가되 결재의 단계를 줄여 단계별로 있을 수 있는 마찰과 왜곡을 줄이고자 하는 저 피라미드 조직이 등장하게 되었다. 그러나 이러한 노력이 피라미드 구조의 문제점을 완전히 극복할 수 없었다.

원형 조직은 네크워크 사회가 시작되어 정보가 양방향으로 흐르기 시작하면서 대두된 개념이다. 조직 내에서는 직책과 직위가 아직도 존재하나 고객의 문제해결을 위한 정보의 흐름과 의사결정의 흐름은 원형을 띠어 신속하고 효율적인 운영이 가능하도록 변화된 것이다. 이는 수직적 구조에서 수평적 구조의 리더십으로 변화된 것으로 볼 수

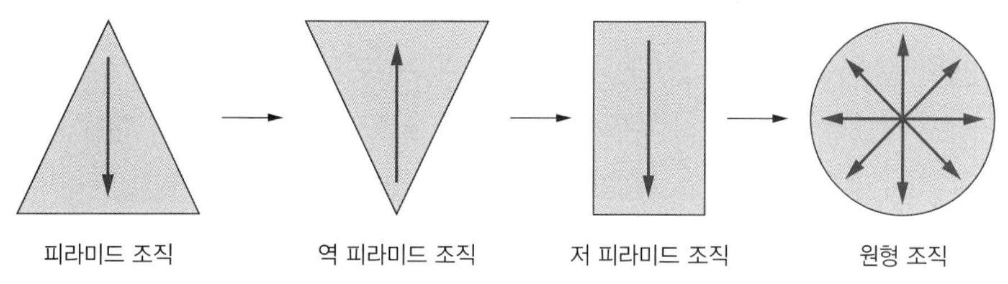

그림 8-2 리더십 패러다임의 전환

참조: 삼성에버랜드 서비스 아카데미(2001), 에버랜드 서비스리더십.

표 8-1 수직구조와 수평구조의 비교

구분	수직구조	수평구조
패러다임	수직적 사고, 안정 경영 - 실패 불용인	수평적 사고, 도전과 실패 - 실패 용인
의사결정	합리 추구 - 돌다리론	신속한 결정과 실행 - 잘못된 결정(미루는 것)
문제해결	선례, 경험 우선 - 중앙·본사·윗사람 관리	창의성 중시 - 아이디어 있는 자가 리더
관리방법	통제식 관리 - 중앙·본사·윗사람 관리	자율적 업무 수행 - 개인 단위, 작은 CEO
조직운영	획일적 조직력, 관리 - 일사불란, 공평주의	다양성·우연성 중시, 팀워크 - 차이 인정, 공정주의
정보흐름	상하주의 - 위에서 아래로	전방위주의 - 상하좌우 모든 방향으로

자료: 삼성에버랜드 서비스 아카데미(2001), 에버랜드 서비스리더십.

있다. 상호 의존적 환경을 조성하여 한 개인이 모든 책임을 지는 것이 아니라 다른 조직원과 함께 성과를 내고 공로도 같이 나눌 수 있는 환경 조성의 중요성을 깨달은 것이다. 우리는 조직 내에서 "그건 제가 할 일이 아닌데요!"라는 소리를 종종 들을 수 있는데 상호 의존적 환경의 조성으로 이러한 일을 줄일 수 있다.

2) 리더십의 유형

리더십은 많은 학자에 의해서 지금까지 연구되고 있다. 이러한 리더십 중에 가장 많은 관심을 받은 리더십으로는 거래적 리더십, 변혁적 리더십, 서번트 리더십이 있다.

거래적 리더십은 리더가 행위, 보상, 인센티브를 활용하여 조직의 구성원들에게 기대하는 행동을 유발시키도록 하는 과정으로 리더와 조직원 사이의 교환관계를 중시하였다. 거래적 리더십의 구성요소로는 적절한 보상과 예외관리라는 두 가지 요소로 볼 수 있는데, 적절한 보상을 통해서 리더와 조직원들 간에 활발하고 적극적인 교환이 이루어져 리더십이 발휘된다고 보고, 예외관리는 조직원의 과업수행에 있어 어떤 잘못에 대한 리더의 개입에 초점을 둠으로써 양자 간에 거래관계가 성립되는 것을 말한다.

변혁적 리더십은 거래적 리더십이 리더와 조직원 간의 교환관계에 치중한 것을 비판

표 8-2 리더십의 유형

구분	거래적 리더십	변혁적 리더십	서번트 리더십
영향력 원천	지위로부터	조직원으로부터	상호관계로부터
추구목표	단기적 사업목표의 달성	장기적 조직 비전과 가치 추구	개인과 조직의 공동 발전
행동요인	상황보상 예외관리	카리스마/지적 자극 개별 배려/고무적 리더십	섬김에 초점 타인 배려/성장 지원
동기부여	유형의 보상	개인적 목표추구를 통한 동기부여	구성원의 자율성과 도덕적 발전
지도방법	feedback	modeling	serving
주요 연구자	Burns(1978) Bass(1985) Avolio(1992)		Greenleaf(1970) Spears(1995) Laub(1999)

하면서 리더로 하여금 조직변화의 필요성을 감지하고 직원들로 하여금 미래의 비전을 공유하여 몰입도를 높이고 일련의 변화과정을 통해 당초 예상했던 목표를 초월한 성과를 달성하도록 동기부여한다. 이와 같은 변혁적 리더십은 조직합병을 주도하고, 신규부서를 만들며, 조직문화를 새로 창출하는 등 조직에서 중요한 변화를 주도하고 관리하는데 주도한다.

서번트 리더십은 타인을 위한 봉사에 초점을 두며, 직원, 고객 및 커뮤니티를 우선으로 여기고 그들의 욕구를 만족시키기 위해 헌신하는 리더십으로 조직원의 인간으로서의 존엄성과 가치를 존중하고 그들의 창조적인 역량을 높이는 데 중점을 둔다. 서번트 리더십은 먼저 자신을 낮추는 봉사와 섬김의 리더십으로 사람을 믿고 존중하며 섬기는 자세로 즐겁게 봉사함으로써 리더십을 발휘하며 공감대를 형성하고 조직원의 자발적 동의와 지지를 이끌어내는 리더십이다.

3) 서비스 리더십

서비스 리더십은 내부고객을 포함한 외부고객, 즉 고객에 대한 서비스가 곧 리더십이라는 뜻으로 내부고객에 대한 서비스를 통해 외부고객의 만족을 유도하고 그 내부고객이 자발적인 환경에서 창의성을 잘 발휘해서 외부고객에게 감동적인 서비스를 제공함으로

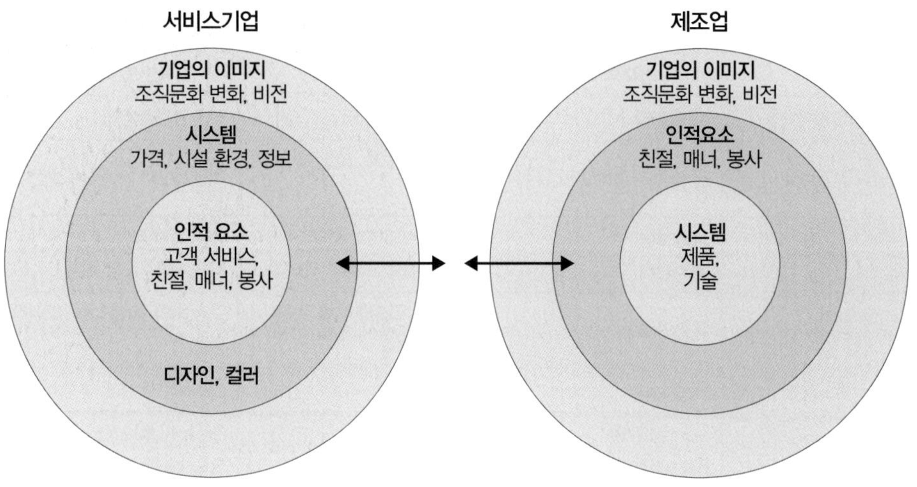

그림 8-3 서비스리더십

자료: 삼성에버랜드 서비스 아카데미(2001), 에버랜드 서비스리더십.

써 고객만족을 이끌어낼 수 있도록 하는 리더십이다. 서비스 리더십의 실천을 통해 내부고객의 행복이 선순환되고 외부고객의 만족이 따라오도록 하는 서비스 리더십은 고객만족의 가장 핵심요소로 서비스업은 인적자원에 두고 있는 반면, 제조업은 기술적 요소를 핵심요소로 보고 있다는 점이 다르다. 따라서 서비스산업인 외식산업은 핵심요소인 인적자원(내부고객)을 어떻게 극대화시켜 고객만족을 달성할 것인지에 초점을 둔다.

4) 리더십의 효과

훌륭한 리더가 있는 조직에서는 구성원들의 근무환경이 좋아 많은 긍정적인 효과를 가지고 온다. 우선, 높은 수준의 생산성이 있어 품질 좋은 상품이나 서비스가 따라온다. 예를 들어서 근무환경이 좋은 레스토랑에서 근무를 한다면 불만이 많은 고객을 상대할 때에도 기분 좋은 응대를 할 수 있는 확률이 높아지며, 실제적으로 많은 연구 결과로도 밝혀진 상태이다. 이와 같은 것은 직원들이 근무하면서 자연적으로 긍정적이고 성취감이 강한 태도를 갖도록 환경이 조성되기 때문이다.

이와 같은 환경은 직원들의 업무에 대한 상호 협동심을 향상시키며 궁극적으로 조직의 목표 달성에 많은 긍정적인 영향을 미치게 된다.

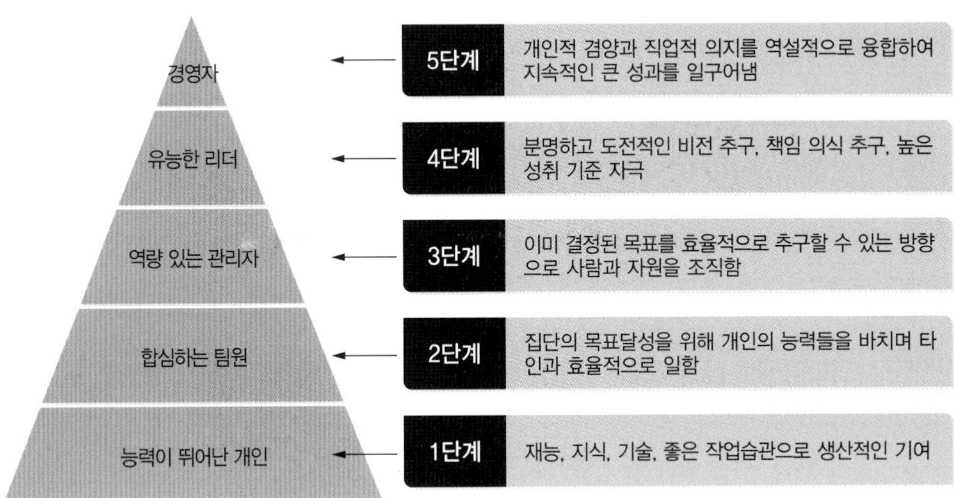

그림 8-4 리더십의 계층구조

표 8-3 리더십의 효과

리더십의 긍정적인 효과
•높은 수준의 생산성 •높은 수준의 품질 •긍정적이고 성취감이 강한 태도 •조직의 목표달성 •업무에 대한 상호협동 팀워크 향상

5) 리더십 향상을 위한 자세

리더는 자신의 리더십을 발전시키기 위해서 많은 노력을 해야 한다. 특히 사람을 주로 상대하는 외식업에서 조직원들을 잘 리드할 수 있는 리더십이 필수적이다. 리더십 향상을 위해서 리더는 항상 다음과 같은 자세를 지키도록 노력해야 한다.

- 내부고객과 외부고객의 욕구달성 최우선시 권한 위임
- 현상 유지가 아닌 개선 강조
- 예방 강조
- 경쟁보다는 협동 강조
- 문제를 통해 배우는 자세
- 의사소통 향상 노력

• 구성원들의 교육과 훈련
• 지속적으로 품질 중시
• 가격보다 품질 기준에 의한 거래
• 품질을 위한 조직체계의 정비
• 개인과 팀을 격려, 적절한 보상 실시

리더의 첫 번째 책임은 현실을 파악하는 것이고, 마지막 책임은 구성원들에게 고맙다고 말하는 것이다. 이 두 책임 사이에서, 리더는 하인이며 채무자가 되어야 한다. 리더는 이를 통해 발전할 수 있다.

-Max Depree

자료: 일레인 헬리스(2013), 고객가치를 높이는 고객서비스 전략.

3. 동기부여

동기부여(motivation)란 조직의 목표를 향한 자발적인 행동을 이끌어내기 위한 심리적 과정을 총칭한다. 동기는 지극히 개인적인 현상으로 사람마다 다양한 보상과 경험, 상황에 의하여 동기화되므로 동기화 요인을 잘 파악하는 것이 필요하다. 따라서 동기부여는 개인 또는 집단이 자발적 그리고 적극적으로 책임을 지고 일을 하고자 하는 의욕이 생기도록 행동의 방향과 정도에 영향을 행사하여 조직의 목표달성을 위한 행동을 유발시키는 과정이라 할 수 있다.

1) 동기부여의 특성

동기부여의 특성으로는 행동을 유발시키는 것은 힘으로 목표지향성을 갖고, 성과, 경쟁, 규정, 변화와 같은 목표를 향한 방향성을 갖는다. 동기부여는 심리적 내용인 본능, 욕구 필요가 방향성을 가지고 인지과정을 거쳐 형성되는데 이때 의욕과 필요 행동구현을 위한 행동유발의 힘이 작용해야만 조직의 기대성과를 달성하는 데 가까워질 수 있다. 또한 금전적 또는 사회적 보상 외의 개인적으로 실현하고자 하는 이상향을 실현할 수 있는 가용수단은 동기유발을 위한 좋은 방법이며 방향성을 잃지 않게 해준다. 따라서 동기부여를 꾸준히 관리하고 바람직한 제도가 뒷받침을 할 때 동기부여는 지속될 수 있다.

2) 동기화 요소

동기화 요소는 목표달성에 집중하도록 유도하는 힘으로 개인의 니즈(need-배고픔)와 원츠(want-햄버거)를 잘 이해해야 동기화 요소를 파악할 수 있다. 따라서 동기화 요소들의 다양성을 파악하고 리더들은 직원들의 동기화 요소에 친숙해지도록 노력해야 한다. 예를 들어서 다양한 동기화 요소를 알지 못하고 직원들의 월급 인상을 동기화의 단일 방법으로 사용할 시에는 월급이 인상되지 못하면 동기화 방법이 없어질 수 있다. 따라서 스스로에 대한 존중, 도전적인 일, 경영자 측으로부터의 격려, 재정적 안정, 창의성을 표현할 기회, 직업 안정성, 승진기회, 통합화된 작업환경, 높은 수익, 프로젝트 완성, 다가오는 휴가, 다른 사람들로부터의 인정, 고객과의 긍정적인 관계 등과 같은 다양한 동기화 요소를 파악하고 그것을 동기화할 수 있는 방법과 제도를 만드는 것이 필요로 한다.

3) 동기부여의 과정

외식업체의 경영자가 직원들을 동기부여시키기 위해서는 동기부여 프로세스를 이해할 필요가 있다. **그림 8-5**과 같이 동기부여는 관리수단으로부터 시작됨을 알 수 있다. 관리수단의 구체적인 사례로는 승진, 고과, 금전적 보상, 칭찬 등이 존재한다.

관리수단은 직원의 심리적 과정을 거쳐서 행위로 연결된다. 여기서 심리적 과정이란 직원들의 본능과 욕구에 따라서 차이가 발생하게 된다. 예를 들어, 금전적 보상과 같은 낮은 수준의 욕구를 채우고 싶어 하는 직원과 자아실현과 같이 높은 수준의 욕구를 채우려고 하는 직원은 각각 다른 관리수단을 이용하여 동기유발시킬 수 있다.

심리적 과정을 거쳐서 직원은 외식업체 경영자가 원하는 행위를 하게 되는데, 이때 행위는 단기간만 지속되기도 하고 장기적으로 지속될 수도 있다. 이렇게 유발된 행위는 결과적으로 성과지향성, 경쟁지향성, 규정준수지향성, 변화지향성 등의 목표를 지향하게 된다.

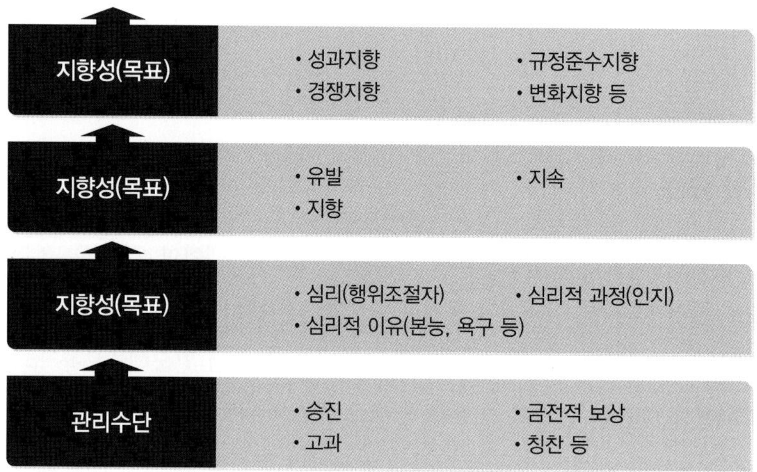

그림 8-5 동기부여의 과정

4) 동기부여가 경영자에게 필요한 이유

동기부여는 직원들이 매너리즘에 빠지지 않도록 함으로써 리더에게는 꼭 필요로 하는데 그 이유는 다음과 같다.

- 일을 하지 않는 사람을 열심히 일하도록 만든다.
- 일을 잘 해온 사람으로 하여금 계속해서 더 열심히 하도록 한다.
- 구습에 얽매인 사람에게 새로운 것을 받아들이도록 변화수용의 동기를 제공한다.
- 양에 치중해온 사람에게 질에 더 관심을 갖도록 한다.
- 규정을 안 지키던 사람에게 규정을 지키도록 유도할 수 있다.
- 공식적 임무가 아니지만 조직목적에 도움 되는 일을 찾도록 한다.
- 경쟁에서 전의를 불태우도록 유도한다.

4. 임파워먼트

임파워먼트(empowerment)란 개인에게 권한을 위임하고 부여하는 것뿐만 아니라, 자긍심을 증대시키는 일련의 과정이다. 이는 과업을 부여받은 것이 아니라 스스로 일을 수행하기 위하여 노력하게 되는 것이라 할 수 있다. 산업화시대에는 생산성을 중요시하

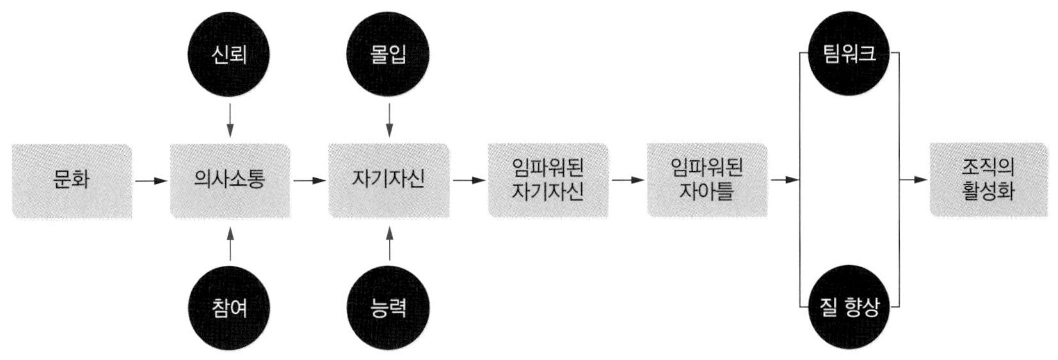

그림 8-6 임파워먼트 과정

여 기술혁신을 앞세워 경제적 효율성 극대화를 최우선의 조직 목표로 하였는데 그러한 과정에서 많은 문제점이 발견되었다. 특히 권위적이고 관료적인 수직적인 조직의 형태는 조직원들과의 문제를 야기해 경영적인 측면에서 노사문제와 같은 문제를 불러왔다. 이는 결과적으로 기업의 궁극적 목표인 이익 창출에 저하를 가지고 온다는 것을 체험한 것이다. 따라서 조직을 구성하는 조직원의 중요성이 부각되면서 인본주의적인 경영방식이 요구되었는데, 조직의 구성원을 인간의 존엄성을 가진 존재로 존중하고 스스로가 이성을 가지고 자율적인 의사결정을 내일 수 있도록 권한위임을 하게 된 것이다. 임파워먼트의 실행으로 조직과 조직원 그리고 조직의 목표와 개인의 목표를 균형있게 할 수 있었으며, 이를 통해서 직무만족은 물론 불평을 제기하는 고객에 대한 빠른 응대를 통해서 고객만족으로 이어졌으며 궁극적으로는 기업의 이익 창출에도 긍정적인 영향을 미치게 되었다.

1) 위임의 장점

위임은 자신의 가지고 있는 경험과 지식을 나눌 수 있는 기회를 제공하고 구성원들로 하여금 새로운 기술을 개발할 기회를 부여한다. 또한 개개인의 능력개발뿐 아니라 능력과 기술개발 과정을 평가할 수 있어서 결과물이 아니라 개발과정에서 잘못된 것을 시정하고 앞으로 나가 수정의 기간을 단축시킬 수 있다. 위임의 과정은 조직원 간의 협동심을 키울 수 있는 기회를 제고하는데, 직원들에게 이번 기회가 아니면 신경도 안 써도 될 프로젝트에 관심을 갖고 지지를 보낼 수 있는 기회가 될 수 있다.

2) 성공적인 위임을 위한 자세

위임을 한다고 문제가 모두 해결되는 것이 아니라 위임을 한 것이 성공적으로 잘 이행이 되어야 한다. 따라서 위임하는 사람은 위임자로서의 가져야 할 자세가 있다. 우선 위임을 하는 다른 조직원을 신뢰해야 하며 그 사람을 격려하고 성장하도록 도와주어야 한다. 위임을 할 때에는 일을 위임하기 전에 그 사람의 능력평가가 선행되어야 성공적인 위임이 될 수 있다. 위임하는 일이 위임한 사람이 전혀 감당할 수 없다면 위임을 하는 이유가 없어지며, 그 일은 실패하여 결국은 다시 자신에게 돌아올 수 있기 때문이다. 또한 상대에 대한 믿음을 표출하고 격려하며 동기부여를 시킬 필요가 있다. 새로운 과제나 책무라면 배우면서 기술이 늘어날 수 있다는 것을 이해하고 존중해 줄 필요가 있다. 마지막으로 사과하듯이 하지 말고 확신을 가지고 일을 요청해야 한다. 우리는 흔히 내가 할 일을 남에게 미루는 것이라는 생각을 갖기 쉬운데 그런 것이 아니라 위임을 통해서 조직원들이 새로운 일에 접할 수 있는 기회를 제공하고 위임하는 사람은 그만큼 또 새로운 임무를 할 수 있어 순환적인 근무환경을 조성될 수 있다.

3) 성공적인 위임을 위해 필요한 정보의 제공

위임을 성공하기 위해서는 위임하는 사람이 다음의 내용을 위임자에게 알려주고 이를 지킬 수 있도록 옆에서 도와주는 것이 필요하다.

우선, 위임하는 사람은 위임자에게 그 일의 목적과 목표를 명확히 알려주어 일의 방향성을 명확하게 인지시키는 것이 필요하다. 일의 수행을 위해서 필요한 우선순위도 알려주면 위임자가 처음의 시행착오로 인해 시간낭비를 줄일 수 있다. 또한 중간보고 날짜를 포함한 최종기간을 정확히 인지시켜 위임 시 마감일을 지킬 수 있도록 하는 것도 중요하다. 위임하는 일의 중요도를 알려주어 자신이 하는 일이 어느 정도의 위중함이 있는지 인지하고 책임감을 심어주는 것 또한 중요하다.

일을 수행함에 있어 필요한 배경지식을 미리 알려주는 것은 위임자가 일을 조금 더 효율적으로 기한에 맞추어 하는 데 많은 도움이 된다. 세부사항은 미리 제공한다면 성공적인 위임이 될 수 있는 확률이 높아질 것이다.

표 8-4 성공적인 위임을 위해 필요한 정보

위임자 전달사항
•목적/목표 •우선순위 •중간보고 날짜를 포함한 최종기한 •일의 중요도 •필요한 배경지식 •당신이 원하는 세부사항

4) 성공적인 위임을 위한 지원

위임을 성공적으로 하기 위해서는 여러 가지 지원도 필요로 하는데 필요한 자료나 배경 정보를 어디에서 찾을 수 있는지 알려주는 것은 그 일을 위임받은 사람이 필요 없이 시간낭비를 하는 것을 줄여준다. 또한 질문의 답을 언제 답해 줄 수 있는지 알려줘야 하는데 이는 일을 하다가 보면 언제든지 질문을 할 수 있으나 위임을 한 사람이 계속해서 질문에 답을 위해서 계속해서 방해를 받는 것 또한 문제가 될 수 있다. 따라서 질문에 답을 해줄 수 있는 시간을 미리 정해서 일을 시작하는 것이 좋다. 그리고 필요하다면 위임을 한 사람 외에 누구에게 어떤 도움을 받을 수 있는지 알려주는 것도 지원의 한 요소가 될 수 있다.

5) 성공적인 위임을 위한 사후점검

위임에는 사후점검도 필요한데 이때에는 필요한 모든 정보를 제공했는지, 예측하지 못한 문제에 봉착하지는 않았는지 그리고 스케줄에 맞추어 일이 진행되고 있는지를 확인하여 위임한 일이 잘 진행되었으며 앞으로는 어떻게 해야 할지 점검하는 것이 필요하다. 이와 같이 위임은 나와 똑같이 다른 사람들도 잘할 수 있는 일에서부터 시작하는 것이 좋으며 요구를 할 때는 확실하고 긍정적으로 하는 것이 필요하다. 또한 상대방에게는 자세한 설명과 도움을 제공하면서 상대방을 존중하고 일을 익숙해질 때까지 인내심을 갖고 참아 주는 것이 필요하다. 총체적으로 일을 관리하고 사후관리도 잊지 말아 성공적으로 일을 완수할 수 있다.

요 약

1. 인적자원 관리란 조직의 목적을 달성하기 위하여 효율적으로 활용하여야 하는 자원 중 인적자원을 선발하고 개발하여 직원들의 활동에 대한 정당한 보상을 하고, 직원들이 이직하지 않고 잘 근무할 수 있도록 관리하는 모든 활동을 말한다. 따라서 인적자원 관리는 HRP(human resource planning: 인적자원 계획), HRD(human resource development, 인적자원 개발), HRU(human resource utilization, 인적자원 활용)의 3가지 측면으로 계획적인 관리가 필요하다.
2. 서비스기업의 인적자원 관리효과를 정리하면 다음과 같다. 첫째, 서비스를 제공하는 직원의 만족도는 서비스 품질의 결정적인 요인이다. 둘째, 올바른 직원의 선발로써 고객지향적인 태도를 갖은 직원을 선발하고 그들을 모범적인 직원의 모델로 수립하여 추후의 직원 선발에 응용할 수 있다. 셋째, 교육과 훈련을 통해서 변화하는 시장상황에 대처하고 기업전략과 회사 내에서 자신의 역할의 중요성을 이해를 향상시킬 수 있다. 넷째, 직원들이 조직으로부터 정당한 대우를 받고 있다고 생각할 때 최대한의 능력을 발휘할 수 있다. 다섯째, 임파워먼트의 실천의 긍정적인 환경에서 다른 직원 간의 신뢰가 바탕이 되어야 하며 이를 통해서 직원은 책임감과 자신의 역량을 키울 수 있는 좋은 기회가 된다.
3. 리더십은 조직의 비전을 창조하고 핵심가치를 실현하는 성취전략을 수립하며, 모든 구성원이 실행과정에 자발적으로 참여하도록 영향력을 행사하는 능력을 말한다. 조직의 리더(leader)는 듣기, 설명하기, 도움주기, 토론하기, 평가하기 그리고 마지막으로 책임감을 갖는 것이 중요하다.
4. 리더십 중에 가장 많은 관심을 받은 리더십으로는 거래적 리더십, 변혁적 리더십, 서번트 리더십이 있다. 거래적 리더십은 리더가 행위, 보상, 인센티브를 활용하여 조직의 구성원에게 기대하는 행동을 유발시키도록 하는 과정으로 리더와 조직원 사이의 교환관계를 중시한다. 변혁적 리더십은 리더로 하여금 조직변화의 필요성을 감지하고 직원들로 하여금 미래의 비전을 공유하여 몰입도를 높이고 일련의 변화과정을 통해 당초 예상했던 목표를 초월한 성과를 달성하도록 동기부여 한다. 서번트 리더십은 타인을 위한 봉사에 초점을 두며, 직원, 고객 및 커뮤니티를 우선으로 여기고 그들의 욕구를 만족시키기 위해 헌신하는 리더십이다
5. 동기부여란 조직의 목표를 향한 자발적인 행동을 이끌어내기 위한 심리적 과정을 총칭한다. 동기는 지극히 개인적인 현상으로 사람마다 다양한 보상과 경험, 상황에 의하여 동기화되므로 동기화 요인을 잘 파악하는 것이 필요하다. 따라서 동기부여는 개인 또는 집단이 자발적 그리고 적극적으로 책임을 지고 일을 하고자 하는 의욕이 생기도록 행동의 방향과 정도에 영향력을 행사하여 조직의 목표달성을 위한 행동을 유발시키는 과정이라 할 수 있다.
6. 임파워먼트란 개인에게 권한을 위임하고 부여하는 것뿐만 아니라 자긍심을 증대시키는 일련의 과정이다. 이는 과업을 부여받은 것이 아니라 스스로 일을 수행하기 위하여 노력하는 것이라 할 수 있다.

연습문제

1. 외식업체의 인재채용의 문제점 및 개선방안을 기존 외식업체의 인적자원 관리 사례를 이용하여 제시해 보기 바랍니다.

2. 외식업체 직원들의 인식 변화를 유도하기 위한 전략적 방안(예: 개인적 욕구 충족보다 회사 목표 달성을 우선시 하도록 만드는 방법 등)을 논문이나 참고문헌을 검토한 후 제시해 보기 바랍니다.

3. 외식업체는 정규직보다 파트타이머를 많이 채용하고 있습니다. 그 이유를 설명하고 파트타이머 채용으로 인한 문제점과 개선책을 제시해 보기 바랍니다.

4. 외식업체의 임파워먼트와 동기유발에 대한 사례를 조사하고, 가장 이상적인 방안을 제시해 보기 바랍니다.

QUIZ
퀴즈

01 인적자원 관리에 관한 설명 중 옳지 않은 것을 고르시오.

① 조직 내에 적당한 갈등형성은 직원들에게 자극제가 되어 동기를 부여할 수 있다.
② 직원 선발에서는 고객지향적인 태도를 갖은 직원을 선발해야 한다.
③ 직원들의 성과에 보상하는 것은 해당 직원에게만 이득이 돌아간다.
④ 필요한 기술을 정확히 교육하여 직원들의 자신감과 자부심을 향상시킬 수 있다.

02 조직의 리더가 갖추어야 할 요소에 대한 설명으로 틀린 것은?

① L: listening – 듣기
② E: explaining – 설명
③ A: assisting – 도움
④ D: discussing – 설명
⑤ E: executing – 수행

03 리더십 유형에 대한 설명으로 옳지 않은 것을 고르시오.

① 거래적 리더십은 지위로부터 영향력이 오는 것이다.
② 변혁적 리더십은 장기적 조직비전과 가치추구를 위해 필요하다.
③ 서번트 리더십은 섬김에 초점을 두고 있으며 구성원의 자율성을 중요시한다.
④ 거래적 리더십은 개인적 목표추구를 통해 동기부여가 된다.

04 리더십 패러다임에 대한 설명으로 틀린 것은?

① 리더십이 수직구조에서 원형 구조로 변화되고 있다.
② 피라미드 조직은 힘의 구조가 바탕이다.
③ 피라미드 조직의 단점을 극복하기 위한 것인 역 피라미드 구조이다.
④ 산업화사회에서 서비스산업으로 이동하면서 조직에서는 동료, 외부고객이라는 시점으로 바뀌었다.
⑤ 원형 조직은 네트워크 사회에서 정보가 양방향으로 흐르기 시작하면서 대두되었다.

05 수직구조와 수평구조의 조직에 대한 설명으로 틀린 것은?

① 수직구조는 실패를 용인한다.
② 수평구조는 신속한 결정과 실행이 가능하다.
③ 수직구조는 합리를 추구하는 돌다리론이라 할 수 있다.
④ 수직구조는 통제식 관리방법이다.
⑤ 수평구조는 전방위주의 관리방법이다.

06 리더십의 효과로 틀린 것은?

① 높은 수준의 생산성 ② 높은 수준의 품질
③ 긍정적이고 성취감이 강한 태도 ④ 조직의 목표 달성
⑤ 업무에 대한 통제

07 동기부여에 대한 설명으로 틀린 것은?

① 동기부여는 행동을 유발시키는 힘을 말한다.
② 동기부여에 있어서는 개인적 동기는 조직의 동기부여에 부정적인 영향을 미친다.
③ 동기부여는 목표지향성을 갖는다.
④ 성과, 경쟁, 규정, 변화와 같은 목표를 향한 방향성을 갖는다.
⑤ 가용수단은 방향성을 잃지 않게 해준다.

08 동기부여가 경영자에게 필요한 이유로 틀린 것은?

① 일을 하지 않는 사람을 열심히 일하도록 만든다.
② 일을 잘해온 사람으로 하여금 매너리즘에 빠지기 쉽게 한다.
③ 양에 치중해온 사람에게 질에 더 관심을 갖도록 한다.
④ 규정을 안 지키던 사람에게 규정을 지키도록 유도할 수 있다.
⑤ 공식적 임무가 아니지만 조직목적에 도움되는 일을 찾도록 한다.

09 위임에 대한 설명으로 틀린 것은?

① 위임은 자신이 가지고 있는 경험을 나누게 되어 나의 경쟁력이 떨어지게 한다.
② 위임을 통해서 협동심을 높일 수 있다.
③ 위임을 통해서 기술개발을 할 수 있다.
④ 위임을 하되 상대방을 너무 신뢰하지 말아야 성공률이 높아진다.
⑤ 확신을 갖고 일을 위임해야 한다.

10 성공적인 위임을 위해서 필요로 하는 정보에 들어가지 않는 것은?

① 우선순위 ② 중간보고 날짜를 포함한 최종기한
③ 일의 중요도 ④ 필요한 배경지식
⑤ 위임받은 사람이 원하는 세부사항

EXPLAIN 해설

01 (답) ③

(해설) 직원들이 조직으로부터 정당한 대우를 받고 있다고 생각할 때 최대한의 능력을 발휘할 수 있으며, 공개 보상과 표창제도는 적절한 자극제가 될 수 있다.

02 (답) ⑤

(해설) E – evaluating – 평가. 리더는 부하직원들의 평가를 공정하게 해야 한다.

03 (답) ④

(해설) 개인적 목표추구를 통한 동기부여는 변혁적 리더십에 대한 설명이다.

04 (답) ④

(해설) 조직에서는 부하조직에서 동료, 동료에서 내부고객으로 시점이 바뀌고 있다.

05 (답) ①

(해설) 수직구조는 실패를 용인하지 않는 안정경영을 추구하고, 수평구조는 실패를 용인하여 도전과 실패를 격려하는 관리방법이다.

06 (답) ⑤

(해설) 리더십의 긍정적인 효과로 상호협동의 향상이 있다.

07 (답) ②

(해설) 동기부여에는 개인적으로 실현하고 하는 이상실현도 좋은 동기유발의 동력이 될 수 있다.

08 (답) ②

(해설) 동기부여는 일을 잘해온 사람으로 하여금 계속해서 더 열심히 하도록 한다.

09 (답) ①

(해설) 성공적인 위임은 내가 하고 있는 일을 나누어 내가 해야 할 일에 집중할 수 있도록 하여 나의 경쟁력을 높일 수 있다.

10 (답) ⑤

(해설) 위임을 한 사람이 위임한 일의 결과로 원하는 세부사항을 알려줘야 한다.

CHAPTER 9

서비스기업의 상권 및 입지전략

학습 목표

1_ 서비스 입지의 개요와 입지의 역할(입지전략)을 설명할 수 있다.

2_ 4가지의 서비스 전달 유형에 따른 입지결정 목표를 이해할 수 있다.

3_ 입지선정 시 고려해야 할 사항과 GIS를 포함한 입지선정 기법의 유형을 설명할 수 있다.

4_ 기본적 입지이론과는 상충되는 마케팅을 고려한 입지전략을 설명할 수 있다.

'스타벅스'의 입지전략

스타벅스커피 코리아는 지난 1999년 이대 앞 1호점 오픈을 시작으로 2004년 100호점, 2007년 200호점, 2009년 300호점 오픈을 돌파하며 하루 평균 10만여 명의 고객이 매장을 찾는 국내 커피전문점 선도기업이 되었다.

이와 같이 스타벅스가 국내에서 성공적인 성과를 올릴 수 있었던 원인은 감성마케팅 등 다양한 요인이 있을 수 있지만 그들만의 상식을 파괴한 입지전략도 한몫했다고 판단된다.

스타벅스의 성공적인 입지 정책의 첫 번째는 블루오션을 창출하는 '선점 전략' 이었다. 2002년 이후 서울 시내 주요 오피스 빌딩에 그동안 없었던 현상이 나타나기 시작했다. 1층 로비에 커피 매장이 들어서기 시작한 것이다. 바로 스타벅스의 선점 전략이 만들어낸 작품이었다.

국내 진출 초기에 스타벅스는 강남과 여의도의 1층 로비를 커피 매장으로 바꿔간다는 전략을 세우고 추진하였다. 그러나 30호점 이전까지는 괜찮은 빌딩의 로비를 구하기가 쉽지 않았다. 빌딩주들은 커피숍은 지하에서나 하라는 식이었다. 때문에 스타벅스의 점포개발팀원들은 외국의 사례를 사진으로 보여주며 건물주를 설득할 수밖에 없었다.

"사장님 저녁 6시 이후 로비의 불이 꺼지게 되면 빌딩의 가치는 떨어집니다."

"커피 매장이 로비에 들어오면 사람들이 모이게 되고 건물의 가치도 높아지게 될 것입니다."

스타벅스의 설득이 성공하였고, 결국 스타벅스는 권리금 한 푼 주지 않고 최고의 상권, 최고의 입지에 신규 매장을 대규모로 오픈할 수 있었습니다. 이후 실제 건물의 가치가 높아진다는 인식이 확산되면서 건물주들은 스타벅스를 유치하려는 노력을 기울이는 현상까지 나타났다.

스타벅스의 성공적인 입지정책의 두 번째는 '포화마케팅'이다.

대도시의 중심가를 걷다 보면 쉴 새 없이 마주치는 게 커피전문점이다. 특히 스타벅스의 경우는 같은 블록에 다수의 점포가 위치하기도 하는데, 같은 회사 커피전문점끼리 같은 손님을 두고 경쟁한다는 인상까지 들게 만드는 것이 요즘의 커피전문점 출점 행태이기도 하다.

과연 그들이 경영상의 착오로 동일 상권에 동일 브랜드의 점포를 개점한 것일까? 물론 아니다. 그것은 고도로 계획된 전략이다. 포화마케팅 전략은 스타벅스가 현재의 모습을 갖추는 데 일조한 입지전략이 틀림없다.

사업 확장기에 접어들면서 입지선정을 가장 중요한 사업전략으로 판단한 스타벅스는 다수의 부동산전문가를 고용하여 미국 전역을 네트워크화하였다. 그들은 북미 지역 모든 주요 도시의 핵심 상권을 스타벅스 간판으로 뒤덮으려는 목표를 수립하였다. 소비자들의 눈에 가장 잘 띄는 곳에 간판을 걸기 위하여 건물의 모양 등은 크게 중요하지 않았다. 부동산전문가가 최상의 입지를 찾아오면, 스타벅스는 임대인이 지불하는 수수료에다 추가적으로 수수료를 지불함으로써 부동산전문가들이 스타벅스에 좋은 입지를 우선적으로 추천하도록 동기부여시키기도 하였다. 도시의 가장 번화한 중심가에 걸려 있는 간판은 마케팅 측면에서 세 가지의 중요한 역할을 한다.

첫 번째는 노출빈도가 높아지는 것이고, 두 번째는 최고 상권이라는 지리적 특성으로 인하여 고급이라는 브랜드 이미지를 심어줄 수 있다. 세 번째는 중심가를 이용하는 사람들은 여론 주도층으로서 다른 사람들의 소비에 커다란 영향을 미친다.

이와 같은 다양한 이유 때문에 많은 기업이 적어도 하나 정도의 간판은 중심가에 위치시키려고 노력한다. 이런 매장을 안테나숍이라고 하는데, 그 매장이 비싼 임대료로 인하여 수익성이 떨어지는 경우에도 높은 광고효과를 기대하는 기업은 계속 유지시키려고 합니다.

스타벅스는 이러한 전략에 추가하여 중심가의 간판은 모두 스타벅스가 장악해 버린다는 전략을 펼쳤다. 이렇게 함으로써 매장당 수익성이 떨어질 수도 있지만 대신 기업은 광고를 하지 않고도 브랜드 인지도를 높일 수 있고 결과적으로 광고비 부담을 줄여서 수익성을 개선시킬 수 있게 된다는 판단이 섰기 때문이다.

한 블록이 멀다 하고 늘어선 도시 중심상권의 스타벅스 간판은, 이런 포화마케팅 전략의 결과였습니다. 이미 스타벅스 간판이 빼곡히 걸려 있으니, 다른 커피전문점들의 중심가 매장의 마케팅 효과는 저조할 수밖에 없다. 또한 포화마케팅은 선점의 효과도 일으켜서 진입장벽을 만들기도 한다. 경쟁업체는 적절한 입지를 찾을 수 없어서 진출을 포기하게 된다.

최근 서비스 경영현장에서 빅데이터가 화두로 떠오르면서 '상권과 입지분석' 이 세간의 관심사로 떠오르고 있지만 실제로 국내에서 상권분석의 본격적인 활용은 약 10년의 역사를 가지고 있다. 중소기업청은 2005년 5월 31일 '영세자영업 종합대책' 의 일환으로 일반 기업의 상권정보 시스템을 임차하여 시범운영기간(2005년 10월~2006년 4월)을 거치면서 본격적인 서비스를 개시하였다. 이후 나이스비즈맵, 지오비전, BIZ GIS 등의 웹용 시스템을 비롯하여 BC카드의 '대박창업' , 중소기업청의 '상권정보' 와 같은 스마트폰용 애플리케이션까지 가세하면서 상권분석에 대한 관심이 더욱 고조되기에 이르렀다.

다만 상권분석 시스템 자체의 인기에 비하여 외식업체들의 활용도는 아직 낮은 수준에 머물러 있다. 활용도가 떨어지는 가장 큰 이유는 사용법과 정보의 해석이 어렵기 때문이다. 외식업체의 성공적인 창업과 경영을 위해 상권과 입지에 대한 이해와 분석은 필수인 시대가 되었다. 따라서 본 장에서는 외식업체를 위한 상권과 입지전략을 구체적으로 살펴보도록 한다.

1. 상권과 입지의 개요

서비스기업이 최고의 수익을 달성할 수 있는 상권과 입지를 선정하기 위해서는 먼저 상권과 입지의 개념을 명확히 이해하고 그러한 활동의 중요성을 인식하는 것이 필요하다.

1) 상권의 정의

상권은 '점포를 이용할 가능성이 있는 고객이 거주하는 범위'를 의미한다. 물론 이외에도 상권의 정의는 다음과 같이 좀 더 다양하게 정리할 수 있다.

상권이란?

- 소비자를 대상으로 점포의 세력이 미치는 범위
- 점포에 고객을 유인할 수 있는 지리적 영역
- 마케팅 단위로서의 공간적 범위
- 실질 구매능력이 있는 유효수요의 분포 공간

그림 9-1 상권의 정의

서비스기업에게 상권은 '점포의 세력이 미치는 범위'이다. 즉, 점포를 찾아줄 것으로 예상되는 고객의 거주지역을 의미한다. 상권이라는 용어가 종종 다른 의미로 쓰이는 경우도 있다. 예를 들어 '강남역 상권'이란 표현에서의 상권의 개념은 강남역 인근에 위치한 '점포의 집단'을 의미한다. 따라서 상권이란 용어는 **그림 9-1**과 같이 두 가지의 의미를 내포하고 있으므로 상황에 따라서 잘 구분해야 한다.

그림 9-2는 지하철 4호선 범계역 로데오거리의 중심부를 기준으로 상가권과 상세권을 설정한 사례이다. 그림에서 사각형으로 표시한 부분은 범계역 로데오거리를 중심으로 점포들이 모여 있는 지역이다. 원형으로 표시된 부분은 상가권 내의 점포를 이용하는 고객이 거주하는 범위이다. 반경 400미터의 지리적 범위로 표시하였다. 즉, 사각형 지역은 '상가권', 원형 지역은 '상세권'이라고 볼 수 있다.

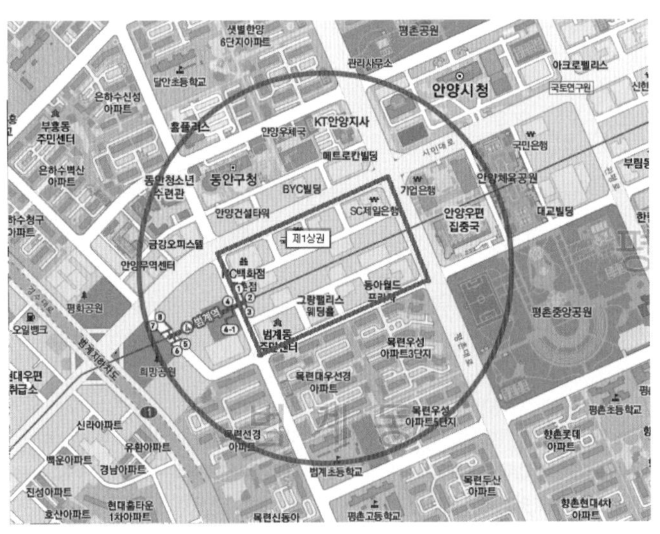

그림 9-2 상가권과 상세권 설정 사례

자료: 중소기업청 상권정보 시스템

2) 입지의 정의

입지란 '사업을 영위하게 될 장소 또는 점포'를 의미한다. 좀 더 구체적인 입지의 개념을 정리하면 **그림 9-3**과 같다.

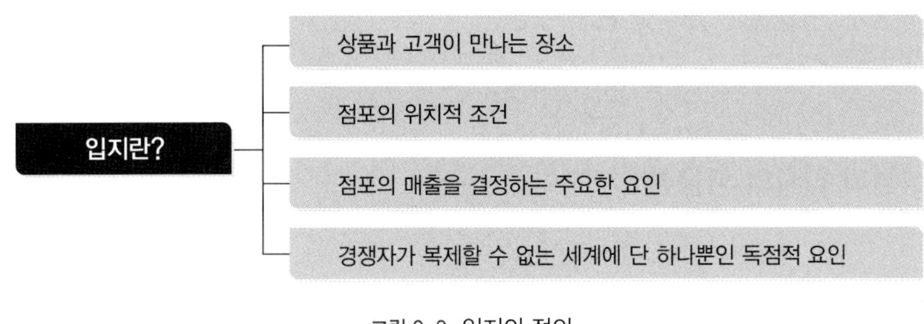

그림 9-3 입지의 정의

서비스기업에게 입지는 접객장소, 위치적 조건, 매출결정 요인, 독점성 등으로 다양한 정의가 가능하다. 여러 정의 중에서도 '서비스기업이 사업을 영위하게 될 점포'가 핵심이지만 입지는 점포의 위치뿐 아니라 위치적 조건을 포함하는 포괄적인 개념으로 이해하는 것이 좋다. 입지는 전 세계에서 단 하나만 존재하는 독점성을 가지며, 이러한 독점성으로 인하여 서비스기업이 입지를 결정할 때 매우 신중해야 한다. 왜냐하면 한 번 선택한 입지는 절대로 변경을 할 수 없기 때문이다.

3) 상권과 입지의 차이

이상 살펴본 상권과 입지의 개념 차이를 정리해 보면 **표 9-1**과 같다. 상권과 입지는 동일한 개념으로 사용되는 경우도 많다. 명확하게 구별해야 하는 개념이라는 사실을 인식해야만 평가조건과 분석목적 등을 이해할 수 있으므로 주의가 필요하다. 특히 상권은 점포를 포함한 지역의 수요와 성패를 예측하기 위하여 조사와 분석을 한다면, 입지는 점포의 예상수익성과 성패를 예측할 목적으로 조사와 분석이 이루어진다는 점에 유의해야 한다. 물론 상황에 따라서 상권과 입지를 분석하는 데 활용하는 평가조건들은 변할 수 있다. 분석목적도 마찬가지이다.

표 9-1 상권과 입지의 차이

구분	입지	상권
개념	점포가 소재한 위치 조건	점포를 이용할 고객의 거주 범위
평가조건	부지 형태, 접근성, 가시성, 평탄성, 점포 형태, 시설구조, 주차시설 등	유동인구, 배후지 인구, 경쟁점포, 교통유발시설, 장애요인, 지역발전 전망 등
분석목적	점포의 예상수익성과 성패 예측	점포를 포함한 상권의 수요 및 성패 예측
최종목적	창업 예정 점포의 사업 타당성 추정	

4) 상권과 입지의 중요성

서비스사업의 경우 대부분 자본집약적이므로 상권과 입지의 결정에 심혈을 기울여야 한다. 그 이유는 상권과 입지의 결정이 장기고정투자에 해당되기 때문이다. 즉, 한 번 투자하면 이동이나 변경이 거의 불가능한 경영요소이다. 따라서 상권과 입지 의사결정은 수요의 증감, 수요분포의 변동, 시장범위의 확대와 축소, 비용구조의 변화, 기술의 혁신, 자원의 고갈, 공해에 대한 규제, 고용환경의 변화 등에 큰 영향을 미친다는 점에 있어서 그 중요성이 매우 크다.

또한 상권과 입지가 서비스기업의 경영성과에 미치는 영향의 중요성은 다양한 부문에서 확인할 수 있다. 예를 들면, 수익성에 영향을 미치는 매출액은 상권과 입지에 가장 큰 영향을 받는다. 그 외에도 고정비, 변동비 등 비용요소에 영향을 미치는 것은 물론이고 상권과 입지는 고객의 서비스 수준 인식에도 큰 영향을 미치게 된다. 예를 들어, 고급 음식점이 저가의 분식점이 모여 있는 상권에 위치하고 있다면 소비자들은 높은 수준의 서비스를 제공하는 음식점으로 인식하지 않을 수도 있다.

2. 상권과 입지전략 및 프로세스

1) 상권과 입지전략

서비스기업의 상권과 입지전략은 크게 전통적 역할과 전략적 역할로 구분할 수 있다. 전통적 역할이란 '경쟁기업의 진입을 억제하기 위한 장벽을 구축하면서 수요를 창출할 수 있는 입지를 선정하기 위한 전략'을 의미한다. 전략적 역할이란 '전통적인 역할을

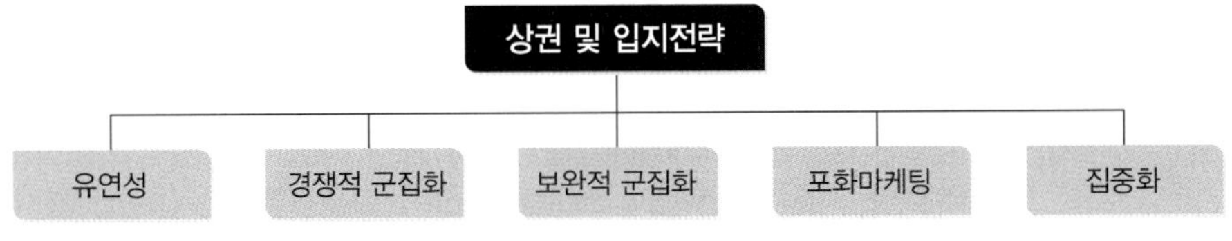

그림 9-4 상권 및 입지전략

확장한 개념으로 서비스기업의 성장을 목적으로 다양한 상권과 입지로 확장해 나가기 위한 활동'을 의미한다.

상권과 입지전략에서 전략적 역할을 구체적으로 살펴보면 다음과 같다.

첫째, 입지의 유연성(flexibility)이란 경제적 환경이 변화함에 따라 서비스기업이 제공하는 제품과 서비스도 변경 가능한 방법을 확보하는 전략을 의미한다. 구체적으로 미래의 경제적·인구통계학적·문화적·경쟁적 변화에 대응할 수 있는 상권과 입지를 선정해야 한다는 전략이다. 이러한 관점은 입지의 선정이 장기적 자본투자로서 쉽게 변경이 불가능하다는 측면을 고려할 때 많이 활용하는 방법은 상권과 입지를 분산시키는 것이다. 예를 들면, 하나의 상권과 입지에서 서비스기업의 모든 자본을 투자하는 경우 상권이 쇠퇴하거나 또는 입지에서 철수해야 하는 등의 위험이 발생할 수 있으므로 포트폴리오 접근법을 쓰는 경우이다. 즉, 사업이 성장할 때 특정 상권과 입지의 쇠퇴 또는 철수에 따른 위험을 분산할 목적으로 다양한 입지로의 개점을 시도하는 것이다. 증권투자에서 '달걀을 하나의 바구니에 담지 말라'는 격언과 같은 의미이다.

둘째, 경쟁적 군집화란 '경쟁을 통하여 전체 수요를 더 크게 만드는 방법'을 의미한다. 유사한 업종의 점포가 동일 상권에 군집을 이루어 위치함으로써 고객의 편리성을 증대시키게 된다. 이런 상황이 독립적으로 사업을 할 때보다 더 많은 고객의 방문을 유도하기 때문에 활용된다. 경쟁적 군집화는 일반적으로 비교 쇼핑이 필요한 서비스상품의 경우 더욱 효율적이며, 경쟁업체가 많이 모임으로 더 많은 수요를 창출하는 장점이 있다. 판매업과 서비스업의 사례를 보면 중고차시장, 가구시장, 경동 한약재시장, 용산 전자상가 등이 있다. 또한 음식점의 경우는 신당동 떡볶이골목, 장충동 족발, 신림동 순대, 응암동 감자탕, 곤지암 소머리국밥, 포천 이동갈비, 횡성 한우, 다하누촌 등이 해당된다.

경쟁적 군집화는 입지력을 창출하는 좋은 사례가 되기도 한다. 과거에는 특정 상권에 경쟁적 군집화가 우연히 만들어졌다면 최근에는 벤처창업자나 지방자치단체가 인위적으로 경쟁적 군집화를 유도하거나 지원하는 노력을 하고 있다. 경쟁적 군집화가 유효한 것은 입지력이 커지기 때문이다. 입지력은 자신이 일정 부분 관리가능하다는 사실을 알아야 한다. 입지력이란 '점포 위치의 매력과 편리성 측면에서 고객을 유인하는 힘'을 의미하는데, 그것은 수동적 입지력과 능동적 입지력으로 구분할 수 있다.

수동적 입지력은 점포가 자연적으로 얻은 위치력으로 관리할 수 없는 입지력에 해당되지만 능동적 입지력은 점포가 인위적으로 창출해 내는 위치력이므로 관리가 가능하다. 일반적으로 입지조건에 해당되는 입지력은 수동적 위치력을 의미하며 자연적으로 부여받은 수동적 위치력은 시간이 지남에 따라 줄어들게 된다. 따라서 기존의 사업자는 매출액이 감소할 때 입지력의 회복이 불가능하다고 판단되면 과감히 이전을 고려하는 것이 현명하다. 입지력을 스스로 창출하는 사례로는 음식점이 모여 있는 빌딩처럼 상호 시너지효과를 낼 수 있는 복합출점을 시도하는 경우이다.

셋째, 보완적 군집화는 주식투자자가 다양한 주식으로 포트폴리오를 구성하여 위험을 회피하듯이 하나의 상권에서 서로 보완적 업종을 지속적으로 창업하여 위험을 회피하면서 점포를 확장하는 전략이다. 국내에서 하나의 상권에 상호 보완적인 업종으로 포트폴리오를 구성함으로써 성공한 대표적인 사례로 '더본코리아'를 들 수 있다.

원조쌈밥, 새마을식당, 한신포차, 해물떡찜, 본가, 홍콩반점 등으로 유명한 '더본코리아'의 직영점은 서울 논현동 영동시장 상권에 밀집해 있다. 이곳은 젊은층부터 중장년층까지 유동인구가 다양한 '먹자거리'라는 특징 때문에 분식, 짜장면, 짬뽕과 같은 전문점부터 삼겹살 갈비에 주점 커피숍까지 온갖 업종의 외식점포가 모여 있다. 이곳에 종류도 다양한 대박식당 중 대부분이 '더본코리아'의 매장이다. 더본코리아 19개 외식브랜드 중 16개가 모두 이 상권에 모여 있다. '더본코리아'는 매장이 하나의 상권에 모여 있는 것에 대해 "상권이 좋은데다 이곳에 위치한 더본코리아 본사에서 직영 매장을 직접 관리하며 브랜드별 고객 반응을 체크하기에 용이하기 때문"이라고 설명한다. 보완적 군집화는 앞서 설명한 유연성과 유사한 개념이지만 다양한 상권으로 분산하느냐와 하나의 상권에서 다양한 입지로의 분산을 시도하느냐의 차이가 있다.

넷째, 포화마케팅이란 '도심지나 교통중심지에 동일 기업의 동일 브랜드 점포를 집중시키는 방식'을 의미한다. 이런 전략은 제살깎기(cannibalization)의 위험이 있으나 광고비 절감, 수월한 감독, 고객 인지도 상승 등의 장점이 있다. 포화마케팅이 적합한 상권은 주로 충동구매자를 유혹하기 쉬운 도심이다. 이런 상권에서 최고의 효과가 있다. 그리고 가맹점보다는 직영점 위주로 운영되는 체인 사업자가 선호하는 전략이다. 그것은 가맹점을 위주로 하는 프랜차이즈의 경우 상권을 보호해 주어야 하는 의무가 있는 반면에 직영점 위주로 운영되는 체인 사업자는 자신의 의사결정에 따라 얼마든지 동일 상권에 다수의 점포를 입점할 수 있기 때문이다. 포화마케팅은 다른 말로 전략적 움직임(strategic move), 선점 전략(preemptive strategy)이라고 표현하기도 한다. 포화마케팅으로 성공한 대표적인 기업으로 '스타벅스'를 들 수 있다. 국내에 진출한 '스타벅스'가 경쟁업체의 진입을 막기 위한 목적으로 상권이 활성화된 지역의 복수 입지(multiple location)에 입점하는 전략을 사용한 바 있다. 이러한 전략은 시장 인지도를 상승시키는 것은 물론이고 진입장벽의 역할까지 하는 장점이 있다. 그외에도 특정 업종의 시장 수요가 형성되기 전에 주요 입지를 선점하는 전략도 생각해 볼 수 있다. 이와 같은 입지전략은 마치 제품의 특허나 실용신안을 받아서 경쟁업체의 침투를 방어하는 것과 같은 효과를 일으키는 매우 유효한 방법이기도 하다.

다섯째, 집중화(focus)란 여러 상권과 입지에서 동일한 제품과 서비스를 판매하는 전략을 의미한다. 즉, 프랜차이즈 본부들이 주로 활용하는 전략이라고 할 수 있다. 서비스 기업은 표준화된 시설을 여러 곳에 개점함으로써 안정적인 사업확장이 가능해진다. 집중화 전략에 대한 세부적인 내용은 프랜차이즈 시스템에 대한 전문서적을 참조하여 세부적인 내용을 이해할 필요가 있다.

2) 상권과 입지선정 프로세스

서비스기업이 상권과 입지전략을 수립하였다면, 이어서 상권과 입지선정 프로세스에 따른 선정작업에 들어 갈 수 있다. 세부적인 프로세스는 **그림 9-5**와 같다.

각각의 단계를 좀 더 구체적으로 살펴보면 다음과 같다.

첫째, 사업계획을 검토하여 어떤 특징의 상권과 입지를 선택해야 하는지에 대한 검토를 하는 단계이다. 제품과 서비스의 유형을 고려한 입지의 요구사항 등을 과학적으로 파악하는 활동이 필요하다. 예를 들면, 사업의 사업계획상의 목표고객이 대학생이라면

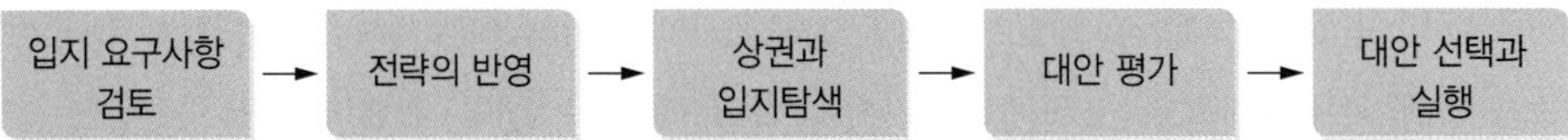

그림 9-5 상권과 입지선정 프로세스

대학생들의 소비행태를 정확히 파악하는 작업이 이루어져야 한다.

둘째, 앞서 다루었던 상권과 입지전략을 상권과 입지선정에 반영하는 단계이다. 이 단계에서는 전략을 실행하기 위하여 필수적으로 고려해야 하는 지향점을 찾는 것이 중요하다. 즉, 전략의 목표를 명확하게 재정립하는 과정이 필요하다. 예를 들면, 서비스기업이 포화마케팅 전략을 선택한 경우 해당 전략의 목표를 경쟁자 진입 차단, 수요 극대화, 홍보 강화 중 어떤 것을 주목적으로 하는지 명확하게 정의할 필요가 있다.

셋째, 입지의 요구사항과 전략적 목표가 정해진 다음에는 해당 조건을 충족시키는 상권과 입지를 탐색하는 작업이 이루어져야 한다. 점포를 개점할 후보지를 탐색하는 활동은 온라인과 오프라인 정보원을 활용하면서 자료를 수집하여 사전조사를 마친 후, 현장답사를 통하여 조사한 내용을 확인하면서 자료를 정보화하는 과정을 거치는 것이 좋다.

넷째, 후보지에 대한 조사와 분석이 이루어지면 각각의 대안에 대한 평가가 이루어진다. 이때는 이미 설정해 두었던 상권과 입지평가 기준을 이용하여 후보지에 대한 평가를 실시한다. 다만 평가는 가능한 절대적 평가와 상대적 평가를 조합하여 현재 상황과 향후 변화를 고려하는 것이 필요하다.

마지막으로 평가결과에 따른 대안 선택 및 실행단계이다. 후보지를 평가하여 선택할 때는 가장 먼저 투자자원을 고려해야 한다. 서비스기업이 투자 가능한 범위 내의 선택을 하지 않고 무리한 선택을 하는 경우 향후 재무적 위험에 노출될 수 있다. 선택이 완료되면 가능한 빠른 시간 내에 실행에 옮긴다. 좋은 상권의 좋은 입지는 수요자가 많아서 빠른 시간에 계약이 이루어지는 경우가 많기 때문이다.

상권과 입지선정 프로세스를 가장 적절하게 활용함으로써 경제 불황 속에서도 지속적인 매출 신장을 달성하고 있는 서비스기업으로 '맥도날드'를 들 수 있다. '맥도날드'는 처음 국내에 진출할 당시만 하더라도 목표고객인 젊은층이 많은 번화가 상권을 대상으로 점포를 개설하였다. 이후 맥모닝, 맥카페, 맥딜리버리 등으로 메뉴와 서비스를 확장하면서 직장인이 많은 오피스 상권과 배달 주문이 많은 주택가 상권 인접 지역으로 점포를 확장하기도 하였다. 기존 시장에서의 성장이 한계에 직면하자 '맥도날드'는 맥드라이브 매장으로 대형 주유소는 물론이고 자동차 통행량이 많은 1번 국도변의 입지로 점포를 확장하고 있다.

3. 상권과 입지결정 목표

서비스기업이 상권과 입지를 선택할 때는 서비스기업과 고객 사이의 상호작용 유형에 따라서 입지결정 요인이 달라진다는 점에 유의해야 한다. 가장 일반적인 기업과 소비자의 상호작용 형태는 직접 접촉하는 유형과 간접적으로 접촉하는 유형으로 구분되는데 이를 4가지 유형으로 나누어 살펴보자.

첫째, 고객이 서비스기업으로 방문하는 경우이다. 이러한 유형은 상권과 입지의 결정이 매출에 큰 영향을 미치게 된다. 따라서 서비스기업은 가능한 목표고객의 접근이 편리한 상권과 입지를 찾는 데 주력해야 한다. 특히 상권과 입지결정의 목표를 매출의 극대화에 두는 것이 중요하다. 고객이 서비스기업을 직접 찾아가는 대표적인 사례로는 호텔, 음식점, 은행, 소매점, 백화점, 할인점 등을 들 수 있다.

둘째, 서비스기업이 고객을 찾아가는 경우이다. 이러한 유형의 경우 서비스기업은 저렴한 비용으로 고객에게 접근이 용이해야 성공 가능성이 높아진다. 따라서 상권과 입지결정의 목표를 유통비용의 최소화, 서비스 수준의 극대화에 두는 것이 필요하다. 대표적인 사례로는 소방·치안·응급서비스, 배달전문음식점 등을 들 수 있다.

셋째, 소비자와 서비스기업이 정보기술을 이용하여 간접적으로 접촉하는 경우이다.

표 9-2 상호작용 유형에 따른 상권과 입지결정 목표 차이

구분	상호작용 유형	상권과 입지결정 목표
직접 접촉	고객이 서비스기업을 방문	매출의 극대화
	서비스기업이 고객을 방문	유통비용의 최소화, 서비스 수준 극대화
간접 접촉	정보기술을 이용한 접촉	운영비용의 최소화
	접촉이 거의 없는 경우	배달비용의 최소화

거래 당사자 사이의 직접적인 상호작용은 필요하지만 정보기술이 직접 접촉을 대신하므로 상권과 입지결정의 목표는 서비스기업의 운영비용 최소화가 된다. 대표적인 사례로 온라인 쇼핑몰, 호텔 및 항공 예약, 은행의 인터넷 뱅킹, 콜센터 등이다.

넷째, 서비스기업이 고객과 전혀 접촉이 없어도 되는 경우이다. 고객의 참여가 전혀 없는 서비스로 제조업과 유사한 형태를 생각할 수 있다. 이러한 유형의 경우 상권과 입지결정의 목표를 운영비용 및 유통비용 최소화, 배달비용의 최소화에 두어야 한다. 대표적인 사례로 제조업과 유사한 형태의 창고업 및 도·소매업 등이 있다.

서비스 경제화가 급격하게 진행되면서 대부분의 서비스기업은 앞에서 살펴본 상호작용 특징 중 한 가지에만 해당되는 경우보다는 복합적인 상호작용 유형을 갖는 경우가 많다. 예를 들면, 피자전문점과 같은 유형의 서비스기업은 소비자가 직접 서비스기업을 찾아오는 경우와 서비스기업이 소비자를 찾아가는 경우, 정보기술을 이용하여 접촉하는 경우 등이 결합된 상호작용을 하고 있다. 따라서 상권과 입지의 선택 목표가 중첩되어 결정에 어려움을 겪을 수 있다.

4. 상권과 입지선정 시 고려사항 및 선정기법

상권과 입지를 선정할 때 고려해야 하는 요소는 충분한 수요와 경쟁적 요인으로 나눌 수 있다. 경쟁적 요인은 환경요인과 건물 특성으로 나누어진다.

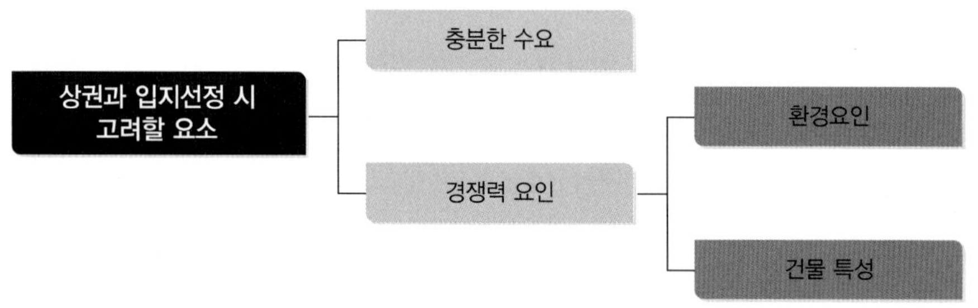

그림 9-6 상권과 입지선정 시 고려사항

1) 충분한 수요

상권과 입지를 선정할 때 고려해야 하는 변수 중 필수 내용은 서비스기업이 판매할 제품과 서비스에 대한 수요가 충분한지의 여부이다. 만약 수요가 충분하지 않다면, 어떤 제품과 서비스를 출시하더라도 원하는 매출을 달성하는 것이 불가능하다. 특히 수요가 없는데도 불구하고 마케팅을 하는 것은 비용의 낭비만을 초래한다. 주변에서 종종 이러한 사례를 많이 발견하게 된다. 충분한 수요가 없는 경우에는 어떤 방법으로도 원하는 수익을 달성할 수 없으므로 사전에 충분한 조사와 분석이 필요하다.

충분한 수요가 있는지 여부를 판단하기 위해서는 가장 먼저 주요 수요층에 대한 검토를 해야 한다. 예를 들면, 패스트푸드점은 청소년이나 청년층의 직장인이 주고객이므로 이러한 수요층이 해당 상권과 입지에 존재하는지 여부를 가장 먼저 검토해야 한다.

이어서 해당 수요층의 수요량을 과학적으로 확인하는 절차가 필요하다. 수요층이 존재하는지 여부만으로 상권과 입지를 결정하는 것은 매우 위험하다. 수요층이 제품과 서비스를 구매하기 위해 지출하는 금액을 정확하게 파악하거나 만약 이것이 불가능하다면 인원수를 파악하여 예상 매출액을 추정하여 충분한 수요량이 존재하는지를 확인해야 한다.

수요층과 수요량이 존재하더라도 상권과 입지로의 접근이 어렵다면 서비스기업의 목표 매출액을 달성하는 것은 불가능하다. 따라서 가시성은 높은지, 접근이 용이한지, 중간에 경쟁점포로 인하여 차단이 될 가능성은 없는지 등을 검토해야 한다. 특히 물리적으로는

표 9-3 수요 확인을 위한 프로세스 및 변수

구분	내용	사례
목표고객 판별	주요 수요층인 목표고객의 존재 여부를 확인	•은행: 고층빌딩 입주 기업체, 금융자산 보유자수, 소비를 위한 통행인구 •패스트푸드점: 청소년, 점심을 해결하려는 직장인
목표고객의 수요 분석	존재하는 목표고객의 수요량 검증	•은행: 대기업 수, 종사자 수, 유동인구 수 •패스트푸드점: 청소년 수, 직장인 수, 유동인구 수
목표고객의 접근성	검증한 목표고객이 선정한 상권과 입지로 접근이 가능한지와 경쟁점의 중간차단 가능성 등 판단	•은행: 주차장, 건물내 입주 여부, 도보거리 •패스트푸드점: 경쟁점 위치, 건물 내 위치

접근이 용이하지만 인지적으로 접근성을 저해하는 요인이 없는지도 확인해야 한다.

2) 건물특성 및 환경요인

충분한 수요에 이어서 상권 및 입지의 '경쟁력 요인'을 살펴본다. 서비스기업의 경우 충분한 수요가 존재한다고 반드시 사업이 성공한다고 보장하기는 어렵다. 상권과 입지를 결정하는 과정은 그외에도 다양한 변수를 고려해야 하는 복잡한 작업이다. 예를 들어, 강남역 상권이나 홍대 상권과 같이 국내 최고의 상권으로 알려진 지역의 최고 입지에서 창업한 점포들의 수명이 2년을 넘지 못하는 것을 어떻게 설명할 수 있겠는가.

수요층에 대한 검토가 완료되고, 목표고객층의 존재와 수요량 그리고 접근성이 용이함을 과학적으로 확인하였다 하더라도 건물의 특성과 환경요인 등에 대한 추가적인 검토를 해야 한다. 즉, 충분한 수요가 절대적 평가였다면, 경쟁력에 대한 상대평가가 필요하다는 의미이다.

경쟁력 요인에 해당하는 건물의 특성을 포함한 환경요인은 '주차공간의 적정성, 건물의 매력도, 임차비용의 적정성, 면적의 적정성, 적절한 기능을 가진 가용 노동력, 주변환경, 정부 및 지자체의 각종 정책, 세금' 등을 통해 검증할 수 있다. 예를 들면, 높은

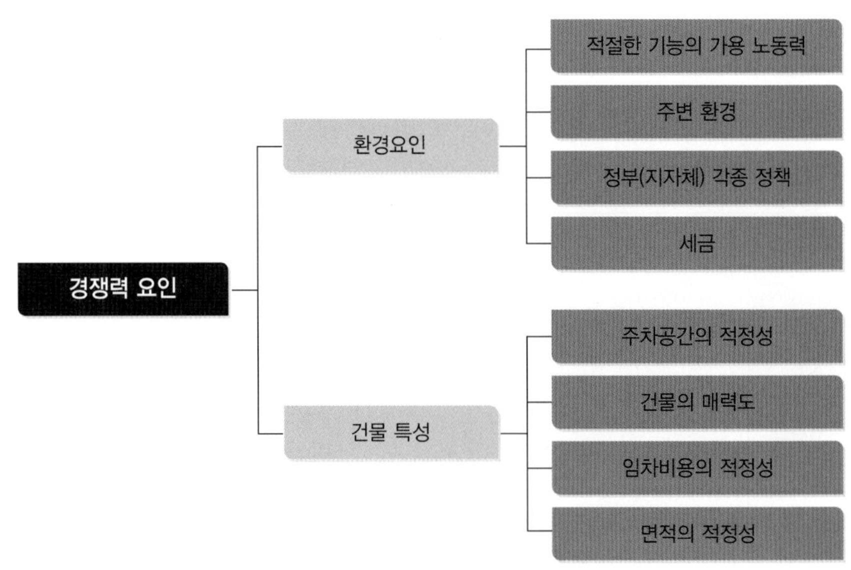

그림 9-7 건물 특성 및 환경요인

가격의 음식점을 찾는 소비자는 자동차를 이용하여 방문할 가능성이 높으므로 주차장이 없는 경우 발렛파킹 등의 대안이 있어야 한다. 모든 조건이 동일한데 경쟁점포에 비하여 임차비용과 관리비 등이 과다하게 지출된다면 경쟁력에서 우위를 차지하기 힘들다. 사업이 아무리 잘 되더라도 고객을 위한 제조와 서비스를 수행할 직원 채용이 어렵다면 사업을 지속하기 힘들다.

따라서 서비스기업은 상권과 입지를 결정할 때, 경쟁력 요인에 대한 깊이 있는 조사와 분석을 하고 경쟁점과 비교우위가 있는지를 평가해야 한다.

5. 서비스기업의 상권과 입지선정 기법

과거에는 상권과 입지를 선정할 때 관례나 경험에 의존하는 경우가 많았다. 소규모 기업의 경우는 주먹구구식으로 결정하거나 중개자나 기타 컨설팅 업체의 조언에 의존하기도 했다. 하지만 산업이 발전하고 많은 연구가 이루어지면서 최근에는 과학적이고 합리적으로 상권과 입지를 선택하기 위한 절차와 기법이 개발되고 있는데, 그 내용과 장단점을 정리하면 **표 9-4**와 같다.

표 9-4 상권과 입지선정 기법의 장단점

유형	장점	단점
주관적평가법 체크리스트법 현황조사법	• 최신 자료 취득이 용이 • 목표고객 및 경쟁점포 조사 가능 • 현재 현황 파악에 유리 • 설명형 분석에 유리	• 주관적인 평가로 인한 오류 가능성
설문조사법	• 통계적으로 파악하기 힘든 소비자 인식조사에 유용함	• 표본오차 가능성 • 과다한 비용 발생 • 과거 현황 파악의 어려움
통계적 분석법	• 저렴한 비용 • 매출액을 포함한 다양한 정보의 취득 용이 • 과거 현황 파악에 유리	• 통계자료의 적시성 문제 • 통계자료의 신뢰성 문제 • 인과관계의 추정에 한계
수학적 분석법	• 수학적 방법을 활용하여 과학적임 • 인과관계의 추정에 유리 • 매출액 추정 등 예측이 가능	• 수학식의 도출이 어려움 • 수학식 도출을 위한 기초자료의 적시성과 신뢰성 문제

1) 주관적 평가법

주관적 평가법은 '경험이 많은 전문가의 의견을 중심으로 상권분석을 하는 것'을 의미한다. 외식업과 같이 점포의 매력도를 측정하는 평가기준이 다양한 경우의 상권조사에서는 전문가의 주관적 평가가 매우 유용할 수 있다. 하지만 조사자에 따라 결과가 다를 수 있으므로 신뢰성을 확보하기 어렵다. 따라서 3인 이상의 평가자가 분석할 결과를 상호 협의하여 결과를 도출하는 방법을 사용하는 것이 좋다. 주관적 평가법의 예를 들면 다음과 같다.

표 9-5 주관적 평가 사례

상권분석 검토 결과
• 범계역 상권은 상권 초입인 범계역 2번 출구로부터 가장 많은 인구가 유입된다. 상권의 중심부인 중앙 분수대를 가로 지르는 아파트 진출입로에서도 거주자들의 유입이 있다. 또한 상권의 끝부분에 해당되는 곳은 중앙공원과 접하고 있어서 계절적으로는 여름에, 요일을 기준으로 할 때는 주말에 인구유입이 많은 편이다.
• 범계역 2번 출구부터 로데오거리 중앙분수대까지 1층은 1급지에 해당된다. 1급지에는 주로 판매점(휴대폰판매점, 화장품판매점, 여성용품 판매점)과 유명브랜드의 패스트푸드전문점, 커피숍 등이 위치하고 있다.
• 중앙분수대부터 중앙공원과 접하는 지역까지의 1층은 2급지이다. 2급지의 1층에는 대중음식점, 치킨호프점 등의 외식업체가 위치하고 있다.
• 1급지 점포의 2층 이상에는 커피전문점과 다양한 서비스업종(병의원, 헤어숍, PC방 등)이 위치한다. 2급지 위치의 점포 2층 이상에는 주류전문점이 주로 점유하고 있다.
• 후면도로의 3급지에는 저가형의 일반음식점과 부동산, 기타 서비스 업종이 위치하고 있다.
• 이상의 상권 내 1급지, 2급지, 3급지의 업종 구성은 매우 안정적인 형태이며, 중장기적으로 공실인 점포는 거의 발견되지 않는다. 향후 큰 위험요인이 없는 상권으로 안정적 발전이 예상된다.
• 신도시가 개발되면서 만들어진 범계역 상권은 상권 형성 후 10년 이상이 지나면서 안정화된 성숙기의 상권이다. 인근의 유사한 형태로 개발된 평촌역 상권보다 상권력이 강력하며, 롯데백화점의 완공으로 더욱 강력한 상권력을 가질 것으로 예상된다.

2) 체크리스트법

체크리스트법은 요인평정법이라고도 하며, 주관적평가법에 비하여 객관성을 확보하기 위한 수단으로 '상권에 영향을 주는 요소들에 대한 평가표(checklist)를 만들어 상권를 평가하는 방법'이다.

일반적인 체크리스트법 활용 절차

① 상권과 입지결정에 영향을 미칠 요인을 도출하여 체크리스트 만들기
② 평가자가 체크리스트를 이용하여 후보지 평가하기
③ 필요한 경우 각 평가항목에 가중치를 부여하여 전체 점수 결정하기
④ 최고점수를 받은 후보지를 최적 입지로 결정하기

상권의 평가자는 체크리스트에 열거된 평가요소에 대한 질문에 따라 평가항목에 해당되는 사항을 체크(check)하는 형식으로 평가를 진행한다. 이 방법은 평가자가 질문 항목마다 평가항목에 해당사항을 '예', 또는 '아니오'로 표시하기도 한다. **표 9-6**에 제시된 체크리스트 사례는 5단계의 등급으로 평가하도록 만든 예이다.

표 9-6 체크리스트법 사례

구분		교통시설	집객시설	배후지인구	유동인구	경쟁정도
화성시 진안동	매우 우수(5점)					
	우수(4점)					
	보통(3점)		○	○	○	
	나쁨(2점)	○				○
	매우 나쁨(1점)					
점수 총계	13점	2	3	3	3	2
안양시 범계동	매우 우수(5점)	○				
	우수(4점)		○			
	보통(3점)			○	○	○
	나쁨(2점)					
	매우 나쁨(1점)					
점수 총계	18점	5	4	3	3	3
서울시 종로구	매우 우수(5점)	○				
	우수(4점)		○		○	
	보통(3점)			○		○
	나쁨(2점)					
	매우 나쁨(1점)					
점수 총계	18점	5	4	2	4	3

자료: 김영갑(2011), 상권분석프로젝트 보고서.

체크리스트법에서 가장 주의해야 할 것은 평가표인 체크리스트를 만드는 일이다. 상당한 지식이 필요하므로 평가자가 임의로 체크리스트를 만드는 것은 피해야 한다. 특히 평가표에는 평가요소가 비교적 구체적으로 제시되어야 한다. 평가표는 전문가에 의해 기존에 개발되어 신뢰성과 타당성이 검증된 항목을 활용해야 한다. 만약 기존에 개발된 항목이 없다면 해당 조사목적에 맞도록 평가표를 개발하는 과정이 필요하다.

3) 현황조사법

현황조사법이란 '상권분석을 위하여 반드시 조사해야 할 항목 중에서 누구나 쉽게 파악할 수 있는 내용을 일목요연하게 정리하여 상권을 조사하는 방법'을 의미한다. 현황의 조사를 위해서는 무엇보다도 조사항목을 사전에 확인하고 쉽게 정리할 수 있도록 도표화하는 작업이 선행되어야 한다.

표 9-7 현황조사 사례

구분	분석항목	경쟁점포						
		B1	B2	B3	B4	B5	B6	B7
점포 개요	상호	에이스치킨	치킨앤비어	오!베리치킨	둘둘치킨	더후라이팬	삼통치킨	오빠닭
	면적	35.4 (10.7평)	38.7 (11.7평)	37.8 (11.4평)	36.9 (11.1평)	37.8 (11.4평)	66.4 (20평)	73.0 (22평)
	영업활성화 정도	중	중	중	하	상	상	상
	구조	복층×	복층	복층	복층	복층×	복층	복층×
	주메뉴	프라이드 치킨	크리스피 치킨	순살마늘 치킨	순살파닭	안심프라이드치킨	프라이드 치킨	순살베이크
	객단가	12,000원	15,000원	13,000원	18,000원	16,800원	15,000원	16,900원

자료: 김영갑(2011), 상권분석프로젝트 보고서.

4) 설문조사법

설문조사법이란 목표고객과 경쟁점포를 대표할 수 있는 표본을 추출하여 설문조사 또는 인터뷰 등의 방법으로 상권을 분석하는 방법이다. 설문조사법을 위해서는 점포를 이용할 것으로 예상되는 전체 소비자, 전체 점포를 대표할 수 있는 표본을 선정하는 것이 무엇보다 중요하다. 설문조사법은 일반적으로 표본을 대상으로 설문지나 인터뷰 등을 통하여 상권을 분석한다. 물론 전체를 조사할 수 있다면 굳이 표본을 선정할 필요는 없다. 이 방법은 체크리스트법과 같이 점포의 선택 확률에 영향을 미칠 것으로 예상되는 항목을 개발하는 것이 과학적으로 이루어져야 한다.

5) 통계적 분석법

통계적 분석법은 대표적인 정량적 평가법이다. 이는 '거주인구수, 유동인구수, 아파트 수, 과거 매출자료, 경쟁점포 실적 등을 분석하여 수치적으로 평가하는 방법'이다. 다양한 평가방법 중 가장 객관적인 평가방법이라고 할 수 있지만 실제 현장에서 수치자료를 얻는 것이 어려운 경우가 많다. 또한 얻을 수 있어도 많은 비용이 소요되는 경우가 많아서 직접 수치자료를 조사(1차 자료)하기보다 기존의 수치자료(2차 자료)를 검색하여 활용하는 것이 유리하다. 중소기업청의 상권정보 시스템이나 나이스비즈맵의 상권분석시스템과 같은 상권정보 제공 사이트를 활용하면 원하는 자료를 얻을 수 있다.

다양한 통계정보를 이용한 상권분석 시스템이 대중화되면서 일반인도 쉽게 통계적 분석법을 할 수 있게 되었다.

표 9-8 통계적 분석 사례

(단위: 명)

상권명	구분	인구수	연령별 인구수						
			10대 이하	10대	20대	30대	40대	50대	60대
1상권	전체	19,308	2,042	3,306	2,526	3,502	3,887	2,194	1,851
	남	9,335	1,053	1,760	1,193	1,598	1,844	1,156	731
	여	9,973	989	1,546	1,333	1,904	2,043	1,038	1,120
2상권	전체	103,682	11,908	16,291	13,980	20,335	20,109	11,882	9,177
	남	50,694	6,174	8,629	6,735	9,623	9,695	6,200	3,638
	여	52,988	5,734	7,662	7,245	10,712	10,414	5,682	5,539
의견	1상권 및 2상권 거주 인구는 30대와 40대가 가장 많으며, 남성에 비하여 여성의 인구가 다소 많은 편임								

자료: 중소기업청 상권정보 시스템.

6) 수학적 분석법

수학적 분석법은 상권분석 방법 중에서 가장 과학적이고 합리적인 방법이다. 수학적 분석법의 대표적인 것으로 레일리(Reily)의 소매중력법칙, 컨버스(Converse)의 상권분기점, 호프 모델 등이 있다. 다만 이러한 분석법은 소규모 창업을 위한 상권분석에서 활용하기에는 제약이 너무 많고, 효용성에도 문제가 제기될 수 있다. 따라서 상권분석을 위해 수학적 분석법을 쓰려면 점포의 특성에 따라서 별도의 수학식을 만드는 과정이 필요하다.

수학적 분석법으로 가장 많이 활용되는 방법은 회귀분석법이다. 요인도출 측면에서는 체크리스트법과 유사하지만 과거 자료를 수집하여 회귀모델의 독립변수로 변환하고 가중치는 자의적 판단이 아닌 실제 관계에 의해 도출하므로 체크리스트법에 비하여 과학적인 접근법이라고 할 수 있다. 다만 신생기업의 경우 과거자료가 없어서 활용이 불가능하다는 단점이 있다. 그럼에도 불구하고 회귀분석을 이용한 수학적 분석법은 다수의 가맹점을 보유한 프랜차이즈 본부의 경우 유용하게 사용할 수 있다. 예를 들면, 기존 점포의 통계자료를 이용하여 수학식을 만들어서 신규 가맹점의 상권분석에 사용할 수 있다.

수학적 분석법 활용 사례

30대와 40대가 주 고객인 삼겹살전문점 프랜차이즈 본부는 H대학의 K교수에게 가맹점의 매출액 정보를 제공하고 신규 가맹점의 상권분석을 위한 수학식을 만들어줄 것을 요청하였다. K교수는 가맹점들이 위치한 상권의 인구통계정보, 경쟁점포 현황, 경제적 변수 등을 파악한 후 가맹점의 매출액을 추정하는 데 유용한 변수를 찾고 있다.

표 9-9 수학식을 만들기 위한 기존가맹점의 정보

가맹점	30~40대(천 명)	평균가계수입(백만 원)	매출액(백만 원)
사당점	5	30	60
관악점	10	25	85
천호점	7	80	90
강남점	12	85	120
상계점	6	25	40
목동점	14	60	110

K교수는 다양한 통계적 방법을 이용하여 가맹점의 매출액을 설명하는 독립변수를 찾았다. 그것은 상권 내 가맹점의 주 고객인 30대와 40대 인구수, 상권 내 가구의 평균가계수입이다. 인구수와 평균가계수입을 독립변수로 투입하고 매출액을 종속변수로 하여 다중회귀분석을 한 결과 다음과 같은 회귀식이 도출되었다.

$$y = 9.87 + 5.22x_1 + 0.54x_2$$

다중회귀식에서 y는 매출액, x_1은 인구수, x_2는 평균가계수입이다. 삼겹살전문점 프랜차이즈 본부는 경기도 수원점의 개설을 검토 중이다. 수원점이 개설 가능한 상권의 30~40대 인구수가 8천명 이고 해당 상권 거주자들의 평균가계수입이 90백만 원이라면 수원점의 예상매출액은 어느 정도가 될까?

수원점의 매출액을 추정하기 위해서는 위에서 도출된 회귀식에 인구수(x_1)와 평균가계수입(x_2)을 대입하면 된다.

$$y = 9.87 + 5.22 \times 8 + 0.54 \times 90 = 100.23$$

수학적 분석법에 따르면 수원점의 연간 예상매출액은 약 1억 원으로 추정된다.

7) 기타 방법

이상 살펴본 기법 이외에도 유사기업유추법이나 중력모델 등이 활용될 수 있다. 유사기업유추법이란 개점하려는 점포와 유사한 점포의 매출액을 기초로 상권과 입지를 분석하는 방법으로 소매점 입지분석에서 많이 활용되는 방법이다. 이 방법의 구체적인 활용법을 살펴보면, 후보 점포와 유사한 기존 점포를 표본으로 선정하여 다음과 같이 매출을 추정하는 것이다.

- 유사한 경쟁점포 판별 및 선정
- 경쟁점포의 소비자 표본 조사(주거지, 인구통계적 특성, 구매 습관 등)
- 무작위로 선정된 소비자를 대상으로 면접조사

유사기업유추법은 실제 데이터를 기초로 한 계량화된 예측 시스템이라는 점에서 장점이 있지만, 경쟁점포 선정 등에서 주관적 판단에 의존할 가능성이 높다는 단점도 있다.

중력모델(gravity model)은 공간 상호작용 모델이라고도 하며, 소매 관련 서비스기업의 입지결정 모델로 활용되고 있으며, 고객이 소매점을 선택하는 실제 이동패턴에 관한 과정을 설명한 모델이다. 이 모델은 소비자들이 소매점을 선택할 때 이동거리를 최소화한다는 가정에 입각한 모델로 소비자의 실제 행동을 반영하지 못하는 단점이 있다.

6. 마케팅을 고려한 상권과 입지전략

일반적으로 상권과 입지를 선정을 할 때, 서비스기업의 목표는 주로 이동거리로 측정된 고객의 편리성에 초점이 맞추어지는 경우가 많다. 하지만 소비자의 선택속성이 복잡해지는 상황에서는 향후 마케팅을 고려하는 상권과 입지선정이 반드시 필요하다. 이러한 요구는 상권과 입지에 대한 고정관념을 탈피하게 만드는 '경쟁적 군집화, 포화마케팅, 중간 마케터, 이동을 대체하는 커뮤니케이션, 인터넷의 영향, 현장부서와 지원부서의 분리'와 같은 현상들 때문이다. 이미 다루었던 상권전략(경쟁적 군집화, 포화마케팅) 이외에 추가적인 전략을 살펴본다.

1) 정보기술의 이용

인터넷 및 정보통신기술의 활용은 상권과 입지전략에서 큰 의미를 갖는다. 최근 인터넷은 새로운 유통 경로의 역할을 수행하고 있다. 예를 들면, 인터넷 쇼핑몰이 대표적이다. 이러한 새로운 유통 경로는 정보통신 기술을 이용한 인적 이동의 최소화를 가능하게 한다. 원격진료, 급여의 계좌이체, 재택근무 등이 대표적 사례이다. 외식업에서도 인터넷 및 정보통신기술을 활용한 상권전략을 충분히 고려해 볼 수 있다. **그림 9-8**에서 볼 수 있는 '홈밀'이라는 업체는 가정에서 쉽게 만들 수 없는 파티요리나 식재료 등을 반조리 형태로 제공하는 인터넷 쇼핑몰로서 최근 각광을 받고 있다.

그림 9-8 반조리 음식 판매 사이트

자료: 홈밀 웹사이트(http://www.homemeal.net)

2) 현장부서와 지원부서의 분리

현장부서와 지원부서의 분리를 통한 전략도 있다. 최근에는 부서를 분리함으로써 성공적인 성과를 올리는 기업이 많다. 새로운 상권전략의 유형인듯 보이지만 이미 오래전부터 활용된 방법이다. 내부고객과 외부고객의 입장에서 입지의사결정을 검토함으로써 셀프서비스의 기회나 정보기술을 활용한 물리적 이동 대체의 기회가 다수 존재함을 알 수 있다. 현장부서와 지원부서의 분리를 통한 상권전략은 경쟁자에 대한 진입장벽을 구축한다거나 규모의 경제를 실현하는 최적의 방법이 되기도 한다.

대표적인 성공사례는 타코벨(Taco Bell)의 CK(central kitchen, 중앙주방 시스템)와 세탁업의 드라이클리닝, 구두수선 등을 들 수 있다. 또한 푸드트럭(food truck)도 매우 유용한 분리전략에 해당된다.

현장부서와 지원부서 분리의 성공사례-'타코벨'의 고객 중심 전략

미국의 멕시코 패스트푸드 체인점인 타코벨(Taco Bell)은 1962년 창업한 이후 1980년대 초 심각한 위기에 직면했다. 회사는 여러 분기 동안 마이너스 성장을 기록하고 있었다.
그 이유는 다음과 같은 문제점으로 인한 것이었다.

- 어두운 매장
- 한정된 메뉴
- 진부한 광고
- 멕시코계 전화회사로 착각할 정도의 낮은 인지도

새로 취임한 존 마틴(John E. Martin) 사장은 고객의 소리를 경청한 결과 더 낮은 가격으로 더 많은 것을 원하는 고객의 욕구에 맞추어 과감한 변화를 추진했다. 고객이 중요하게 생각하지 않는 것에 대한 관심을 줄이고 높은 가치를 제공하기 위해 다음과 것에 더 많은 관심을 기울였다.

- 누가 우리의 고객이고 그들의 요구는 무엇인가?
- 고객의 요구를 충족시킬 수 있는 상품은 어떤 것이 있는가?
- 그러한 상품을 어떻게 개발하고 제공할 수 있는가?

존 마틴 사장은 이와 같은 가치 프로그램을 도입하여 1988년에서 1992년까지 패스트푸드 서비스의 면모를 혁신하였다. 그중에서 입지와 관련된 혁신은 고객이 중요하게 생각하지 않는 부문에 대한 것이었다. 예를 들면, 주방 없는 레스토랑(K-Minus, restaurant without kitchens)의 개념을 도입한 것이다. 음식의 최종 조합과 데우기를 제외한 나머지 이전 과정은 중앙으로 이관하여 지루하고 복잡한 조리과정을 없앰으로써 더욱 저렴한 가격에 신속하게 음식을 제공하게 되었다. 이러한 조치에 따라 본사에서는 식자재 구매에서 규모의 경제를 실현하고 낭비를 줄일 수 있었으며, 매장에서는 고객을 위한 공간이 30~70% 증가하고 서비스의 질도 높일 수 있었다.

자료: 김연성 외(2002), 서비스 경영-전략, 시스템, 사례.1

3) 생산과 소비의 분리

상권전략으로 생산과 소비를 분리하는 경우도 있다. 보통 외식업은 대표적인 서비스업으로서 생산과 소비가 동시에 일어난다는 특징이 있다. 음식점의 예를 들면 고객은 음식점을 방문하여 현장에서 주문하고, 현장에서 생산이 된 상품을 현장에서 소비한다. 이와 같이 생산과 소비의 동시성을 분리하려는 노력이 바로 중요한 포인트가 된다.

대표적인 사례가 테이크아웃(take out, 포장서비스)과 배달서비스(delivery service)이다. 최근에 패스트푸드의 대표적 업종인 햄버거전문점들이 배달서비스를 시작하였고, 커피전문점들이 테이크아웃을 기본으로 하고 있으며, 그 외 많은 음식점도 포장서비스를 기본으로 하고 있다. 창업자는 자신의 점포에서 생산과 소비를 분리할 수 있는지 여부와 만약 분리할 수 있다면 어떤 품목을 어떻게 분리할지에 대한 검토를 해야 한다.

경기도 의왕시에 위치한 부대찌개전문점 '발리부대찌개'는 아파트 상권에 위치한 점에 착안하여 부대찌개의 포장서비스를 활성화하여 큰 성공을 거둔 대표적인 사례이다.

4) 상권과 입지의 수명주기

상권과 입지전략에 수명주기를 고려할 수 있다. 일반적으로 창업자들은 상권의 성패를 수명주기 측면에서 판단해야 한다는 인식을 제대로 하지 못하는 경우가 많다. 제품의 수명주기 관리가 필요하듯 상권도 도입기-성장기-성숙기-쇠퇴기로 구분하여 상권의 성패를 예측하려는 노력을 해야 한다.

신도시 상권의 경우 초기 5년을 도입기라 하고 10년까지를 성장기, 20년까지를 성숙기, 그 이후를 건물의 노후화, 과도하게 높은 임차료 등과 같은 상황에 따라 쇠퇴기로 볼 수 있다. 오랜 경험을 가진 경영자는 새로운 신도시가 만들어지면 이러한 수명주기를 고려하여 수익을 극대화하는 전략을 추구한다. 예를 들면, 도입기는 상권이 형성되기 전이라서 안정성이 떨어져 사업자가 수시로 바뀌는 것을 볼 수 있다. 새롭게 만들어진 신도시가 있다면 도입기에 점포들의 창업과 폐업이 어떻게 이루어지는지 잘 살펴보기 바란다. 도입기에는 점포의 권리금도 거의 없거나 매우 낮은 수준이라 예비창업자들이 창업비용을 절감할 수 있다는 장점은 있다. 도입기를 지나 성장기 초기에 접어들면 권리금이 형성되기 시작하지만 수익성은 아직 낮은 편이다. 다만 도입기를 잘 이겨낸 점포는 성장기에 높은 수익을 실현하고 높은 권리금을 받을 수 있는 기회가 된다. 이때까지는 프랜차이즈 가맹점보다는 개인 창업이 다수를 이루는 특징이 있다.

10년 내외의 기간이 되면 상권이 본격적인 성장기에 접어들고 경쟁이 치열해진다. 상권이 형성되어 권리금이 최고조에 달하고 독립창업보다는 프랜차이즈 가맹점 창업이 늘어난다. 상권의 업종구성이 이상적인 형태로 자리잡아 1급지, 2급지, 3급지가 명확해지기도 한다. 예를 들면 상권초입은 유동인구가 많아서 판매업종이 주를 이루는 1급지, 그 이후 지점의 1층과 2층은 음식점이 주로 위치하는 2급지, 건물의 3층 이상이나 후면 도로변이 3급지로 정착된다. 이와 같은 상권의 수명주기에 따른 상권전략을 가지고 창업을 고려한다면 큰 성공을 거둘 수 있다.

요 약

1. 서비스 입지의 개념
   서비스기업의 매출의 하한선과 상한선을 결정하는 요인으로 서비스 상품과 고객이 만나는 위치적 조건을 말한다.
2. 서비스 입지의 중요성
   입지는 장기고정투자로서 한 번 결정되면 변경이 불가능하고 서비스기업의 매출에 커다란 영향을 미치는 매우 중요한 요소이다. 특히 호텔, 외식업체와 같은 서비스기업은 입지산업이라고 부르기도 한다.
3. 입지의 역할
   입지는 전통적으로 진입장벽, 수요창출의 역할을 하였으며 유연성, 경쟁적 위치선정, 수요관리, 초점화 등의 역할을 한다.
4. 서비스 전달 유형에 따른 입지결정 목표
   - 고객이 서비스기업을 찾는 경우: 매출의 극대화가 입지선정의 목표
   - 서비스기업이 고객을 찾는 경우: 유통비용의 최소화 및 서비스 수준의 극대화가 입지선정의 목표
   - 정보기술을 통한 간접적 접촉: 운영비용의 최소화가 입지선정의 목표
   - 고객과 접촉이 없는 경우: 운영, 유통, 배달비용의 최소화가 입지선정의 목표

5. 입지선정 시 고려사항
   - 충분한 수요의 존재 여부: 수요층, 수요량, 수요자 접근성
   - 건물 특성 및 환경요인: 주차공간의 적정성, 건물의 매력도, 임대비용 적정성, 면적의 적정성, 적절한 기능의 가용 노동력, 주변 환경, 정부 및 지자체의 정책, 세금
6. 마케팅을 고려한 입지전략
   - 경쟁적 군집화: 유사 서비스기업의 군집화가 고객의 편리성 증대
   - 포화마케팅: 도심지 등에 동일 점포는 집중시키는 방식
   - 정보통신기술 및 인터넷의 영향: 고객이동 및 접촉을 최소화시키는 새로운 유통 경로
   - 현장부서와 지원부서의 분리: 고객의 참여를 차단시켜서 지원 부문을 공장화하는 방식

연습문제

1. 상권과 입지의 개념을 정리하고 귀하가 생각하는 정의를 새롭게 제시해 보기 바랍니다.

2. 귀하가 상권과 입지를 조사하는 데 어떤 목적으로 하느냐에 따라서 조사하는 내용이 차이가 날 수 있습니다. 몇 가지 목적을 설정하고 조사분석할 내용을 제시해 보기 바랍니다.

3. 상권과 입지의 분류를 정리하고 이런 분류가 왜 필요한지 설명해 보기 바랍니다

4. 중소기업청의 상권정보 시스템을 활용하여 다음과 같은 조건을 만족시키는 상권분석을 직접 수행하여 정리해 보기 바랍니다
   - 대상지역: 자신의 거주지 또는 근무지 인근의 중심상권(지하철 역세권을 중심)
   - 상권범위: 지하철역을 중심으로 1차 상권(반경 500미터)
   - 대상업종: 대분류(음식), 중분류(한식), 소분류(갈비/삼겹살)
   - 분석내용: 상권정보 시스템에서 제공하는 모든 항목

01 다음 중 서비스 입지를 설명하는 내용으로 적합하지 않은 것은?

① 서비스 상품과 고객이 만나는 장소
② 서비스기업의 대지나 점포가 소재하는 위치적 조건
③ 서비스기업의 접객장소
④ 서비스기업의 매출과는 큰 관련성이 없는 요인
⑤ 세계에 단 하나뿐인 독점성

02 다음 중 입지로 인하여 영향을 받는 요인이 아닌 것은?

① 매출액
② 고정비용
③ 변동비용
④ 고객이 인식하는 서비스 수준
⑤ 부가가치세

03 다음 중 입지를 결정할 때 고려해야 하는 요인과 관련성 가장 적은 것은?

① 충분한 수요의 존재 여부(주요 수요층, 수요량, 수요자의 접근성 등)
② 주차공간의 적정성
③ 건물의 매력도
④ 임대비용의 적절성
⑤ 상가임대차계약법

04 마케팅을 고려한 입지전략에 대한 설명으로 적절치 않은 것은?

① 경쟁적 군집화: 유사 서비스기업의 군집화가 고객의 편리성을 증대시킬 수 있음
② 포화마케팅: 도심지나 교통중심지에 동일 점포를 집중시키는 입지전략
③ 중간 마케터: 생산자와 소비자 사이의 중간역할을 위한 입지 선택
④ 정보통신기술의 활용: 인적 이동을 최소화할 수 있으므로 입지의 제한을 받지 않음
⑤ 현장부서와 지원부서의 분리: 입지가 분리되어 오히려 낭비요소가 발생

05 다음 중 지리정보 시스템에 대한 설명 중 적합하지 않은 것은?

① 지리적 자료를 수집, 저장, 분석할 수 있는 공간정보응용 시스템
② 고객 데이터를 지도화하여 공간분석을 통해 입지분석 등에 활용
③ 지속적으로 변화하는 입지환경의 정기적 분석을 위해 유용
④ 서비스 시설의 분포와 서비스권의 파악은 가능하지만 경쟁상황은 파악할 수 없음

06 상권의 분류에 대한 설명 중 잘못된 것은?

① 1차 상권, 2차 상권, 3차 상권과 같은 분류는 고객 분포를 고려한 분류법이다.

② 규모에 의해 상권을 분류하면 대형, 중형, 소형 상권으로 분류할 수 있다.

③ 상권의 크기는 서비스기업의 유형과 관계없이 동일하다.

④ 오피스 상권의 단점은 주말고객이 급격히 줄어든다는 것이다.

07 입지와 상권에 대한 차이점으로 잘못 설명된 것은?

① 입지는 포인트(point)이고 상권은 범위(space)이다.

② 입지는 위치조건을 상권은 공간범위를 의미한다.

③ 입지의 평가조건은 부지행태, 접근성, 가시성 등이다.

④ 상권의 평가조건은 유동인구, 배후지 인구, 경쟁점포 등이다.

⑤ 입지와 상권을 분석하는 이유는 창업비용을 추정하기 위해서이다.

08 서비스기업의 입지선정에 대한 설명 중 적절치 않은 것은?

① 입지선정의 목표는 주로 이동거리로 측정된 고객의 편리성이다.

② 경쟁적 군집화나 포화마케팅 등은 입지선정의 기본목표에 충실한 전략이다.

③ 입지를 선정함에 가장 먼저 고려해야 하는 내용은 충분한 수요의 존재 여부이다.

④ 서비스의 전달 유형이 다르더라도 입지결정의 목표는 동일해야 한다.

EXPLAIN
해설

01 (답) ④

(해설) 서비스기업의 입지는 매출의 하한선과 상한선을 결정하는 매우 중요한 요인이다.

02 (답) ⑤

(해설) 부가가치세는 입지와 관련이 없다. 입지는 기업의 수익성을 결정하는 매출액과 비용 그리고 고객이 인식하는 서비스 수준에 영향을 미치기 때문에 더욱 중요하다.

03 (답) ⑤

(해설) 상가임대차계약법은 어떤 입지에서건 동일하게 적용되는 사항이므로 입지결정 시 반드시 고려해야 할 요인에는 포함되지 않는다. 서비스기업이 입지를 결정할 때는 ①)충분한 수요 존재 여부와, ② 건물 특성 및 환경요인을 고려해야 한다.

04 (답) ⑤

(해설) 현장부서와 지원부서의 분리에 대한 예로 프랜차이즈 레스토랑이 본사로부터 반조리된 상품을 제공받아 레스토랑에서는 조리를 하지 않음으로써 입지의 효율을 높일 수 있는 전략을 들 수 있다. 따라서 낭비요소의 발생보다는 비용절감, 이익증대 효과를 얻을 수 있다.

05 (답) ④

(해설) 중소기업청에서 제공하는 지리정보 시스템을 활용하면 경쟁상황도 파악할 수 있다.

06 (답) ③

(해설) 상권의 크기는 서비스기업의 유형에 따라서 변화할 수 있다. 예를 들어, 외식서비스기업의 경우 소형 레스토랑의 경우 상권이 작지만 대형화될수록 상권의 크기가 확장된다. 소매업의 경우도 생필품 위주의 소매점 상권은 작지만 전문품의 취급하는 점포의 상권은 매우 커진다.

07 (답) ⑤

(해설) 일반적으로 기업의 창업을 위하여 입지와 상권을 분석하는 가장 큰 목적은 수익성을 확인하기 위한 것이다. 따라서 매출액의 추정이 가장 주된 목적이 된다.

08 (답) ④

(해설) 서비스 전달 유형(고객이 기업을 찾는 경우, 기업이 고객을 찾는 경우, 고객과 기업의 접촉이 없는 경우 등)에 따라 입지결정의 목표는 달라질 수 있다.

SERVICE MANAGEMENT

FOR FOOD SERVICE INDUSTRY

PART 4

서비스 운영관리

CHAPTER 10

서비스 수요와 공급관리

학습 목표

1_ 서비스 수요와 공급의 개념과 특성에 대해서 설명할 수 있다.
2_ 서비스 수요관리와 공급관리에 대해서 설명할 수 있다.
3_ 수익성관리의 개념을 설명하고 실전에서 사용할 수 있다.

외식업체도 항공사와 같은 수익성관리 체계 갖추어야

아메리칸에어라인은 1987년 연례보고서에서 수익성관리(yield management)의 기능을 다음과 같이 설명하고 있다.

"수익성관리란 알맞은 고객에게 알맞은 가격으로 알맞은 좌석을 판매하는 것이다."

이것을 항공사에 적합하도록 좀 더 구체적으로 설명하면 "항공사의 수익성을 극대화시킬 수 있도록 운항일정과 요금구조를 기초로 예약을 통제하고 관리하는 것"이라고 할 수 있다. 아메리칸에어라인의 수익성관리 프로세스는 마치 제조기업의 재고관리와 유사한데 이를 구체적으로 살펴보면 다음과 같다.

첫째, 운항일정과 요금을 결정한다.
둘째, 일정과 요금을 결합하여 고객에게 판매할 상품을 규정한다.
셋째, 수익성관리를 통해 할인상품, 정상상품, 초과예약 등의 수량을 결정한다.

아메리칸에어라인의 모든 예약은 SABRE(semi-automated business research environment)라고 하는 컴퓨터예약 시스템을 통해 이루어진다. 이 예약 시스템은 수익성관리 통제과정을 거쳐 예약을 처리해 주는데 그 주요 기능은 다음과 같다.

첫째, 초과예약(overbooking) 기능이다. 중간에 예약을 취소하거나 아무런 연락도 없이 예약을 지키지 않는 고객을 감안하여 의도적으로 좌석수보다 많은 예약을 받게 된다. 만약 초과예약을 받지 않는다면 약 15%가 빈 좌석으로 운항을 하게 된다.

둘째, 할인좌석의 할당(discount allocation)이다. 할인요금 좌석수의 결정은 빈 좌석으로 운항할 위험과 수익성을 높일 수 있는 가능성을 모두 고려해야만 한다.

셋째, 운항관리(traffic management)이다. 이것은 수익의 극대화를 위하여 연결항공편의 승객수요를 고려한 예약통제 과정을 말한다.

최근 항공산업은 시장의 특성상 철저한 수익성관리를 통해서만 이익을 달성할 수 있게 되었다. 대형항공사일수록 수많은 재고통제 활동과 자료 업데이트가 자동으로 이루어지는 의사결정 시스템을 필요로 한다. 아메리칸에어라인은 수익성관리를 통하여 극심한 가격 경쟁 속에서도 생존과 발전을 이룩할 수 있었다. 최근 3년간 수익성관리를 통해 아메리칸에어라인은 약 14억 불에 달하는 추가 이익을 달성한 것으로 평가되고 있다.

이와 같은 수익성관리는 항공사뿐만 아니라 호텔, 외식업체, 운송업체 등에서도 일시적 수요와 서비스 능력(공급) 사이의 불균형을 예측하고 대응할 수 있게 지원하고 있다.

자료: Fitzsimmons et al.(2009), 글로벌 시대의 서비스 경영.

전통적으로 경제학에서 수요와 공급은 중요한 개념으로 다루어졌다. 기업의 경영자는 최대의 이익을 얻을 수 있는 수요와 공급의 균형점을 찾기 위해 끊임없이 노력하고 있다. 그것은 자신의 공급능력에 적합하도록 수요를 조절하는 현상으로 나타난다. 다만 서비스경영에서 공급은 매우 비탄력적인데 반하여 수요는 매우 탄력적이라는 문제가 있다. 즉, 기업의 인적자원이나 시설 등은 한 번 투자하면 쉽게 변경하기가 힘든 반면 소비자들의 수요는 시간과 기간에 따라서 높기도 하고 낮아지기도 한다. 예를 들면, 주변의 외식업체에서 점심시간에는 손님이 없는데 저녁에는 너무 많아서 손님이 돌아가는 경우 또는 평일에는 손님이 많아서 돌아가는데 주말에는 없는 경우를 종종 발견하게 된다.

경영자의 입장에서는 저녁시간의 손님을 점심시간으로 유치하고 싶을 것이고 평일의 손님을 주말에 오도록 유도하고 싶을 것이다. 이와 같은 문제점을 극복하기 위해서 외식업체의 경영자는 제한된 공급능력을 수요에 따라서 탄력적으로 운영하려는 노력을 기울이게 된다. 또한 변동성이 심한 수요를 가능하면 공급능력에 맞도록 평준화시킬 수 있도록 노력할 것이다. 특히 최근에는 고객관계관리 시스템이나 예약정보 시스템과 같은 정교하게 설계된 온라인정보 시스템을 활용함으로써 수요와 공급을 일치시키기 위한 노력이 과거에 비하여 용이해지고 있다.

1. 서비스 수요와 공급의 개념

1) 수요 및 수요관리의 정의

수요(demand)란 경제 주체들이 어떤 재화를 일정한 시간 안에 얼마나 많이 구매할 의향이 있는가를 나타낸 관계로 서비스에 대한 단순한 욕구가 아닌 구매력(購買力)이 수반된 욕구를 의미한다. 일반적으로 가격이 오를수록 수요는 감소하는 현상을 나타나는데 이것을 수요의 법칙이라고 한다. 수요관리란 수요의 시간대와 수량에 영향을 미치는 수요 행태에 대응하는 총체적 활동을 의미한다.

2) 공급 및 공급관리의 정의

공급(supply)이란 판매자가 정해진 가격으로 어떤 상품을 대가와 교환하는 것을 의미한다. 일반적으로 가격이 오르면 공급이 늘어나고 가격이 내리면 공급이 감소하는데 이것을 공급의 법칙이라고 한다. 공급관리란 변화하는 수요에 공급을 맞추기 위한 총체적 활동을 일컫는다. 무상으로 재화를 제공하는 것은 공급이 아니며 일반적으로 공급은 상품과 서비스의 단위가격이 상승함에 따라 증가하고, 하락함에 따라 감소하는 성질이 있다.

3) 서비스 수요와 공급의 특징

서비스 수요는 시간과 수량의 변동에 따라 매우 '탄력적'이어서 예측이 어렵다는 특징이 있다. 반대로 서비스 공급은 한정적이고 안정적이라 '비탄력적'이며, 신축적인 운영이 불가능한 특성을 가지고 있다. 일반적으로 제조업의 경우는 제품을 재고로 보관하거나 야간작업 등과 같은 추가작업을 통해 수요와 공급을 일치시키는 것이 가능하다. 그러나 서비스업은 공급의 한계, 소멸성, 동시성과 같은 서비스업의 특징으로 인하여 수요와 공급을 일치시키는 것이 매우 어렵다.

많은 외식업체를 비롯한 서비스업체는 이와 같은 문제로 인하여 공급과 수요를 최적으로 맞추기 위해서 다각도로 노력하고 있으며 이는 서비스기업의 최대 과제이자 목표이다.

외식업체에서 수요와 공급이 적절하게 이루어진다면 서비스의 공급자인 외식업 경영자뿐 아니라 고객도 양질의 서비스를 받을 수 있게 된다. 따라서 경영자는 수요와 공급의 균형을 맞추어 고객에게 최적의 서비스를 제공할 수 있도록 노력해야 한다. 즉, 외식업체는 인적·물리적·기술적 서비스를 충분히 전달할 수 있는 최적가용능력을 유지하기 위해서 노력해야 한다.

4) 수요와 공급의 방정식

제조업과는 달리 외식업체는 미래의 판매를 위해서 서비스를 재고로 보관할 수 없기 때문에 서비스 수요가 비교적 안정적이고 예측 가능한 경우에는 문제가 없지만, 수요의 변동이 심한 경우에는 한정된 서비스 가용능력 때문에 경영에 어려움을 겪게 된다. 외식업체의 성공 여부는 서비스 가용능력(인원, 시설, 장비 등)을 효과적·효율적으로 운영할 수 있는 경영능력에 달려 있다고 해도 과언이 아니다.

서비스 수요와 공급과의 관계는 최대 가용능력과 최적 가용능력을 통하여 살펴볼 수 있다.

서비스 수준과 관계없이 고객을 최대한 수용할 수 있는 수준인 '최대 가용능력', 고객에게 최적의 서비스(인적·물리적·기술적)를 제공할 수 있는 서비스 수용능력인 '최

표 10-1 서비스 수요와 공급의 관계

구분	내용
최대 가용능력	서비스 수준과 관계없이 고객을 최대한 수용할 수 있는 수준
최적 가용능력	고객에게 최적의 서비스(인적·물리적·기술적)를 제공할 수 있는 수용 수준
이상적인 상태	고객수요와 최적 가용능력이 일치하는 상태

적 가용능력'과 '수요' 사이에는 다음과 같은 상관관계가 존재한다.

첫째, 수요가 최대 가용능력(공급)을 초과할 경우 수익 및 고객을 상실하게 되고, 반대로 최대 가용능력(공급)이 수요를 초과하는 경우에는 수익성 악화와 더불어 서비스 질의 저하가 발생한다.

수요 > 최대 가용능력(공급): 과잉수요

- 고객(수요)이 서비스를 공급받기 위해서 대기를 해야 하는 상황
- 고객이 대기하기를 거부하게 된다면 사업의 기회를 상실하게 됨

둘째, 최대 가용능력(공급)이 수요보다 많거나 최적 가용능력(공급)이 수요보다 적을 경우에는 개인화된 양질의 서비스를 제공하기 어렵다.

최대 가용능력 > 수요 > 최적 가용능력

- 개인화된 양질의 서비스 불가

셋째, 외식업체의 경우 서비스 초과수요는 고객의 대기를 초래한다. 이때 고객이 대기 의사가 없는 경우에는 사업기회의 상실로 이어지게 된다. 즉, 고객을 모두 수용하지 못함으로써 추가수익을 올리지 못하는 것이다. 반대로 서비스의 공급과잉이 발생하는 경우는 과소한 매출로 인하여 비용을 충당하기 어렵게 되므로 경영 악화와 기업이미지의 손실로 이어질 수 있다.

수요 < 최대 가용능력(공급): 과잉공급

- 유지 관리비와 인건비로 수익성 악화
- 비용절감을 위한 서비스 질 저하

따라서 외식업체는 서비스의 수요와 공급을 일치시키기 위한 적극적 관리가 요구된다.

수요 = 최적 가용능력: 가장 이상적인 상태

• 최대 가용능력: 서비스 수준과 관계없이 고객을 최대한 수용할 수 있는 수준
• 최적 가용능력: 고객에게 최적의 서비스(인적·물리적·기술적)를 제공할 수 있는 서비스 수용능력

2. 서비스 수요관리

서비스의 특성상 서비스 수요관리는 쉽지 않으나 수요과잉 또는 수요초과의 상황에 맞추어 적절하게 관리를 위한 끈을 놓아서는 안 된다. 따라서 수요 시간대와 수량에 영향을 주는 수요 패턴의 바람직하지 않은 효과에 대응하는 과정이 필요하다. 서비스의 수요는 인위적으로 조절하는 것이 쉽지 않지만 시간대별, 요일별, 월별, 계절별과 같이 주기적으로 수요의 유형을 분석하여 수요를 분산시키기 위한 노력이 꾸준히 이루어져야 한다. 수요가 너무 많을 경우에는 병목현상을 줄이기 위해서 피크타임이 아닌 때에 이용할 수 있도록 고객을 유인하고, 고객이 너무 적은 시간대에는 가격할인이나 이벤트 등을 통해서 수요를 창출하거나 운영시간을 탄력적으로 조절하는 것이 필요하다.

1) 수요관리의 영향요인

외식업체의 수요관리에 영향을 주는 요인들은 크게 외적 요인과 내적 요인으로 구분할 수 있다. 경기, 정부 규제, 소비자 기호, 상품 이미지, 경쟁행동, 기술혁신, 대체제의 가격 등 통제 불가능한 요인을 외적 요인으로 간주한다. 상품설계, 가격과 광고, 판매촉진, 포장디자인, 판매원 및 인센티브, 시장의 규모, 상품 믹스 등은 통제 가능한 요인으로 내적 요인에 해당된다.

표 10-2 수요관리 영향 요인

구분	내용
외적 요인(통제 불능)	경기, 정부 규제, 소비자 기호, 상품 이미지, 경쟁행동, 기술혁신, 대체제의 가격 등
내적 요인(통제 가능)	상품설계, 가격과 광고, 판매촉진, 포장디자인, 판매원 및 인센티브, 시장의 규모, 상품 믹스 등

2) 서비스 수요의 특징

외식업체의 서비스는 생산과 제공의 과정에서 누가, 언제 제공하느냐와 같이 가변적인 요소가 많기 때문에 고객이 느끼는 서비스 상품은 많은 차이가 있다. 또한 시간, 요일, 월별 변동성이 크다고 할 수 있다. 이는 개인적 습관, 문화적 관습에 기인하기도 한다. 이와 같이 서비스의 수요는 변동성이 강하다. 무형적이기 때문에 서비스가 제공되는 시점에서 소비되지 않으면 사라질 뿐만 아니라 재고로서 보관하지 못한다. 그외에도 다양한 특성이 있는데 외식업체의 상품은 일시적 경험을 제공하므로 개인의 취향에 따라 다양하게 제공되어야 한다. 제약성의 특성으로는 특정 장소와 시간에만 제공해야 하는 제약이 있는 것으로 규모의 경제를 달성하기가 힘들다.

3) 수요관리 기법

외식업체의 수요를 인위적으로 조절하기는 매우 어렵다. 하지만 무반응전략, 시간대별, 요일별, 월별, 계절별과 같이 주기적으로 수요의 유형을 분석하고 수요를 분산하기 위한 노력, 수요 창출전략 등을 통해 어려움을 극복할 수 있다. 이를 상세히 살펴보면 다음과 같다.

(1) 무반응전략

무반응전략이란 수요가 자연스럽게 조절되도록 기다리는 방법으로 수요에 대한 어떠한 관리도 하지 않는 것을 의미한다. 이러한 전략은 반응을 보이지 않는 것이 오히려 기업에 대한 고객만족도를 높이거나 브랜드 가치를 높이는데 긍정적으로 작용할 수 있다는

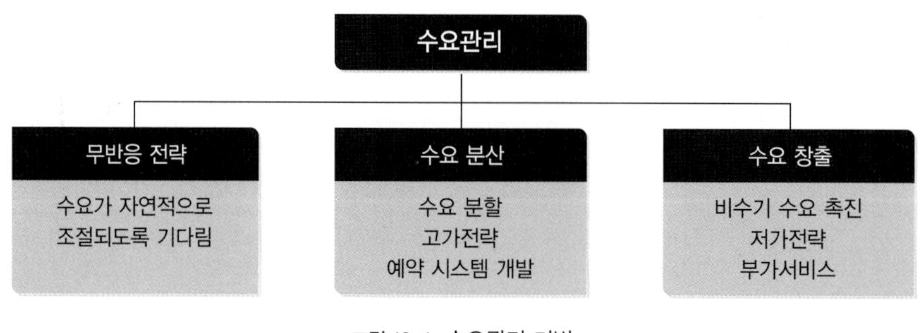

그림 10-1 수요관리 기법

생각에 기인한다. 수요가 많아서 고객이 기다리거나 돌아가버리는 경우에 소극적으로 대처하는 것은 결코 좋은 방법이 아니다. 따라서 장기적으로 좋은 전략은 아니므로 단기적으로 사용하는 것이 좋다. 또한 이러한 단점을 극복하기 위해서는 고객이 구전이나 경험으로 언제 공급이 가능한지 파악하게 하여 스스로 공급을 맞출 수 있도록 하는 것도 하나의 방법이다.

(2) 수요 분산전략

① 수요분할

외식업체의 수요가 공급을 초과할 때, 수요자가 특정한 시기나 시간에 집중되지 않도록 이를 분산하는 전략을 수요 분산전략이라고 한다. 다시 말해서 수요가 많은 시기의 수요를 수요가 적은 시기로 이동하는 것으로, 수요의 다양한 유형을 이해하고 전략적으로 분리하여 서비스 수요를 평준화시키고 예측 가능하게 함으로써 공급 능력에 최대한 안정적으로 맞추는 방법이라 할 수 있다. 전체 수요가 불규칙해도 이를 분산하면 부분적으로 예측 가능해지므로 바람직한 수용이 되어 평준화된 수요를 유지할 수 있도록 해야 하는데 정보기술을 통한 풍부한 고객정보 활용이 뒷받침되어야 한다. 예약을 통해 이용자를 분산시키는 외식업체의 평준화 노력 등이 이에 해당된다.

② 고가전략

고가전략이란 외식업체의 수요가 급증하는 시기에 높은 가격을 책정함으로써 수요를 조절하고 이익을 극대화시키는 전략이다. 고가전략은 자칫 고객 불만족으로 이어질 수 있으므로 적절한 수준의 고가전략이 요구된다. 수요가 많은 저녁 시간대에 높은 가격을 받는 레스토랑 또는 여행, 항공업계의 성수기에 높은 가격을 책정함으로써 수요를 조절하고 이익을 극대화하는 것 등을 예로 들 수 있다. 특히 외식업체들은 크리스마스나 명절에 이런 전략을 많이 이용한다.

③ 예약 시스템 사용과 초과예약

예약 및 대기 제도는 재고가 불가능한 서비스의 수요를 재고화시키려는 시스템적인 노력으로 잠재서비스의 사전 판매를 통하여 수요를 관리하는 방법이다.

예약을 통보없이 지키지 않는 고객인 no show 고객을 고려한 초과 예약(over-booking)을 통하여도 수요관리가 가능하다. 하지만 초과 예약고객 중에 포기자가 없이 모두 방문하는 경우 공급을 초과하게 된다. 이러한 문제 상황이 발생하면 신중한 처리 및 권한 위임으로 문제를 원만하게 해결하는 효율적인 관리를 준비해야 하지만 가장 이상적인 방법은 사전에 충분한 과거자료의 분석으로 적정한 초과예약 수준을 결정하는 것이 필요하다.

④ **대기 수요관리**

외식업체의 서비스 수요가 공급을 초과하게 되면 소비자는 대기를 하면서 기다리든지 아니면 대기를 포기하는 선택의 상황에 놓이게 된다. 이때 서비스 속도는 대기와 관련된 요소로서 고객의 서비스 만족도에 직접적으로 영향을 미치는 요소이다. 따라서 이를 어떻게 잘 관리하는지는 외식업체의 중요한 과제이다. 특히 우리나라 사람들은 대기에 익숙하지 않고 빨리빨리하는 문화가 대중적이어서 대기수요관리가 외식업체의 입장에서 중요하다고 할 수 있다.

대기수요관리 측면에서 서비스 지연으로 인한 고객의 불평과 불만족을 줄이기 위한 노력으로 다음과 같은 것들이 있다.

- 서비스 프로세스의 단순화: 대기시간이 길어지면 서비스 시간과 결제시간도 연쇄적으로 늦어질 수 있으므로 서비스 프로세스를 단순화하여 대기시간을 최소화해야 함
- 정보처리 기기의 이용: POS와 같은 정보처리기기를 사용하여 주문, 조리, 결제까지의 시간을 단축시킴
- 인적자원의 활용: 대기가 길어질 때는 인력을 더 투입하여 노련하게 서비스를 관리해야 함
- 대기에 대한 보상: 대기고객에게 음료 또는 샘플음식을 제공하여 기다림을 즐겁게 할 수 있도록 함
- 대기시간을 짧게 느낄 수 있도록 관리: 기다리는 시간은 심리적으로 더 길게 느껴지므로 이를 짧게 느낄 수 있도록 관리할 필요가 있음. 외식업체에서 웨이팅 푸드를 제공하는 사례

(3) 수요 창출전략

① 비수기 수요의 촉진

외식업체가 비수기의 서비스를 적극적으로 판매할 목적으로 창의적인 방법으로 다른 수요를 찾아 개발하는 전략이다. 점심시간이나 주말에 고객이 없는 외식업체가 점심할인이나 주말할인 등을 하는 것은 비수기 수요촉진의 방법 중 하나이다.

② 저가전략

수요가 급감하는 시기에 낮은 가격을 책정함으로써 수요를 증가시키는 전략이다. 수요와 공급의 법칙에 의해 가격을 내리면 수요가 늘어나는 것은 경제법칙이지만 현실에서는 치열한 경쟁으로 인하여 가격을 내려도 수요가 반드시 늘어나지는 않는다.

또한 가격을 내림으로써 수요가 늘어도 내린 폭보다 늘어난 매출의 폭이 적으면 매출과 이익 모두 줄어들게 되므로 저가전략은 이 모든 사항들을 조심스럽게 고려하여 진행해야 한다. 저녁시간보다 점심메뉴에 낮은 가격을 받는 외식업체, 리조트나 항공기의 비수기 할인가격, 영화관의 조조 또는 심야 할인 등이 저가전략의 일환들이다.

③ 부가서비스 및 보완적 개발

편의점 및 패스트푸드 서비스가 추가된 주유소, 싱글고객을 유치하기 위한 외식업체의 바 설치 등 기존에 제공하던 서비스에 부가적 또는 보완적 서비스를 제공하여 수요의 균일화 및 시장 확대에 기여하는 관리방법이다.

④ 사전 수요 창출전략

다양한 예약채널을 통하여 사전예약을 유도하는 전략으로 사전예약의 경우에는 고객에게 일정한 혜택이 돌아가도록 유도하는 것이 중요하다. 예를 들어, 외식업체가 사전예약을 하는 고객에게 식사가격의 일정 비율을 할인하는 상품을 판매하는 것이 좋은 예이다. 최근에 유행하는 소셜커머스도 일종에 사전 수요 창출전략이라 할 수 있다.

3. 서비스 공급관리

외식업체의 서비스 공급은 대부분 비탄력적이다. 그에 반하여 서비스 수요는 탄력적이어서 서비스 공급을 수요에 맞추는 전략이 반드시 필요하다. 그러나 대다수의 외식업체는 수요를 효과적으로 고르게 유지하는 것이 쉽지 않다. 예를 들어, 외식업체의 1일 수요를 볼 때 점심시간에는 50명의 수요가 있는 반면, 저녁에는 200명의 수요가 있다면 수요가 많은 시간대에 파트타임 직원 등을 활용하여 인력을 확장하는 방법을 사용하여 서비스 공급을 조절하는 통제노력을 해야 한다.

1) 서비스 공급관리 기법

(1) 시설 공급관리

① 능력 또는 시설 공유

장비와 설비에 대한 투자가 많은 서비스기업이 서비스 능력을 다른 용도로 활용하거나 임대하는 것을 의미하는데 외식업체가 커피전문점을 숍인숍의 형태로 임대를 하거나 항공사가 비수기에 항공기를 타 항공사에 임대하는 것을 대표적인 예로 들 수 있다.

② 시설의 가변화

서비스 능력의 일부분을 변경할 수 있도록 설계하는 것을 의미하며, 외식업체에서 2인용 테이블을 이용해 4인용으로 변형하거나 칸막이를 설치하여 수용 규모를 조절하는 것이 대표적인 사례이다. 호텔이 자사 건물의 루프탑(rooftop) 또는 헬리포트(heliport)에서 개최하는 야외파티 등도 이에 해당한다.

③ 외부공급원 개발

기존의 매출을 늘리기 위해 경영자원을 활용하여 외부에서 수요를 창출하는 것으로 외식업체의 배달, 테이크아웃서비스, 케이터링서비스 등이 여기에 포함된다.

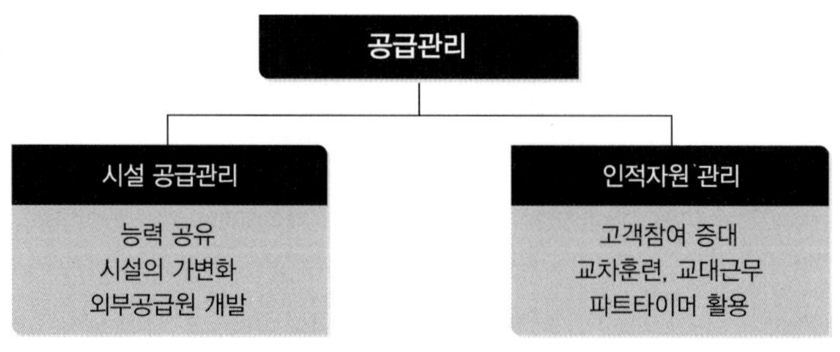

그림 10-2 공급관리 기법

④ **부대서비스 및 편의시설의 개발**

외식업체에서 핵심 서비스 시설을 확대하는 것은 어려움이 많다. 예를 들어, 홀이나 주방의 크기를 늘리거나 줄이는 것은 불가능하다. 따라서 부대서비스를 이용하여 핵심서비스 공급의 한계를 극복할 수 있도록 하는 방법을 사용할 수 있다. 이는 핵심서비스를 보완하기 위한 서비스 또는 시설의 개발을 필요로 한다. 외식업체의 경우 주로 핵심수요층인 어른들을 중심으로 서비스나 상품이 개발되는데 이런 경우 어른 고객이 동반한 어린이 고객은 소외되게 된다. 이런 경우 어린이들은 금방 싫증을 내게 되고 뛰어다니거나 어른들의 식사를 방해하는 경우가 종종 생기게 되는 것을 목격할 수 있다. 또한 어른들도 식사시간을 쫓기게 되고 결국에는 외식을 기피하게 되는데 어린이 고객 때문에 핵심 고객인 어른 고객 수요층이 줄어들어 외식업체로서는 매출의 증대가 어려워질 수 있다. 따라서 부대시설로 어린이놀이방과 같은 시설을 확충하여 이러한 문제를 해결할 수 있다.

(2) 인적자원 관리

① **고객참여 증대**

기업의 참여를 최소화하는 동시에 고객을 생산에 참여시킴으로써 좀 더 낮은 서비스 비용으로 수익성을 확보하고 공급 능력을 늘리기 위한 관리 방법이지만 서비스 질(service quality)을 떨어뜨릴 수 있는 위험이 있음으로 이를 방지하기 위한 다양한 대책이 요구된다. 패스트푸드 레스토랑의 셀프서비스, 셀프서비스 주유소, 셀프세차장, 무인호텔 등에서 사례를 찾아볼 수 있다.

② **직원 교차훈련**

여러 종류의 작업이 존재하는 경우 교차훈련을 통해 서로의 직무를 이해하고 신축적 운영이 가능하게 만드는 것으로 레스토랑에서 주방 업무와 홀 업무의 교차 수행, 슈퍼마켓에서 상품진열과 계산업무의 교차 수행 또는 호텔 레스토랑과 객실부서 직원 사이의 로테이션 등이 해당된다.

③ **시간제 직원의 활용**

피크활동 시간이 예측 가능하고 지속적인 경우 시간제 직원 활용은 최소한의 비용으로 인력을 최대한으로 활용할 수 있다는 점에서 널리 쓰이고 있다. 패스트푸드 레스토랑의 점심시간 시간제 직원 충원, 은행에서 기업들의 급여 지급일이나 월말 마감 시 시간제 직원 충원, 연말이나 결혼 시즌에 호텔 연회장에서의 직원 충원 등이 시간제 직원 활용의 좋은 본보기이다.

이상의 외식업체의 수요와 공급관리 방법을 정리하면 다음과 같다.

표 10-3 서비스 수급관리 사례

구분		내용	사례
수요관리	수요분산 수요분할	무반응 전략	성심당 '튀김소보로'의 무반응 전략
		수요분산전략	수요 과잉시간대 예약제
		고가전략	저녁시간대 고가 메뉴 판매전략
		예약 시스템 초과예약문제 처리	예약대기수 한정제, 초과예약 할인 제공
	수요창출	비수기 수요촉진	바캉스 방문고객 추가증정 행사
		사전 수요 창출전략	약고객 20%할인
		대기수요 관리	좌석배치, 음료 및 디저트 제공
		저가전략	일정기간 할인 행사
		부가서비스및 보완적 판매	구매고객에게 샐러드바 서비스
공급관리	시설 공급관리	능력 또는 시설 공유	외식업체의 숍인숍
		시설의 가변화	야장 및 테라스 테이블 설치
		외부공급원 개발	외식업체의 배달, 테이크아웃, 케이터링서비스
		부가서비스 및 보완적 판매	웨건 서비스 제공, 중앙보조공급 바
	인적자원 관리	고객참여 증대	추가 음료 셀프서비스
		직원 교차훈련	주방과 홀 교차근무
		시간제 직원의 활용	주말 임시직, 점심 임시직

자료: Fitzsimmons et al.(2009), 서비스경영연구회 역, 글로벌 시대의 서비스 경영; 이정학(2009), 서비스경영.

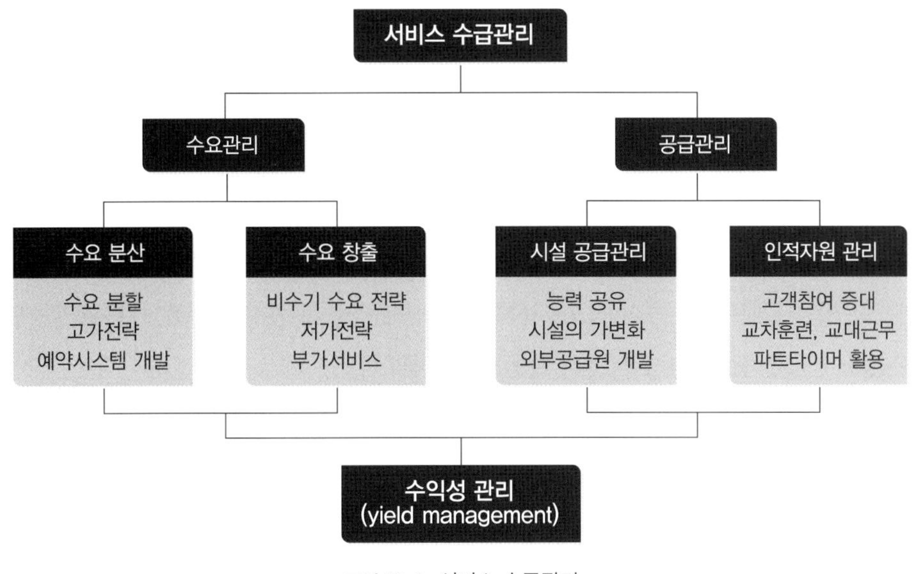

그림 10-3 서비스 수급관리

4. 수익성관리

1) 수익성관리의 정의

수익성관리(yield management, 일드 매니지먼트)란 수익의 증대를 목적으로 가격(price)과 생산능력(duration)을 조절함으로써 일드(yield)를 조절하는 수익 극대화 전략이다. 일드 매니지먼트는 소멸성이 있는 서비스의 4C 관리로 정의할 수 있는데, calendar(얼마나 일찍 사전 예약이 되는지), clock(서비스가 제공되는 시간), capacity(서비스 생산능력), cost(서비스의 가격)를 관리하여 다섯 번째 C인 customer demand(고객의 욕구)를 만족시켜 이익을 극대화하는 방법이다.

일드 매니지먼트는 1980년대에 항공사에 처음으로 적용되었는데 항공기는 수요에 따라서 좌석이 한정되어 있고 매번 항공기를 100% 채워서 운행할 수 없는데 이러한 좌석은 소멸된다는 특성을 가지고 있다. 따라서 항공사는 수요가 적은 비수기에는 가격할인을 통하여 수요를 늘리고, 수요가 많은 성수기에는 가격을 높여서 수익률을 최대한 높이는 방법을 쓰기 시작했다. 이러한 일드 매니지먼트가 성공하여 외식업체나 호텔, 항공사, 렌터카, 크루즈와 같은 서비스 능력이 제한되어 있는 여타의 서비스산업에서 도입하여 사용하고 있다.

2) 전략적 수단

성공적인 일드 매니지먼트는 고객의 수요를 효율적으로 조절하는 것으로 price(가격)와 duration(이용시간)이라는 두 개의 상호 연관성이 있는 전략적 수단을 활용한다. 즉, 과거의 영업통계를 활용하여 미래를 예측하고 현재 상황에 가장 적절한 가격을 설정함으로써 수익의 극대화를 도모하는 관리기법인 것이다.

이는 가격은 고정적이거나 변동적일 수 있고, 이용시간은 예측 가능하거나 예측 불가능할 수 있는데 이에 따라서 서비스기업은 다음과 같이 구분할 수 있다.

표 10-4 일드 매니지먼트 전략적 수단

구분		price	
		고정가격	변동가격
duration	예측 가능	(1사분면) 영화관, 경기장, 집회시설	(2사분면) 호텔, 항공사, 렌터카, 크루즈
	예측 불가능	(3사분면) 레스토랑, 골프장	(4사분면) 요양소, 병원

수요의 조절을 위해 가격을 조절하는 것의 예를 들자면 피크타임이 아닐 때 고객에게 가격을 할인해 준다든지, 특정 고객그룹에게 가격을 할인해 주는 형태가 있다. 이용시간의 조절은 훨씬 더 복잡하기는 하지만 수익관리의 효율성을 크게 높일 수 있다. 성공적인 이용시간의 조절은 성수기가 아니어도 항상 전체적인 수입을 늘릴 수 있으며, 이는 duration의 정의를 새롭게 한 후, 고객이 도착하는 시간의 불명확성과 고객이 서비스를 이용하는 시간의 불명확성을 감소시키는 것이다.

3) 일드 매니지먼트 사례

성공적인 수익관리의 사례는 보통 2사분면에 있는 기업에서 발견되는데, 이용시간이 명확해야 서비스 명세를 정확하게 만들 수 있고, 이 명세에 따라서 가격을 변동시킬 수 있으므로 서비스로부터 최대의 수익을 창출할 수 있게 된다.

원래 항공사들은 1사분면에 위치하여 영업을 수행하고 있었다. 항공사 간 경쟁이 치열해지면서 항공사들은 컴퓨터예약 시스템을 도입하여 다양한 가격정책을 사용하게 됨으로써 2사분면으로 옮겨갈 수 있었다.

호텔은 3사분면에 위치해 있었는데 일반적인 호텔의 목표는 1박의 투숙률을 극대화하는 것이었고, 장기간의 수입은 고려하지 않았던 것이다. 항공사가 수익관리를 시작한 이후 호텔들도 가격의 변동성을 적용하게 되면서 2사분면으로 옮겨갈 수 있었다.

이와 같이 1, 3, 4사분면에 위치한 기업들이라도 가격과 이용시간을 잘 관리할 경우 수익의 증대가 가능한 2사분면으로의 이동이 가능하다. 따라서 현재 3사분면에 위치한 외식업체들도 꾸준한 일드 매니지먼트를 개발하여 2사분면으로의 이동을 추구함으로써 수익을 극대화시킬 수 있을 것이다.

이상의 일드 매니지먼트가 항공사, 호텔, 외식업체에서 어떻게 활용되고 있는지를 정리하면 다음과 같다.

표 10-5 일드 매니지먼트 사례

구분	내용
항공사	• 적정가격에 적정고객을 적격 좌석에 판매 • 요금구분: 정상요금, 절약형 요금, 초할인 요금 • 늦게 예약하는 정상요금의 고객에게 팔기 위한 좌석을 충분히 확보하는 반면 얼마나 많은 할인요금의 좌석을 팔 것인지 결정
호텔	• 수율관리 최적화 시스템으로 수익을 큰 폭으로 증가시킴 • 과거와 현재의 예약행동을 활용하여 객실 요청 패턴 분석함 • 계절적인 투숙 패턴, 지역별 행사, 주별 수요 변동, 현재의 추세 등을 포함시켜서 기준가격(hurdle price: 예약을 받아줄 수 있는 최소 가격점)을 개발
외식업체	• 다양한 주제를 가지고 주기적/연중으로 매출액 신장 노력을 기울임 • 월별/분기별 특정 promotion 실시 • 급식산업에서 급식 소프트웨어 사용으로 수요와 메뉴가격 조절

4) 듀레이션 방법

외식업체가 듀레이션의 조절 능력을 향상시키려 한다면 먼저 듀레이션에 대한 정의를 새롭게 하고, 듀레이션과 도착의 불명확성을 줄이며, 고객과 고객사이 시간의 틈을 줄이도록 노력해야 한다.

(1) 듀레이션의 재정의

듀레이션이란 고객이 얼마나 오랫동안 서비스를 이용하느냐 하는 것으로 시간 또는 사건에 의해 측정된다. 듀레이션은 사건으로 정의될 때보다는 시간으로 정의될 때 예측과 시간 조절에 더 좋은 효과를 가져 올 수 있다. 대부분의 호텔들은 숙박수로 방을 팔거나 오후 3시 체크인부터 다음날 정오 12시 체크아웃을 하는 규정으로 방을 판매한다. 예를 들면, 쉐라톤 호텔과 비버리힐즈에 있는 페닌슐라 호텔은 고객이 하루 중 어느 때라도 체크인할 수 있도록 해주고, 위약금 없이 언제라도 체크아웃하도록 해준다. 이런 호텔 나름대로의 듀레이션을 재정의함으로써 고객의 만족을 증진시키고, 시설 활용과 수익을 향상시킬 수 있다.

(2) 도착의 불명확성

듀레이션 관리를 위해서는 고객도착의 불명확성을 가능한 줄이는 노력이 필요하다. 내부적 접근법으로 초과예약(overbooking)을 받는 것이 대표적이다. 외부적 접근법으로는 도착의 책임을 고객에게 전가시키는 것이다. 예를 들면, 임의로 예약을 파기하는 것을 예방하기 위하여 예치금, 위약금 제도 등을 활용한다.

(3) 듀레이션의 불명확성

다음으로 듀레이션의 불명확성을 줄이는 방법이다. 내부적 접근법으로는 정확한 듀레이션을 예측하는 것이 있다. 외부적 접근법으로는 벌금 등이 있는데, 이 방법은 자칫 고객의 분노를 초래할 수 있어 장기적으로 회사에 손해가 될 수 있다. 따라서 내부적 접근법이 선호된다.

(4) 고객 간의 시간 줄이기

듀레이션을 관리하는 방법으로 고객과 고객 사이에 발생하는 시간의 틈을 줄이는 노력이 있을 수 있다. 예를 들어 외식업체에서 예약고객을 시간대별로 받는 경우 이용자의 시간을 정확히 예측하여 고객과 고객 사이의 이용시간을 줄이는 것이 대표적인 사례이다.

5) 가격

적극적으로 수익관리를 활용하는 서비스기업들은 같은 시간에 같은 서비스를 이용하는 고객에게도 고객과 요구하는 특성에 따라서 다른 가격을 매긴다. 적절한 가격 믹스와 가격 규제(rate fence)는 신용을 유지하면서도 가격을 변화시킬 수 있도록 해주는데 그 대표적인 사례를 정리하면 다음과 같다.

(1) 적절한 가격 믹스

서비스기업은 고객의 입장에서 볼 때 논리적인 가격 믹스를 제공해야만 한다. 고객이 서로 다른 상황의 가격 사이에 차별을 느끼지 못한다면 차별적인 가격정책은 제 역할을 하지 못할 것이다. 따라서 소비자가 외식업체가 원하는 방향으로 의사결정을 할 때 유리한 가격으로 이용할 수 있음을 충분히 인지할 수 있도록 해야 한다. 예를 들면, 방문하기 일주일 전에 예약을 하면 10% 할인을 해준다거나 주말에 이용하면 20% 할인을 해주는 등의 가격차별화를 충분히 인식할 때 소비자들은 예약과 주말시간대 이용을 고려할 수 있다.

(2) 가격 규제

가격 규제(rate fence)란 소비자가 외식업체에서 할인을 받기 위해서 갖추어야 하는 자격조건을 의미한다. 좋은 가격구조를 가졌다고 다양한 가격정책이 반드시 성공하는 것은 아니다. 서비스기업은 논리적인 이론적 근거나 가격차별을 정당화하는데 사용할 수 있는 가격 규제도 사용해야 한다. 2사분면의 기업들은 종종 가격 규제를 사용하는데, 고객들이 왜 동일한 서비스임에도 다른 가격을 지불해야 하는지에 대한 이론적인 근거를 나타내는 물리적·비물리적인 것들은 다음과 같다.

표 10-6 가격관리 기법

구분	가능한 접근법
적절한 가격 믹스	가격 탄력성, 경쟁가격, 적절한 가격정책
가격 규제: 물리적	재고품의 형태, 오락시설
가격 규제: 비물리적	제약, 사용시간, 예약시간, 단체회원

• 물리적인 가격 규제는 만져지는 특성, 즉 방의 형태나 호텔의 외관, 항공기 좌석의 형태나 위치, 식당의 테이블 위치와 같은 것이다. 그밖에도 오락시설(무료 골프 카트, 무료 아침식사, 영화관에서 무료 음료 제공)의 유무 등이 여기에 해당된다.
• 비물리적인 가격 규제는 장기간에 걸쳐 고객들에게 보답할 수 있는 것으로 취소나 예약이 되었을 때를 바탕으로 한 벌점과 이점의 변화, 요구된 서비스 기간, 단체회원이나 회원가입, 시간의 사용 등을 포함한다.

서비스기업들은 가격 규제 없이 차별적인 가격구조를 흔히 채택한다. 호텔은 top-down 가격을 사용하는데 예약 담당자가 보통 가장 높은 가격을 매기고 고객의 요구가 있을 경우에만 더 낮은 요금을 매기는 경우가 있다.이런 방법은 고객에게는 환영받지 못하는 방법이므로 자제하는 것이 좋다.

지금까지 살펴본 서비스 수요와 공급의 개념을 충분히 이해했으리라 판단된다. 특히 서비스 수요와 공급은 제조업과는 다른 특성을 이해하고 적절하게 관리하는 방안을 도출하고 현장에서 실행하는 노력이 중요하다. 외식업체가 활용할 수 있는 일드 매니지먼트 기법을 지속적으로 발굴하고 효율적으로 활용하여 수익성을 극대화시킬 수 있기를 기대한다.

요 약

1. 서비스 수요는 시간과 수량의 변동에 따라 매우 '탄력적'이어서 예측이 어렵다는 특징이 있다. 반대로 서비스 공급은 한정적이고 안정적이라 '비탄력적'이며, 신축적인 운영이 불가능한 특성을 가지고 있다. 서비스업은 공급의 한계, 소멸성, 동시성과 같은 서비스업의 특징으로 인하여 수요와 공급을 일치시키는 것이 매우 어렵다. 많은 외식업체를 비롯한 서비스업체는 이와 같은 문제로 인하여 공급과 수요를 최적으로 맞추기 위해서 노력하고 있으며 이는 서비스기업의 과제이자 목표이다.
2. 외식업체에서 수요와 공급이 적절하게 이루어진다면 서비스의 공급자인 외식업 경영자뿐 아니라 고객들도 양질의 서비스를 받을 수 있게 된다. 따라서 경영자는 수요와 공급의 균형을 맞추어 고객에게 최적 서비스를 제공할 수 있도록 노력해야 한다. 즉 외식업체는 인적·물리적·기술적 서비스를 충분히 전달할 수 있는 최적가용능력을 유지하기 위해서 노력해야 한다.
3. 외식업체의 수요관리에 영향을 주는 요인들은 크게 외적 요인과 내적 요인으로 구분할 수 있다. 경기, 정부 규제, 소비자 기호, 상품 이미지, 경쟁행동, 기술혁신, 대체제의 가격 등 통제 불가능한 요인을 외적 요인으로 간주한다. 상품설계, 가격과 광고, 판매촉진, 포장디자인, 판매원 및 인센티브, 시장의 규모, 상품 믹스 등은 통제 가능한 요인으로 내적 요인에 해당된다.
4. 외식업체의 서비스 수요를 인위적으로 조절하기는 어렵다. 하지만 무반응전략, 시간대별, 요일별, 월별, 계절별과 같이 주기적으로 수요의 유형을 분석하고 수요를 분산하기 위한 노력, 수요 창출전략 등을 통해 어려움을 극복할 수 있다.
5. 외식업체의 서비스 공급관리 기법은 시설 공급관리(능력 또는 시설 공유, 시설의 가변화, 외부공급원 개발, 부대서비스 및 편의시설의 개발) 기법과 인적자원 관리(고객참여 증대, 직원 교차 훈련, 시간제 직원의 활용) 기법 등이 있다.
6. 일드 매니지먼트란 수익의 증대를 목적으로 가격(price)과 생산능력(duration)을 조절함으로써 일드(yield)를 조절하는 수익극대화 전략이다. 일드 매니지먼트는 소멸성이 있는 서비스의 4C 관리로 정의될 수 있는데, calendar(얼마나 일찍 사전 예약이 되는지), clock(서비스가 제공되는 시간), capacity(서비스 생산능력), cost(서비스의 가격)를 관리하여 다섯 번째 C인 customer demand(고객의 욕구)를 만족시켜 이익을 극대화하는 방법이다.

연습문제

1. 이 장의 〈도입〉에서 아메리칸에어라인의 수요 조절을 통한 수익성관리(yield manage-ment) 방법을 살펴보았다. 수요와 공급을 관리하기 위한 전략을 성공적으로 실행하였던 외식업체의 사례를 찾아보고 해당 업체의 수요관리와 공급관리 전략을 제시해 보기 바랍니다.

2. 외식업체의 수요와 공급이 일치하지 않는 이유는 무엇일까요? 원인을 찾아보고 문제점을 해결할 수 있는 방안(외식업체의 수요와 공급이 일치하여 수익성을 극대화시키는 방법)을 제시해 보기 바랍니다.

3. 수익성관리를 위하여 외식업체들이 가격을 활용하는 경우가 많습니다. 이런 사례를 정리하고 그 방법의 장단점을 제시해 보기 바랍니다.

4. 외식업체들이 고객의 이용시간을 관리하기 위하여 사용하는 방법을 사례를 이용하여 정리해 보기 바랍니다.

01 다음 중 수요와 공급에 대한 설명으로 적합하지 않은 것은?

① 구매력이 없는 단순한 욕구만 있어도 수요라고 할 수 있다.

② 수요관리란 수요의 시간대와 수량에 영향을 미치는 수요행태에 영향을 미치는 활동이다.

③ 공급이란 기업의 서비스 능력으로서 판매자가 정해진 가격에서 대가를 받고 제공하는 서비스를 말한다.

④ 공급관리란 변화하는 수요에 공급을 맞추기 위한 총체적 활동이다.

02 서비스의 수요와 공급에 대한 특성 중 잘못된 것은?

① 서비스 수요는 시간에 따른 변동이 심해 매우 탄력적이다.

② 서비스 공급은 한정적이고 안정적이어서 비탄력적이다.

③ 제조업의 경우 재고 또는 야간작업 등을 통해 수요에 맞도록 공급의 조절이 가능하다.

④ 서비스업은 공급의 한계, 소멸성, 동시성 등의 특성으로 인하여 제조업보다 수요와 공급을 일치시키는 것이 쉽다.

03 서비스경영에서 수요와 공급관리가 필요한 이유로 적합하지 않은 것은?

① 제조업과 달리 서비스는 재고로 보관이 불가능하다.

② 서비스 수요는 변동이 심하다.

③ 공급능력은 대체로 고정적이지만 다양한 관리기법을 통해 적절한 조절이 가능하다.

④ 최대 가용능력과 수요를 일치시키는 것이 가장 이상적인 수요와 공급관리이다.

04 서비스 수요에 대한 설명 중 적합하지 않은 것은?

① 변동성: 시간, 요일, 월별 변동성이 크다

② 소멸성: 무형적이고 생산 즉시 소멸한다.

③ 다양성: 일시적 경험을 제공하므로 개인의 취향에 따라 다양하다.

④ 제약성: 특정 장소와 시간에만 제공하는 제약이 있다.

⑤ 규모의 경제: 반복적으로 서비스를 제공하므로 규모의 경제효과를 얻을 수 있다.

05 다음 중 수익성관리(yield management)에 대한 설명으로 적합하지 않은 것은?

① 가격과 생산능력을 조절함으로써 수요를 조절하는 것

② 적절한 고객에게 적절한 가격에 적절한 서비스를 판매하는 전략

③ calendar, clock, capacity, cost를 관리하여 customer demand를 만족시켜 이익을 극대화하는 것

④ 가장 성공적인 수익성관리는 고객의 수요가 아닌 서비스 제공자의 능력을 조절하는 것

06 수익성관리의 전략적 수단에 대한 설명 중 잘못된 것은?

① 가격(price)과 이용시간(duration)이라는 두 개의 전략적 수단을 활용한다.

② 가격은 고정적이거나 변동적일 수 있다.

③ 이용시간은 예측 가능하거나 예측 불가능할 수 있다.

④ 수익성관리가 성공적이려면 가격은 고정적이어야 하고, 이용시간은 예측 불가능해야 한다.

07 서비스기업이 이용시간(duration) 조절 능력을 향상시키는 방법이 아닌 것은?

① 고객과 고객 사이 시간의 틈을 늘린다.

② 초과예약을 받는다.

③ 정확한 듀레이션을 예측한다.

④ 듀레이션을 재정의한다.

08 수익성관리를 위한 가격 접근법이 잘못된 것은?

① 상황에 따라 다른 가격임을 고객이 인지할 수 있어야 한다.

② 물리적인 가격 규제의 대표적인 사례는 항공기의 좌석 구분이다.

③ 비물리적인 가격 규제의 대표적인 사례는 예약고객에 한해 할인을 해주는 제도이다.

④ 가격 규제 없이 가격을 차별하는 것을 고객들은 선호한다.

01 (답) ①

(해설) 소비자의 지불능력이나 지불의향이 없는 단순한 욕구는 수요가 될 수 없다. 예를 들면 소비자가 햄버거를 보고 배가 고프다는 욕구가 생겨도 이를 구매할 의사가 없으면 수요라고 하지 않는다.

02 (답) ④

(해설) 서비스업의 특성인 공급의 한계, 소멸성, 동시성 등은 수요와 공급을 일치시키기 힘들게 만드는 요인이다.

03 (답) ④

(해설) 서비스기업의 공급능력은 최대 가용능력과 최적 가용능력으로 나누어 볼 수 있다. 최대 가용능력은 서비스 수준이 떨어지더라도 수용할 수 있는 수준이고, 최적 가용능력은 최적의 서비스 수준을 유지하면서 수용할 수 있는 수준이다. 따라서 서비스기업이 고객을 만족시키면서 최대의 수익을 얻는 수준은 수요와 최적 가용능력을 일치시키는 것이다.

04 (답) ⑤

(해설) 규모의 경제란 생산량의 증가로 장기투입비용이 감소하는 현상을 의미한다. 즉, 대량생산으로 인하여 단위당 생산비용이 감소하는 현상인데 서비스의 경우 개인화, 다양화 및 고객의 생산참여 등으로 인하여 규모의 경제를 달성하기 어렵다.

05 (답) ④

(해설) 성공적인 수익성관리는 고객의 수요를 효율적으로 조절하는 것이다.

06 (답) ④

(해설) 수익성관리가 성공적이려면 가격은 변동적이어야 하고 이용시간은 예측 가능해야 한다.

07 (답) ①

(해설) 고객과 고객 사이 시간의 틈을 줄이는 것이 필요하다.

08 (답) ④

(해설) 가격 규제 없이 가격을 차별하는 대표적인 사례가 호텔의 top-down 가격제도이다. 높은 가격을 불러서 아무런 불평이 없으면 높은 가격을 받고 항의하는 고객에게는 가격을 할인해 주는 방식인데, 이런 제도는 고객의 불만을 초래할 가능성이 더욱 커진다.

강남국(2003). Bellman의 서비스 프로세스 설계에 관한 연구. 한국호텔경영학회, 12(2): 219-238.

강도원, 박종원, 안운석, 장형섭, 조춘봉, 최동춘(2008). 서비스마케팅 이론과 사례. 도서출판 대진.

권민진, 이상식(2008). 성공적인 고객경험관리(CEM)를 위한 고객 접점 및 프로세스 관리-사례를 중심으로. 2008 경영관련학회 하계통합학술대회. pp.41-54.

김연성(2003). 서비스 프로세스 개선을 위한 서비스 청사진 활용 연구. 서비스경영학회지, 4(3): 3-16.

김연성, 박연택, 서영호, 유왕진, 유한주, 이동규(2002). 서비스 경영-전략, 시스템, 사례. 법문사.

김영갑(2011). 상권분석프로젝트 보고서. 한양사이버대학원 호텔관광MBA.

김영갑, 김문호(2011). 미스터리쇼핑. 교문사.

김영갑, 김문호, 홍종숙, 김선희, 박상복(2011). 외식창업론. 교문사.

김영갑, 홍종숙, 김문호, 한정숙, 김선희, 박상복(2009). 외식마케팅. 교문사.

김인화(2012). 레스토랑 디자인 구성요소가 디자인 수행도에 미치는 영향에 관한 연구. 디지털디자인학 연구, 12(1): 43-49.

박정수, 김홍석, 이동희, 김휘석, 박종성, 하봉찬(2013). 창조경제 실현을 위한 서비스산업 전략과제. 산업연구원.

박지성(2010). 나를 버리다: 더 큰 나를 위해. 중앙북스.

본아이에프(주)(2014). 내부자료.

삼성에버랜드 서비스 아카데미(2001). 에버랜드 서비스 리더십. 21세기북스.

서창적, 김영택(2005). 서비스 프로세스 매트릭스 범주별 고객만족 요인에 관한 연구. 서비스경영학회지, 6(1): 85-101.

성현선(2010). 호스피탈리티 서비스 이론과 실무. 도서출판 석학당.

아시아경제(2011.12.13). 맥도널드 亞 성장 전략은 '배달 서비스'.

원석희(2010). 서비스운영관리. 형설출판사.

유광민(2013). 서비스스케이프 개념의 확장. 관광연구논총, 25(1): 125-145

윤천성(2009). 고객중심 서비스 경영. 무역경영사.

이순철(1997). 서비스기업의 경영전략. 삼성경제연구소.

이순철(1997). 서비스기업의 운영전략. 삼성경제연구소.

이유재(2009). 서비스 마케팅. 학현사.

이유재, 안광호(2011). 서비스마케팅 & 매니지먼트. 집현재

이유재, 허태학(2007). 고객가치를 경영하라. 21세기북스.

이정학(2009). 서비스 경영. 기문사.

장정빈(2009). 리마커블 서비스. 올림.

전병길, 고동우(2002). 레스토랑 디자인 요소로서 물리적 환경의 기능. 제51차 학술심포지엄 및 정기학술발표대회.

주영민(2013). SERI 경제포커스: 서비스, 과학과 손잡다-서비스사이언스의 부상. 삼성경제연구소.

최성용, 김은숙, 정해경, 김미현, 권미영(2006). 서비스 경영론. 삼영사.

함주한(2010). 마케팅 무작정 따라하기. 길벗.

くりりょうへい(1991). 우동 한 그릇. 최영혁 역. 청조사.

Elaine KH(2013). 고객가치를 높이는 고객서비스 전략. 이은희, 김경자 역. 시그마북스.

Fitzsimmons, JE & Fitzsimmons, MJ (2009). 글로벌 시대의 서비스 경영, 5/E. 서비스경영연구회 역. 한국맥그로힐.

Lucas, RW (2002). 고객서비스 어떻게 할 것인가. 변명식, 김영이, 오윤석, 이종선 역. 도서출판 석정.

Philip Kotler(2007). 착한 기업이 성공한다. 남문희 역. 리더스북.

Xenia Viladas(2011). 서비스 디자인하라. 이원제 역. 비즈앤비즈.

American Society for Quality Association(ASQC) (1995). 각 산업에 종사하는 경영자들을 대상으로 한 설문 조사 보고서.

Bitner, M (1990). Evaluating service encounters: the effects of physical surroundings and emplyees and emplyee responses. ***Journal of Marketing***, ***54***(2): 69-82.

Bitner, MJ (1992). Servciescapes: The impact of physical surroundings on customers and employees. ***Journal of Marketing***. ***56***, April, 60.

Cronin, JJ and Taylor, SA (1992). Measuring Service Quality: A Reexamination and Extension. ***Journal of marketing***, 56-68.

Fitzsimmons, JE & Fitzsimmons, MJ (2007). ***Service Management: Operations, Strategy, Information Technology***, 6/E. McGraw-Hill.

Norman, R (2000). Service Management: Strategy and Leadership in Service Business, 3rg Ed., Wiley.

Parasuraman, A, Zeithaml, VA, & Berry, LL (1985). A conceptual model of service quality and the implications for future research. Journal of Marketing, 49(fall): 48.

Schmenner, RW (1986). How can service survive and prosper? Sloan Management Review, 27(3): 25.

Shostack, GL (1977). Breaking free from product marketing. Journal of Marketing, vol 41, April, 73-80.

Silvestro, R, Fitzerland, L, & Johnston, R (1992). Towards a classification of service processes. International Journal of Service Industry Management, 3(3): 62-75.

Stevens, P, Knutson, B, & Patton, M (1995). DINESERV: a tool for measuring service quality in restaurants. Cornell Hospitality Quarterly, 36(2): 56-60.

참고 웹사이트

중소기업청 상권정보 시스템 http://sg.smba.go.kr

한국능률협회컨설팅 http://www.kmac.co.kr

한국은행 경제통계시스템 http://ecos.bok.or.kr/

홈밀 http://www.homemeal.net

저 | 자 | 소 | 개

•• 김영갑

현재 한양사이버대학교 호텔관광외식경영학과 교수
(사)한국외식경영학회 부회장/편집위원장
한국농수산식품유통공사 한식조리특성화사업 사업관리위원
여수세계박람회 식음시설운영자문위원
한국농수산식품유통공사 식품산업발전 자문위원, 2013 외식산업발전포럼 위원
한식재단 해외 도시별 정보 전략조사 자문위원, 해외 외식·한식산업 조사모델 자문위원
2013년 중앙부처 직업능력개발 사업평가컨설팅위원
상권분석시스템 나이스비즈맵 자문위원

저서 「외식창업론(2013)」, 「외식창업론(2011)」, 「외식메뉴관리론(2011)」, 「외식마케팅(2009)」, 「미스터리 쇼핑(2011)」 외 다수

블로그
김영갑교수의 외식창업과 경영 http://blog.naver.com/webkim

•• 전혜진

현재 한양사이버대학교 호텔관광외식경영학과 교수
한국관광레저학회 이사/편집위원
한국호텔관광학회 이사
한국관광연구학회 이사
와인소믈리에학회 편집위원
KERIS 콘텐츠 품질인증 평가위원
한국기술교육대학교 원격훈련심사원 심사위원
서울어린이대공원 편익시설 심사위원
한국관광공사 창조관광사업 심사위원
국가직무능력표준개발사업 전문위원

저서 「외식경영론(2013)」, 「외식사업창업론(2013)」, 「환대산업의 서비스 마케팅(2007)」, 「외식사업 창업론(2005)」 외 다수

과학적 서비스를 위한
외식서비스경영론

2014년 4월 15일 초판 발행 | 2017년 1월 4일 2쇄 발행

지은이 김영갑 · 전혜진
펴낸이 류제동 | 펴낸곳 **교문사**

편집부장 모은영 | 책임진행 김지연 | 디자인 이혜진
본문편집 북큐브 | 제작 김선형 | 홍보 김미선 | 영업 이진석 · 정용섭 · 진경민
출력 현대미디어 | 인쇄 동화인쇄 | 제본 과성제책

주소 (10881)경기도 파주시 문발로 116 | 전화 031-955-6111(代) | 팩스 031-955-0955
등록 1960. 10. 28. 제406-2006-000035호 | 홈페이지 www.gyomoon.com
E-mail genie@gyomoon.com
ISBN 978-89-363-1399-9 (93590) | 값 20,000원

*잘못된 책은 바꿔 드립니다.